城市立体农场理论与设计

北方建艺-博德西奥城市立体农场研究中心
北方建艺-柏林工大智慧宜居城市与绿色建筑研究中心 编

张 勃 卜德清 刘津含
谢 晨 刘晓楠 李 璐 著

中国建筑工业出版社

图书在版编目（CIP）数据

城市立体农场理论与设计 / 北方建艺-博德西奥城市立体农场研究中心，北方建艺-柏林工大智慧宜居城市与绿色建筑研究中心编；张勃等著. —北京：中国建筑工业出版社，2023.10

ISBN 978-7-112-28695-9

Ⅰ.①城… Ⅱ.①北… ②北… ③张… Ⅲ.①都市农业—农场—建筑设计 Ⅳ.①TU269

中国国家版本馆CIP数据核字（2023）第086324号

责任编辑：刘　静
书籍设计：锋尚设计
责任校对：刘梦然
校对整理：张辰双

城市立体农场理论与设计

北方建艺-博德西奥城市立体农场研究中心
北方建艺-柏林工大智慧宜居城市与绿色建筑研究中心　编

张　勃　卜德清　刘津含
谢　晨　刘晓楠　李　璐　著

*

中国建筑工业出版社出版、发行（北京海淀三里河路9号）
各地新华书店、建筑书店经销
北京锋尚制版有限公司制版
北京中科印刷有限公司印刷

*

开本：787毫米×1092毫米　1/16　印张：13½　字数：293千字
2024年2月第一版　2024年2月第一次印刷
定价：**99.00**元

ISBN 978-7-112-28695-9
（41164）

前言

城市立体农场（Urban Vertical Farm）是在现代城市中进行农业生产活动的建筑物或构筑物，它可以是独立的完全用于农业生产的专用建筑物，也可以是在一般的办公建筑、公共建筑或住宅建筑中附加农业生产内容。顾名思义，城市立体农场一般都是多层以上的建筑物，根据实际情况需要，可以在其各楼层、地下空间、屋顶、外墙以及建筑物周边进行农业生产。

粮食问题虽然事关每个人的日常生活，但农业生产的具体情况对于城市中的人们来说却是陌生的。城市中的人们习惯了购买粮食，对其来源很少认真探究。可能很少有人认真想过，五谷杂粮、蔬菜、瓜果、肉、蛋、鱼，这些食物如果不到市场去购买，可以从哪里得来？

城市立体农场不仅是生产场所，同时也是文化传承和科学普及场所，是一种新型的公共建筑或空间场所类型。在城市立体农场中，人们可以近距离了解农业生产活动，亲身参与种植和养殖过程，体验收获的喜悦，建立人与自然和谐共处的生活观念。

虽然具有诸多的社会价值，但城市立体农场目前尚未得到广泛建设，其原因主要有：城市立体农场的农业产量较小，在粮食供给中的作用有限；设备要求高，建设投资大，运营维护复杂；建筑属性、用地性质等建设管理问题尚不明确。在这种情况下，作为都市农业的研究者和城市立体农场的探索者，我们将相关问题进行了归纳整理，在本书中对城市立体农场当前的建设情况进行了评价，对未来的发展方式提出了设想。

笔者自2011年作为“Vertical Farming城市立体农场国际大学生建筑设计竞赛”的联合发起人，参与主办了首届竞赛，并开始在这一专题方向上组织团队进行研究。在城市立体农场的整体发展情况、屋顶种植、墙面种植、城市农业观光带等方面指导了刘津含、谢晨、刘晓楠、李璐等研究生完成了多篇学位论文和科技论文。通过一系列研究，笔者认为，要求城市立体农场在不远的未来达到完全满足城市粮食需求是不现实的，但不能因此就停止对城市立体农场的关注和实践。城市立体农场在当下可以发挥作用的领域是非常多的：①让城市立体农场不断提高粮食供应量是可行的。随着技术的进步，城市立体农场的农产品产量已经得到很大提高，并且还会继续大幅提高。②在农业文明的展示体验和科学普及方面，城市立体农场可以发挥很大作用。

从历史发展来看，工业革命以来出现的大城市扩张发展，使农业生产远离了城市，城市发展排斥了农业生产，两者之间只是通过长途运输建立联系。实际的情况是，农业并没有完全离开城市，都市农业也在不断与时俱进地取得发展。21世纪，随着新技术的不断应用，都市农业也迎来了重要的发展契机，城市立体农场作为都市农业中的重要组成部分，其发展前景也同样值得期待。

本书以城市立体农场为主题，在查阅大量国内外资料的基础上，对城市立体农场的发展背景、发展历程、主要功能、相关技术、文化特征、社会价值等方面进行了阐述和分析，特别关注了具有代表性的构思方案和实践案例。本书作者全程参与了历届“Vertical Farming城市立体农场国际大学生建筑设计竞赛”的组织和评选，历届选题都体现了与时俱进的探索思想，对北京798艺术区、北京商务中心区（CBD）、北京首钢工业园区与城市立体农场相结合发展的选题构思都十分具有前瞻性，促进了社会各方对城市与农业关系的关注和思考。

感谢博德西奥（北京）建筑设计事务所有限责任公司、德国柏林工业大学可持续城市规划设计研究所的支持！北方建艺-博德西奥城市立体农场研究中心、北方建艺-柏林工大智慧宜居城市与绿色建筑研究中心为研究未来城市和建筑的形态与生产方式、生活场景的关系及其相互作用提供了重要平台。

建研20级姜迪、建研23级惠林源、尚子琨、王可晗参加了书稿图片的编辑、整理、重绘工作，在此一并致谢！

目录

1 城市立体农场：对当代城市农业走向的探索

城市立体农场的屋顶设计应用

城市立体农场
与城市农业观光带相结合

5 城市立体农场
设计竞赛方案

1 城市立体农场：对当代城市农业走向的探索

1.1 城市立体农场相关概念解析

1.1.1 都市农业

在Urban Agriculture成为较为公认的“都市农业”概念之前，还有一个近似的概念：Agriculture in City Countryside（城乡农业），它被认为是更早一个阶段的“都市农业”。

工业革命爆发之后，现代城市规模急剧扩大，第二产业（工业）大量占据了原来第一产业（农业）的土地（农田耕地等）。在这一过程中，也存在一些虽然被城市完全包裹但仍然用于农业的零散飞地，被称为City Countryside，其产业就成了Agriculture in City Countryside，可以认为这是相对被动形成的“都市农业”。因为其面积小、产量有限，已不能满足城市对农产品供应的需求，所以城市农产品的主要供应者是更远离城市的郊区农业。以霍华德（E. Howard）为代表的有识之士敏锐地洞察到城市与郊区农业的合理配比是一个重要课题，他在1898年提出“田园城市”理论，在田园城市总体布局示意图中，处于城市外围的农田虽然被一圈环形林荫大道与城市核心区相隔离，但由于城市规模得到控制，因此农田与城市核心区的实际距离并不远。从面积规模看，城市核心区面积为4.047km^2，农田面积为20.234km^2，也就是说，城市核心区由5倍面积的农田来供应粮食及其他农产品，说明它仍维持了典型的早期工业城市与农业的关系（图1-1）。

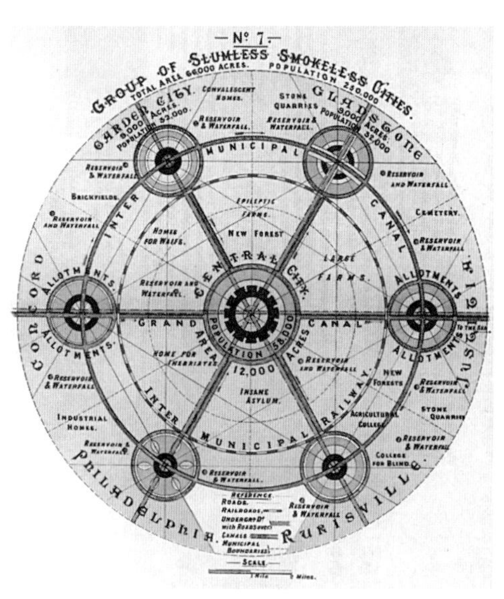

图1-1 霍华德的田园城市设想

1922年，勒·柯布西耶（Le Corbusier）在《未来城市》（*The City of To-morrowand Its Planning*）一书中提出了现代城市的发展建设应该注重农业与建筑的结合。他认为，城市中的“农业保护区”是非常有必要的，这些区域按照规模和所有者归为三类，即大规模农业区、私人家庭农业区和城市集体农业区，其生产方式是由当地居民或雇佣农民劳作，旨在为周边地区供应粮食产品。1934年，柯布西耶还提出了光明农场（Radiant Farm）设计构想。

都市农业是1977年由美国的农业经济学家艾伦·尼斯（Allen Kneese）在《日本农业模式》一书中提出的，他肯定了日本在都市农业方面已取得的发展经验。在日本，“都市农业”一词在1930年就已见诸《大阪府农会报》，而在1935年的《农业经济地理》一书中，作者青鹿四郎对都市农业的形态作了分类，认为农业除了设在都市边缘地带以外，也可以设在城市中的工业区、商业区、居住区等区域内。通过艾伦·尼斯的介绍，以日本经验为基础的都市农业开始真正引起国际重视。

在当今时代，后工业和信息化的特征已非常明显，都市农业也从工业时代的快速退出城市到现在的重新回归城市，日益成为覆盖城市内部、城乡接合部、城市周边，乃至涉及城市圈的整体农业系统，同时它也从早期的以第一产业为主，变成现在的第一产业、第二产业、第三产业相融合的状态（图1-2、图1-3）。

图1-2　勒·柯布西耶的光明城市

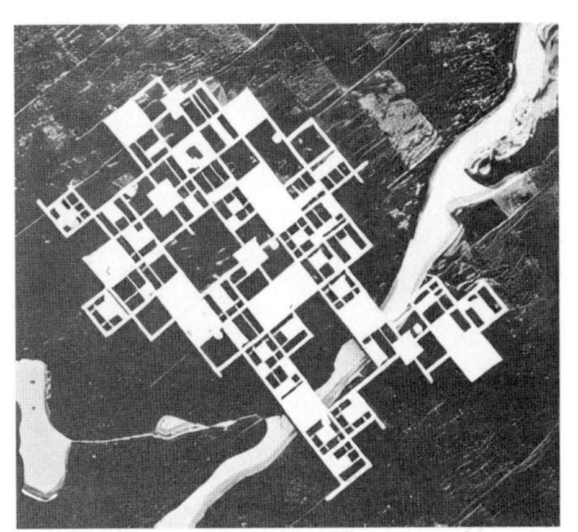

图1-3　黑川纪章的农业城市

1.1.2　垂直农业

垂直农业（Vertical Farming）就是在垂直方向进行农业种植和养殖。为了更多地节约土地，向上（或向下）垂直发展是空间拓展方面的必然选择。

“垂直农业”这个专业术语早在1915年就见诸美国地质学家吉尔伯特·埃利斯·贝利（Gilbert Ellis Bailey）的专著《垂直农业》（*Vertical Farming*），从那以后，很多建筑师及相关领域的研究人员对其进行了探索和研究。其中影响比较大的是迪克森·德斯珀米尔（Dickson Despommier）在1999年提出的“垂直农场”（Vertical Farm）概念及一系列设计构想。

德斯珀米尔说，我们对垂直农场所倾注的精力和关注，并不亚于其他科学家所致力于的登月计划。毕竟我们所要解决的问题是很现实的，这将使全球人类不必再担心下一顿饭将从何而来。[①]如果人类不能在赖以生存的地球上进行建筑物内种植，那么将来有一天登上月球或其他星球，人类也不能生存。虽然城市立体农场现在只是一个对未来城市的设想，但它越来越受到人们的关注，它不单单是新型农业发展的一个简单的概念，而是在生态城市、垂直绿化概念基础上发展出的独立的绿色生态综合体，将为整个地球的生态环境创造更大的效益。

垂直农场有着显而易见的优势，包括产量大、运输距离短、节约水资源、部分材料可循环利用；同时也存在较大的难点，诸如造价高、运营能耗大、运行维护比较复杂。

1.1.3 城市立体农场

城市立体农场（Urban Vertical Farm，UVF），简单地说，就是基于都市农业和垂直农场整合为一体的城市农业建筑物或构筑物。与实践中存在的“农业工厂”有相似之处，本概念更强调“城市”及“立体”。

之所以不称为“垂直”而说“立体”，是“垂直”的单一方向性规定似乎更明确，而“立体”则包含了更多方向的意思，更具有空间感。

城市立体农场也是本研究团队所参与主办的一项同名国际大学生设计竞赛的主题：Vertical Farming，VF。

1.2 当代城市农业的发展需求和瓶颈

1.2.1 发展城市农业的探索从未停止

工业革命的爆发、工业和商业的高速发展，使城市迅速扩张，大量乡村用地被城市所取代，城市内仅有因各种原因遗留下来的小块零散的农业用地，已远远不能满足城市对于粮食和农产品的需求，城市的日常粮食供应必须依靠距离更远的周边农业或者跨国、跨境贸易获得。这种情况一直延续至今，并未有本质变化。期间出现的诸如战争爆发、经济危机、环境问题等，曾经多次引发对粮食供应的思考并积极寻求对策。

对于一个国家来说，如果粮食供应短缺，可以有三条途径解决，一是开拓耕地并尽可能高产，二是向其他国家或地区购买，三是在城市中发展农业，全部或者部分满足需求。实际情况表明，采取任何单一手段都不能完全解决问题。

---

① DESPOMMIERD.The Vertical Farm[EB/OL].http://www.verticalfarm.com.

第三条途径实际上就是发展都市农业，其面临的先天限制是城市当中没有留下多少可以利用的农业土地。因此，一个现实的做法就是在不增加城市农业用地的情况下，增加农业产量。其思路有二：一是在有限的农业用地上垂直发展，通过增加层数来增加农业生产面积；二是在各种非农业用地用房的"无用"部位增加农业生产内容，比如屋顶、外墙、草坪、开放空间以及某些内部使用空间。这些思路也就是自20世纪90年代以来诸多都市农业、垂直农业、立体农场方面的倡导者们所进行的主要探索。今天看来，这些探索都是非常有益的，它使我们明确了城市发展必须考虑的"城市粮食自给能力"这样的现实问题，如果能根据不同城市的实际情况，给出相应的发展标准和指标性评价，那么对城市的发展会有实际帮助。

回顾1760～1960年代两百年间在城市中发展农业的诸多构想和实践，20世纪初期的理想主义都市农业和第二次世界大战迅速发展起来的战时都市农业，都有其特殊时代背景，但在今天仍可以借鉴。1999年，德斯珀米尔提出垂直农场，对后来相关实践影响很大。进入21世纪以来，一些更充分运用最新科学技术的探索，探讨了三四十年后的世界面貌、资源情况、生活方式等，粮食供应问题是被重点讨论和思考的问题。2007年举办的"生态建筑挑战大赛"中，来自美国Mithun建筑事务所设计的西雅图"城市农业中心"入围获奖（图1-4）。2008年7月，巴黎Atelier SOA建筑设计事务所的奥古斯丁·罗森斯提赫尔展示了为巴黎设计的多层城市农场，并在屋顶上安装涡轮发电机组改进建筑物自身的能源消耗。同在2008年，蒂芙尼·贝雷斯（Tiffany D. Broyles）提出了以注重节能和废水循环利用为特点的高层农场设想。2009年5月，在美国达拉斯举办了"达拉斯远景"国际设计大赛，要求将市区中心被遗弃的一块地带改造成一座不用电网来运行的自给自足的绿色社区，获得热烈响应（图1-5）。2009年，大都会建筑设计事务所（OMA）设计的

图1-4 "生态建筑挑战大赛"获奖方案"城市农业中心"

图1-5 "达拉斯远景"国际设计大赛获奖方案之一《Xero Energy》

新加坡“交织住宅复合体”（The Interlace）将整个住宅复合体中的31个积木状6层分体单元旋转特定的角度，增加了每个结构单元的空气流通和更多的日光照射，并增加了屋顶面积用于农作物种植。

芝加哥“海藻绿环”立体农场这个提案由20世纪杰出的建筑师贝特朗·戈德堡构想，他以现有的建在芝加哥河岸边的两栋高层停车楼为原型，重新植入海藻绿色技术，成功打造了世界上最高的，也是美国第一栋混合使用的商业综合体。海藻是一种可无限使用的能源，既可食用又可以吸收二氧化碳。“海藻绿环”建筑在追求芝加哥脱碳计划目标的同时，又展示了藻类是如何与现存建筑实现一体化的设计理念，这将比传统的改造意义更为深远。建筑唯一的出发点是技术方面的突破，包括建筑围护结构、供暖和制冷及照明系统等，其主要目的是向人们展示海藻与新兴的绿色技术如何结合来打造一个全新的二氧化碳净化集成系统，其中包括净化被污染的空气、制造能源、可供食品加工生产和所有的废水处理再利用。建筑由一层层的圆环罗列组成，在一个整体的、相互作用的封闭圆环中采用生物工程的流程，将其分为三个不同层次的减少碳排放系统：从空气中直接隔离二氧化碳（藻类生物反应器）；通过植物光合作用吸收二氧化碳（藻类、垂直农业）；减少能源的消耗（太阳能和风能）。位于两座塔顶部的藻类生物反应器所产生的能量可以满足所有建筑能源的需求，屋顶放置的新的涡轮风力发电机组，可以为空气净化装置提供电能（图1-6）。该项目可以被定义为一个减少二氧化碳排放量和提高能量收集的工具箱。改造之后的两个塔楼，仍保留一个18层螺旋上升的停车坡道。

（a）外观

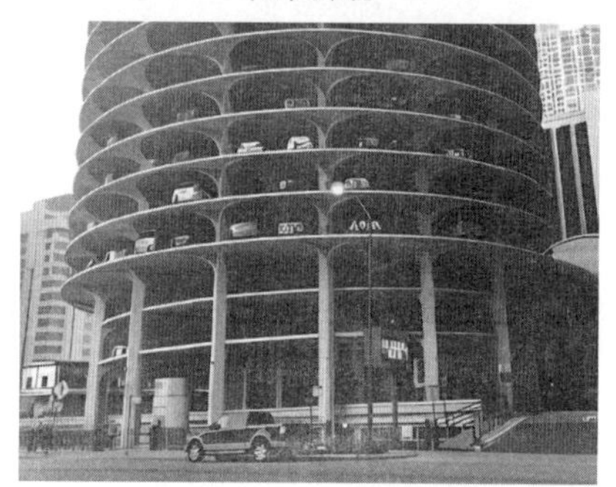

（b）螺旋上升的停车坡道

图1-6　芝加哥“海藻绿环”立体农场

2009年温哥华“2030年的挑战”竞赛，获奖方案“收获绿塔”展示了城市农场与轨道交通等物流途径结合，以节能减排和缩短运输周期的方式，提出以农作物生产为主，附加农产品消费、储藏和餐饮业运作功能的富有经济活力和市场竞争力的城市立体农场理念，在诸多竞争方案中脱颖而出。“收获绿塔”城市立体农场由地下3层和地上21层两个部分组成，地上部分较高的一栋建筑采用先进的农业技术，主要负责农产品供应，并按照不同的农作物需求每天进行不同的光照分配与布置；较低的一栋和建筑裙房部分属于综合性功能空间，如生活居住、办公、餐厅、农产品交易超市、交通辅助区等。因此，这样合理的布

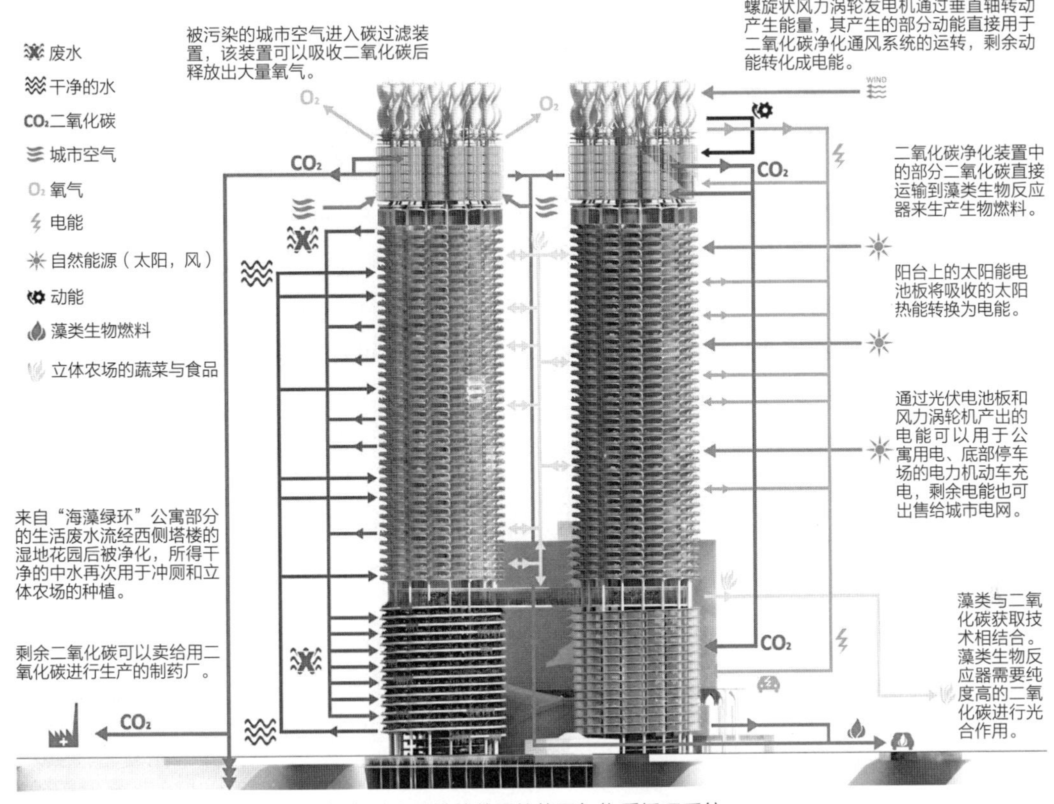

废水
干净的水
CO₂二氧化碳
城市空气
O₂ 氧气
电能
自然能源（太阳，风）
动能
藻类生物燃料
立体农场的蔬菜与食品
被污染的城市空气进入碳过滤装置，该装置可以吸收二氧化碳后释放出大量氧气。
螺旋状风力涡轮发电机通过垂直轴转动产生能量，其产生的部分动能直接用于二氧化碳净化通风系统的运转，剩余动能转化成电能。
WIND
二氧化碳净化装置中的部分二氧化碳直接运输到藻类生物反应器来生产生物燃料。
阳台上的太阳能电池板将吸收的太阳热能转换为电能。
通过光伏电池板和风力涡轮机产出的电能可以用于公寓用电、底部停车场的电力机动车充电，剩余电能也可出售给城市电网。
来自“海藻绿环”公寓部分的生活废水流经西侧塔楼的湿地花园后被净化，所得干净的中水再次用于冲厕和立体农场的种植。
剩余二氧化碳可以卖给用二氧化碳进行生产的制药厂。
藻类与二氧化碳获取技术相结合。藻类生物反应器需要纯度高的二氧化碳进行光合作用。
O₂
CO₂

（c）减少碳排放装置的能量与物质循环系统

图1-6　芝加哥“海藻绿环”立体农场（续）

局安排可为人们的生活提供各种各样的食品。建筑内部设有大型的农业超市，加工完成的食品可以免去长途运输，直接输送到超市里进行销售，保证居民每天都能吃到新鲜、安全的有机食品。“收获绿塔”立体农场的功能空间布局充分考虑各部分生产体系所需光照的多少，由低到高排布。设计师将物流的运输线及运输站、有机食品的储藏室和大型的农贸超市等辅助设施设置在建筑的地下空间；地上空间则把科研实验中心、家禽和畜牧业饲养以及水产养殖放置在较低的几层空间内；种植蔬菜和水果需要充足的阳光以帮助植物进行光合作用，因此种植空间则被设在建筑的上部；屋顶除了建造屋顶花园外，还放置了雨水收集器和风力发电机等机械设备。不仅如此，“收获绿塔”依靠环保的可再生能源供应立体农场的生产，如风能、太阳能、地热及混合材料制成的沼气，从而减少了建筑耗能产生的二氧化碳、二氧化氮所造成的城市大气污染。“收获绿塔”不仅为人类源源不断地制造食物，更能合理利用建筑剩余空间，使建筑的使用功能丰富、灵活，为市民提供运输、交通、科研、教育、居住、休闲等功能空间（图1-7）。

2011年“Vertical Farming城市立体农场国际大学生建筑设计竞赛”在500多个应征团队提交的方案中评选出15项充满创意的获奖方案，这是世界上第一个面向大学生的以城市立体农场为主题的设计大赛，得到了多方关注，产生了很大的影响力。至2018年，该主题竞赛已举办了4届。

这些都说明，对于在城市中发展农业的探索一直都在进行着，诸多探索给当代或未来城市农业建筑以一个较为清晰的轮廓：高层独立式建筑（也称为植物工厂）或依托已有建筑改造叠加农业生产功能，采用以无土栽培为主的种植技术和自动化、智慧化的诸多生长调节控制技术，利用太阳能、风能等新能源，对废水、废物循环利用。

图1-7　温哥华“2030年的挑战”竞赛获奖方案“收获绿塔”

1.2.2　城市农业的发展瓶颈

尽管很多城市农业建筑的构想者给出了乐观的前景预期，比如高产、节能、环保、融入文化生活等积极作用，但是城市农业建筑并未立刻在城市当中遍地开花。发展城市农业建筑的瓶颈主要体现在以下三个方面。

1. 农业产量

产量是最大的瓶颈，在合理扩大城市农业生产面积的情况下，能够提供多少“零里程”粮食供应量？城市立体农场解决农业生产面积的途径有两个：向立体空间中要面积而不占用城市用地；将诸多“无用”面积转变为农业生产面积。在能够充分利用这两个途径的前提下，能够提供多大粮食供应量？日本PASONA东京总部办公楼2010年以“零食物里程”为设计概念做了一项实验，在其位于日本东京的总部大楼的一层大厅布置了水耕稻田，在整个办公楼中也设置了很多农业种植装置。这座总面积为5000m^{2}的办公楼中，设有6个房间作为农作物配置试验基地，采用人工设备控制室内植物生长所必需的光环境、温度及湿度环境，植物在适宜的室内温度下依靠营养液健康地生长，员工根据各植物所需的采光量将它们设在不同的楼层种植，整个种植过程全部由公司内的员工轮流整理栽培（图1-8）。栽种的农作物超过200种，包括番茄、甜椒、茄子等蔬菜水果，还有稻米、花卉和草药。办公楼里采收的所

图1-8 日本PASONA东京总部办公楼

有稻米、蔬菜、水果都供应给公司食堂，作为员工餐食。产量方面，水耕稻米的年收成为3次，每次为50kg，总共150kg，大约可以做出3000个饭团，这样的收成显然还不能支持全公司2000多名员工的粮食需求。从上例可知，应当在可能的条件下逐步解决城市农业建筑“叫好不叫座”的情况，避免使其成为海市蜃楼、空中楼阁。

2．环境效益

如果将现有的建筑屋面和墙面都进行农业生产改造，那么是否能因此减少“城市热岛效应”？此外，其在循环回收利用方面发挥的环境保护作用，以及降低大气中的有害气体和粉尘颗粒物、降低太阳辐射、减少噪声的方面所起的作用也有待发挥。要突破环境效益的瓶颈就必须进行更多的试验和研究，并及时将积极的信息进行公开，以便社会各方充分了解和支持。

3．社会效益

农业文明是人类文化的结晶，通过农业生产过程传达出来的文化理念对全社会来说都是非常有益的熏陶培养。对农业生产的了解、观摩和体验，是非常有价值的科学普及活动和社会文化活动，具有很高的文化价值，并能产生良好的社会效益。从实际情况看，城市农业在这方面的价值发挥得还不充分。上面提到的日本PASONA东京总部办公楼在社会效益体现方面的经验值得总结。

从三大瓶颈来看，社会效益方面以往探讨得不多，应当引起足够重视。

1.3 城市立体农场的基本功能

城市立体农场的基本功能是进行农业生产，主要包括种植类的农作物（粮食）、瓜果、蔬菜、花卉、苗木、药材及食用菌等；养殖类的家禽、牲畜、水产，还有较为特殊的如蜜蜂等。与此同时，对于生产过程中产生的废水、废物等，应采用合理的资源化处理，使其能够循环利用。生产和循环利用两者应有机结合、相互作用，废水废物经过处理后得来的环保能源为农产品生产供应能量和物质，农产品生产后剩余的废物又可以作为原料为后续的工作提供物质，以使城市立体农场对农作物的增产和生态系统的改善有积极的影响。

1.3.1 物质方面：农业生产需求

城市立体农场的农业生产由两部分组成，一是植物种植，二是动物养殖。植物种植主要是将农作物种植移至封闭的建筑室内进行，主要种植蔬菜和水果，为了保障封闭空间里适宜动植物生长的光环境、温度及湿度等条件，则需采用人工环境控制系统综合调控。动物养殖主要针对鱼类、家禽与牲畜养殖，除了对动物生长环境要求严格，对动物粪便处理和城市环境影响问题的要求更为严格。

城市立体农场农业生产与城市有机废水废物资源化处理两项功能缺一不可，相互作用。特别是动物养殖功能较植物种植功能与废水废物资源化处理功能有着更为密切的关系。因此，在城市立体农场的建设中，需要针对其近期规划和长期发展两个方向认真思考。

在城市立体农场的近期规划中，城市中原有的污水处理系统中心可以为农业生产中的无土栽培和植物工厂技术提供中水用于灌溉。将城市立体农场和城市建筑、基本设施结合，一是可以利用处理后的中水改善农业生产浪费水资源问题，二是将农作物种植与湿地净化系统结合获取饮用水。

从长远来看，为使城市立体农场的功能作用充分利用，可以将有机废水废物的处理当作城市集中的公共设施，而农业生产可以在城市中分散，直接服务于周边的社区居民、办公区及商业娱乐区。因为农业生产相对于处理废水废物更为人们所熟悉，不仅可以供给粮食，也可以作为教育、休闲娱乐等项目引导居民积极参与。但对于城市有机废水废物资源化处理系统来说，前期投入资金较多、操作复杂是当前最大的问题。因此，可在城市中心定点集中过滤城市废水、消解有机废物，其产生的沼气、沼液、沼渣等可再利用物质统一再分散输送到农业生产基地。

城市立体农场功能还包括农业生产和城市有机废水废物资源化处理两个方面。城市立体农场可以看作一座消除城市有机废水废物的大型机器，其两部分功能相互作用，农业生产剩余的废料为资源化处理提供少部分原料，城市有机废水废物处理后可以为农业生产提供持续的物质和能量。由于城市立体农场建筑具有高能耗的特征，目前必须借助可再生能源设备获取自然资源维持建筑运转，因此，可再生能源设备的存在具有必然性和合理性，对其的利用应当作为城市基础设施的一部分。

1.3.2 精神层面：农业观摩体验需求

在生产功能之外，城市立体农场还具有农业观摩体验功能。在霍华德的“田园城市”规划中，农田就包含了绿化休闲功能，可以改善环境质量，也可以调节人们的身心健康。城市立体农场需要在很大程度上满足人们观摩体验农业生活、参与其中、增长知识技能的这些需求。

农业观摩体验功能是农业与现代社会生活相结合的产物，属于一种第三产业业态，是在农业生产的基础上，充分利用农业景观独有的观赏性，合理开发建设集观赏游玩、种植采摘、休闲度假、运动健身、科普教育及民俗文化于一体的创新性的农业模式。

农业观光与传统农业相比更加注重其观光游览的性质，充分利用农业景观相较于城市绿地景观的优势，吸引大量的居民游客前来游玩，放松身心，愉悦心情，增加农业知识和体验。

有国外学者认为，农业观光是要以农业生产为基础，依靠乡村特有的田园景观、丰富的农业资源，鼓励城市居民走出家门、投身大自然的事业。国内学者陈起祥认为，农业观光是生产、农业与观光三者相结合的产物，是产业观光的一个分支；而林光志认为，农业观光是另外三者相结合的产物，即传统观光、现代观光与农业生产的结合。

1.4 城市立体农场的技术条件

工业社会发生了大规模的城市化并将农业用地放在城市外围（距离可能会很远），这期间关于发展都市农业特别是垂直农业的尝试，都是散见于一些设计图纸和小规模的实验性落地项目。之所以不能大量推广，主要还是社会整体技术水平不足以建造理想的城市立体农场建筑，其涉及无土栽培、植物工厂等农业生产技术，废水回收处理、固体垃圾转化等环境保护技术，太阳能利用等新能源技术，不是简单地把现在的农业生产活动直接搬进高层建筑就可以的。

城市立体农场作为食物高品质和高产量制造的一个场所，更多地需要思考建筑设计和生态环境对城市立体农场的作用。城市立体农场从食物生产到消耗是一个有机的生态食物链循环体系，在建筑内可以完成人类日常活动、农业的生产和能源的再生及消耗。在这个体系中，农业生产和食品加工之后残留的植物废物、禽畜和鱼类养殖剩下的粪便等有机废物，可以通过生物技术处理制成无污染的清洁能源沼气，沼液和沼渣又是环保的有机营养液和肥料，为农作物的生长提供高成分的营养物质；通过屋顶收集来的雨水、生活污水和工业废水，经过分解、过滤处理为可再使用的中水，为立体农场的农业灌溉、生活用水供应充足的水资源；太阳能、风能、沼气等可再生能源的综合利用，为建筑资源循环系统提供能量。

而完成这些过程则需要技术的支持，如环境保护、污染治理、资源循环再利用以及生物遗传。植物的生长和动物的养殖将在建筑内部进行，必须采用特定的照明系统提供农作物生长适宜的光环境，同时对于生长的温度和湿度要求也极其严格。城市立体农场需进行人工智能化的监测，使农作物全年无休地种植和收获。在农作物生长方面，目前主要以无土栽培技术和植物工厂技术为主。无土栽培主要采取无基质栽培（水培、气雾培）和有基质栽培两种技术方法。在食品供应方面，城市立体农场除了可以种植蔬菜、水果，还可以进行鱼类等水产养殖，一些城市立体农场还可以增设家禽和牲畜的养殖。

1.4.1 农业生产技术

随着人类的发展，人们需要一种新的农业技术来改变原始的耕作方式。那么，密闭的城市立体农场的使用可以缓解城市化现象吗？人们的设想是："当然可以！"很多年前，人们就已经开始在自己的住家内部和屋顶小规模地种植农作物。总体来说，农业生产方式经历了露地种植、设施栽培、水耕栽培和植物工厂四次重大变革。[①]露地种植其实就是最原始的农田耕作，农田大面积地横向发展，没有固定的边界限定，所有的农作物都在室外裸露地生长，经受着阳光暴晒和风吹雨打。设施栽培是利用人造设施、设备进行高投入、高产出，技术、人力密集型的产业，摆脱自然对传统农业的限制，是现代工厂化农业、环境安全型农业、无毒农业的必经之路。[②]设施农业明显优于露地种植，在其发展进程中，主要体现在无土栽培与植物工厂两个阶段，这也是城市立体农场的主要农业生产技术，已逐渐在全球范围内推广并广泛使用。总而言之，新型的农业技术不单是降低了生产成本、缩减了不必要的烦琐步骤，更重要的是在人工智能化控制方面帮助城市立体农场有了新的突破。

① 杨其长，张成波．植物工厂概论[M]．北京：中国农业科学技术出版社，2005.
② 季欣．建筑与农业一体化研究[D]．天津：天津大学，2012.

1. 无土栽培技术

无土栽培是指“不用土壤，而是采用基质（包括岩棉、草炭、蛭石、珍珠岩、树皮、锯末、水等）和营养液栽培植物的技术”①。在土地资源日益紧缺，很多地区即将失去农耕地的情况下，人们为了寻求农业技术的多样性，开始促进无土栽培的发展，这对解决城市农耕面积下降问题具有重要的作用。不仅如此，人们对于淡水资源的需求量越来越大，特别是人口众多的大城市所需的居民生活用水量和工业用水量都会给城市造成很大的压力，因此，政府不得不采取必要的措施控制农业灌溉。1982年，K. T. 胡别克首次发明了无土种植技术，美国国家航空航天局在此技术的基础上又加以改进，将农作物的根部悬置在营养液中，使营养液的水分和养料直接作用于植物，这种高精度的现代化育苗方法避免了传统的露地种植大面积灌溉所导致的水资源浪费，尤其是高温、干旱地区，很多农业用水在强烈的阳光照射下变成了空气中的水蒸气，因此，无土栽培也是在干旱地区以节省农业用水为目的的主要核心技术（图1-9）。

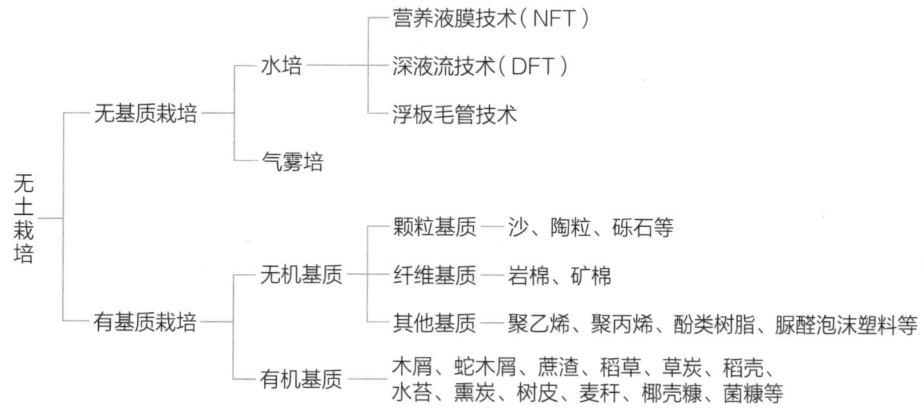

图1-9 无土栽培技术的分类

无土栽培的方法有很多，按照固定作物是否采用了固体基质分为无基质栽培和有基质栽培，其中无基质栽培主要有水培和气雾培。②

（1）水培

国内很早就有进行蔬菜水培的种植方法，最简单的就是从古代开始民间流传的将蒜头放进少量的水中，让其浸泡生出蒜苗。第二次世界大战期间，南太平洋各岛利用水培的方法

① 成善汉，周开兵. 观光园艺[M]. 合肥：中国科学技术大学出版社，2007.

② 周长吉. 现代温室工程[M]. 2版. 北京：化学工业出版社，2010：256-281.

产出了约800万斤的蔬菜。水培法主要用于蔬菜种植，由于水体不能固定根系，故而固定植株主要采取悬挂法（适用于蔓藤类作物）及固定根茎法（主要适用于矮生作物的栽培），这种系统主要包括栽培槽体、贮液池、供液及排液管路、供氧系统、加温/冷却以及自动化控制系统等设备。[①]例如，蔬菜在营养液中的固定主要依靠浮板，其根系悬浮在流动的营养液中。这一过程除了使用营养液加压和过滤等控制设备外，还必须对营养液的各项调配指标进行检查，如成分、温度、浓度及含氧量。营养液被使用一次之后就直接导出栽培系统外的，被称作开放式栽培系统。尽管这种方式的控制设备成本相对比较低廉，但和传统的农业生产一样都会再次污染环境，所以并不是营养液使用中最好的处理办法。第二种是封闭式栽培系统，营养液被消毒、过滤处理之后呈流动式状态循环使用。这种系统方式可以使营养液中有利于蔬菜生长的养料尽可能地被吸收，比开放式栽培的利用率增强了几倍，有效节省了资源，但在能耗与控制设备方面仍然有需要改善的地方。目前，水培系统主要分为营养液膜技术（NFT）、深液流技术（DFT）和浮板毛管技术。其中，非专业人士也可以操作营养液膜技术和深液流技术，因此，这两种技术被比较广泛地接受。

营养液膜技术是指营养液以浅层流动的形式在种植槽中从较高的一端流向较低的另一端的一种水培技术。[②]种植槽中营养液的深度只有0.5 ~ 1.0cm，这些少量的营养液便于在系统中循环作用于蔬菜的根系，为植物供应必需的各种养料、氧气及水分（图1-10）。

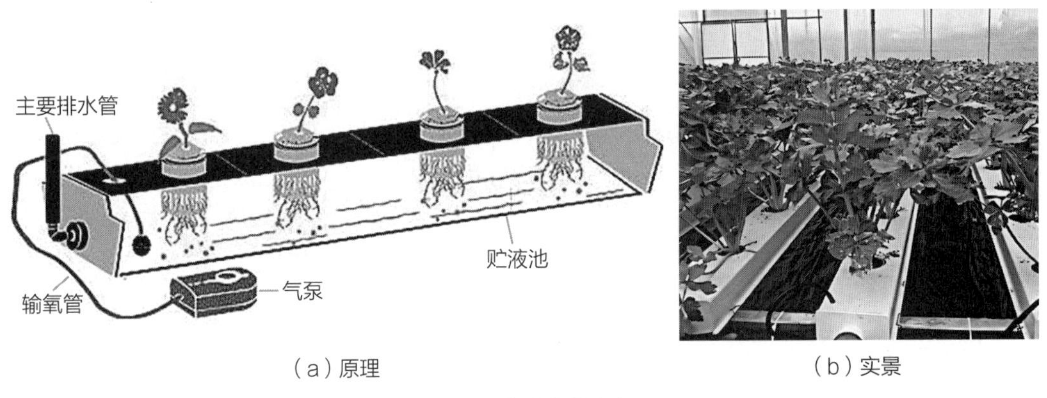

（a）原理　　（b）实景

图1-10　营养液膜技术

NFT的设施主要由种植槽、贮液池、营养液循环流动装置三部分组成。[③]此外，还可以根据生产的需要和资金情况、自动化程度要求的不同，适当配置一些其他辅助设施，如浓缩营养液贮备罐及自动投放装置、营养液加温及冷却装置等。[③]种植槽一般用软质塑料薄膜、

① 周长吉. 现代温室工程[M]. 2版. 北京：化学工业出版社，2010：234.

② 秦丽娟. 火鹤水培适宜生长条件的研究[D]. 保定：河北农业大学，2009.

③ 卜崇兴. 储液储气式无土栽培系统的技术创新与开发[D]. 上海：上海交通大学，2004：5-12.

硬质塑料板、铁板、玻璃钢或水泥砖等建成。[①]虽然营养液膜技术在设备设计上简单、轻便，更适宜在灵活的空间里应用，但一些弊端也是无法避免的：一方面，深度太浅的营养液虽然降低了液体自身的重量，但将植物的根部稳定地浸在少量营养液中的操作也较困难；另一方面，如果人工监测疏忽会导致种植槽中营养液供应不足，很容易造成植物缺氧缺水，影响植物的健康生长。

深液流技术是水培系统最早应用于商业化生产中的技术，深液流水培设施由种植槽、定植网或定植板、贮液池、循环系统等部分组成（图1-11）。[②]深液流技术种植槽是利用水泥砖修砌而成，这种水槽与营养液膜技术相比就显得笨重。DFT的种植原理与营养液膜技术相近，但深液流技术的营养液深度要深很多，植物的根部被浸泡在深度为5～10cm的营养液中生长，并且通过氧气加压控制可以促进营养液均衡地循环，避免贮液池底部堆积有害的残留物，可以为植物生长创造一个较为平稳的环境。深液流水培能生产出番茄、黄瓜、辣椒、节瓜、丝瓜、甜瓜、西瓜等果菜，以及菜心、小白菜、生菜、通菜、细香葱等叶菜（图1-12）。

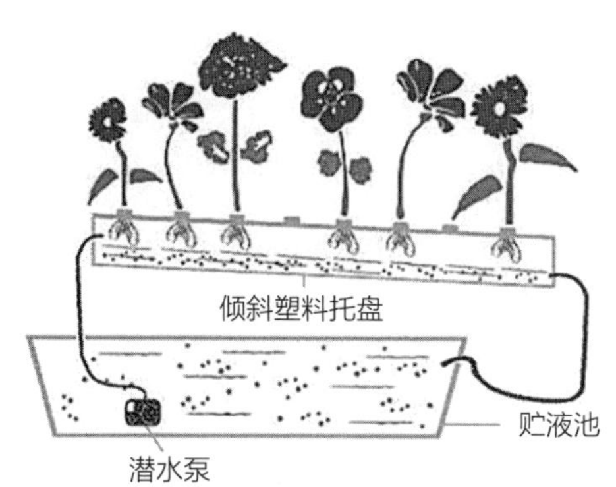

图1-11　深液流技术原理示意图

图1-12　深液流技术种植实景

（2）气雾培

气雾培是气雾式栽培法的简称，又称气培。气雾培是利用喷雾装置将营养液雾化成小雾滴状，直接喷射到植物根系以提供植物生长所需的水分和养分的一种无土栽培技术。[①]运用气雾式的农业种植技术，应将农作物的根系处于相对湿度为100%的空气中，而不是放置在装有营养液的种植槽中让其吸收养分，但农作物的茎叶栽培方式与一般的种植技术相同。气雾培技术采用泡沫板将农作物稳固地支撑起来，形成一个封闭的三角空间，喷雾装置主要依

① 秦丽娟. 火鹤水培适宜生长条件的研究[D]. 保定：河北农业大学，2009.

② 季欣. 建筑与农业一体化研究[D]. 天津：天津大学，2012.

赖智能的监控设备向植物的根部每隔2～3分钟喷射一次气状营养液，每次持续几秒钟。虽然植物能够接受足够的水分和养料，但电能的大量消耗和设备的高昂价格都是气雾培技术发展较缓慢的因素（图1-13）。

图1-13　气雾培技术种植马铃薯

尽管如此，与水培种植相比，气雾培种植技术仍然具有非常大的优势：第一，其三角立体的架构方式更有利于提高建筑室内的空间使用率；第二，植物根系因为裸露在空气中，所以将拥有更多的空间促进根部向饱满的状态生长，同时，不仅解决了营养液中供氧不足的缺点，而且更便于人工控制植物的生长环境和监测其根部的生长情况；第三，事实证明，气雾培作用下的植物生长速度比原始的土壤栽培快3～5倍，比水培种植提高了2倍，由于大大缩短了植物的生长周期，也使得农作物的产量大幅度提高。

（3）无土栽培的优势

1）无土栽培利于农业向立体化发展，在空间最大利用率条件下实现经济效益的最大化。

2）无土栽培通过人工控制创造的植物根系环境明显优于土壤环境。无土栽培改善了原来土壤种植常见的水分与养分不和谐的供应问题，尽可能地帮助植物处于最佳的生长环境中，使植物收成在产量和质量方面都充分发挥潜力。

3）无土栽培摆脱了众多土壤不利条件的束缚。例如，在土壤中培植农作物需要按时进行翻土、施肥、除草等一系列劳动操作，还需要克服化学肥料和病虫灾害所造成的土壤的恶变等。

4）无土栽培减轻了化肥对土壤的污染，更利于自然生态环境的保护。

5）无土栽培在整个农业生产过程中都可以对营养液的调配、植物的生产以及周围环境的监测等进行人工智能化操控，很大程度上降低了农民在农田耕作时的劳动强度，在节省劳动力的同时又有助于促进工作效率的提高，是一项可持续发展的农业生产技能。

2．人工光源技术

由于建筑内部的自然光照时间无法满足农作物光合作用所需，所以必须采用人工智能的方法弥补缺少的太阳光。这一技术的应用甚至可以使植物完全脱离自然光照射，像工厂加工产品一样“生产”植物，因此，这种植物种植场所也被称为“植物工厂”。1957年，丹麦出现了首批植物工厂，此后的十几年间，日本的植物工厂快速发展，处于领先地位。日本植物工厂学会对于植物工厂的理论给出了这样的解释：“植物工厂是在设施内经过高精度的环境控制实现农作物周年连续生产的高效农业系统；是由计算机对植物生育过程的温度、湿度、光照、CO_2浓度以及营养液等环境条件进行自动控制，不受或很少受自然条件制约的省力型生产。”①其中，全年无休息的人工环境控制系统是主要的能耗部分，特别是植物生长必需的照明系统所消耗的光能源。

当前，最为节能环保、具有良好的可控性的LED植物照明灯是最先进的室内人工光源。LED植物照明灯以发光二极管为光源，以农作物生长发育必不可少的光环境为依据，通过调节光源的品质，为植物的光合作用创造有利的光环境，促进植物生长。与传统的光源相比，LED的特点主要体现在安全性能好、使用时间长、适用性强、波长固定及零污染的能量转换，对于农作物所需的光照调节更便于控制。LED的主要光源由红光和蓝光组成。植物在进行光合作用时根据自身的生长状态需求有选择性地吸收光谱，当光照不足时，LED人工补光的方式可以促进农作物的生长。例如，在种子发芽时期，增加适量的红光（600～700nm）照射可帮助种子生长。LED植物照明系统的光源波长应选择在农作物生长最敏感的波段，以促进农作物在最适宜的光合作用下处于最好的生长状态，红光波长为620～630nm和640～660nm，蓝光的则为450～460nm和460～470nm。LED植物照明灯不仅可以为建筑内部的农作物提供充足的生长光源，而且这些光源对于农作物枝叶的加速分化更有针对性，使农作物的生长周期明显缩短。

理论证明，LED植物照明系统同样适用于城市立体农场概念。尽管这项技术一直处于小规模的试用阶段，即使在植物工厂中最大应用面积也只有1000m^2，但前景令人憧憬，城市立体农场建筑内的农作物不再需要自然的阳光，而是利用LED植物照明灯就可以完成光合作用。因此，每栋城市立体农场的建筑必须配备足够的LED植物照明灯，在阴天、夜间或者日照时间短的环境条件下为农作物的光合作用补充光源。

在立体农场里，农作物仅靠自身吸收阳光是不可能满足生长需要的。建筑立面的四个方向每天接受阳光照射的时长各不相同，南侧方向采光最好，北侧最差。由于太阳直射角度的原因，建筑内的中间区域也将很难受到阳光的照射，因此，传统农场要比等面积的立体农场

① 杨其长，张成波. 植物工厂概论[M]. 北京：中国农业科学技术出版社，2005.

有更多的阳光照射。为了立体农场里的农作物全年都能够正常生长，势必需要配合更多的人工照明系统和机械设备，保持建筑内适宜生长状态的温度环境，因此，大量的能源消耗是一份高额的成本，也容易导致其他不环保的问题产生。

3．动物养殖技术

动物养殖包括鱼类、家禽、畜牧等养殖。与城市立体农场的农业种植相比，动物养殖最大的不同在于不需要土壤作为基质或是大量的水资源用于无土栽培和灌溉。但动物养殖同样也需要适宜动物生长的舒适空间，因此，从建筑设计角度来看，需要根据动物的生活习性等特点设计其相应的养殖场所，设计原则是方便工作人员控制和管理。例如，动物养殖要求工作人员每天按时定点地供给动物饲料和饮水，并且在固定的时间段要对动物的生活场所进行卫生清洁，避免疾病的传染。由于动物养殖的复杂性和专业性，在城市中心的办公区域、住宅社区中进行动物养殖必然会带来一定的影响，这也将限制一些农户和市民的参与，因此，动物养殖较适合拥有专业饲养员且规模较大的饲养场，或是大空间的建筑室内。

在城市立体农场中一般以建筑室内养殖场的形式养殖动物。由于室内空间宽敞且开放，所以在养殖的规模和种类方面，室内养殖都要比屋顶和阳台养殖更规模化、多样化和专业化。在空间布局方面，动物养殖的光照需求低于农作物的需求标准，可以将动物养殖区安置在建筑的底层部分或接受光照较少的朝向区域。在生产模式方面，鱼类与植物的共生复合养殖系统可促进两个体系生态效益的共同发展，因此，除了家禽和畜牧养殖，鱼类养殖也是建筑室内养殖的重要组成部分。在资源处理方面，动物养殖剩余的粪便比农业肥料在产生甲烷的过程中所具有的利用价值更高。

陕西省一些村镇的居民在屋顶进行莲藕与鱼类共生养殖，这种水田共生的养殖方式不但可以促进植物种植和鱼类生长，而且可以适当地调节室内气候。

芝加哥都市立体农场（The Plant）一定程度上实现了城市废物、水、能源系统再利用的生态循环模式。建筑内种植的各种农作物通过吸收红茶菌饮品生产过程中产生的二氧化碳进行光合作用后，将释放出来的氧气再循环用于红茶菌饮品的生产。鱼塘中的罗非鱼能够产生植物生长所需的氮元素，而农作物将这些含氮的水净化后输入到鱼塘。如此的循环系统，可以让种植业和渔业生产更有效率。此外，多个鱼塘之间都通过PVC管道装置顺序连接，每次从此流过的水体都会先流经过滤箱，这种塑料材质的过滤网可以将有价值的物质沉积在箱子底部。同时，农场设有厌氧消化处理系统，这种分解设备将鱼类、农作物、啤酒酿造及城市生活等制造的垃圾、废物收集到厌氧消化池中，经过分解处理生成沼气，其产生的热能和电能可以供应发电机的运转。涡轮发电机工作产生的一部分光能用于农作物LED照明系统，产生的二氧化碳等有害气体又继续输送到种植区，而由于发电产生的高温度蒸汽是调节室内温度的能源之一。除此之外，酿酒的生产车间在工作时仍然会产生大量的余热，帮助种植区保持温室的生长环境。可以说，在芝加哥都市立体农场的生态循环体系中，前一个生产环节剩余的废物废料都可以应用到后一环节的工作中，全部垃圾都被有效地利用（图1-14、图1-15）。

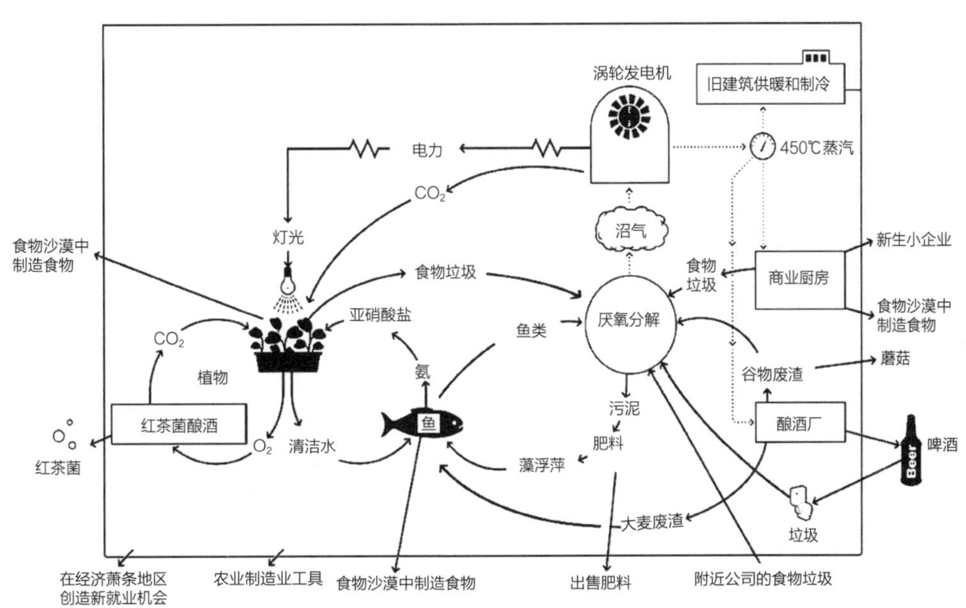

图1-14　芝加哥都市立体农场循环系统示意图

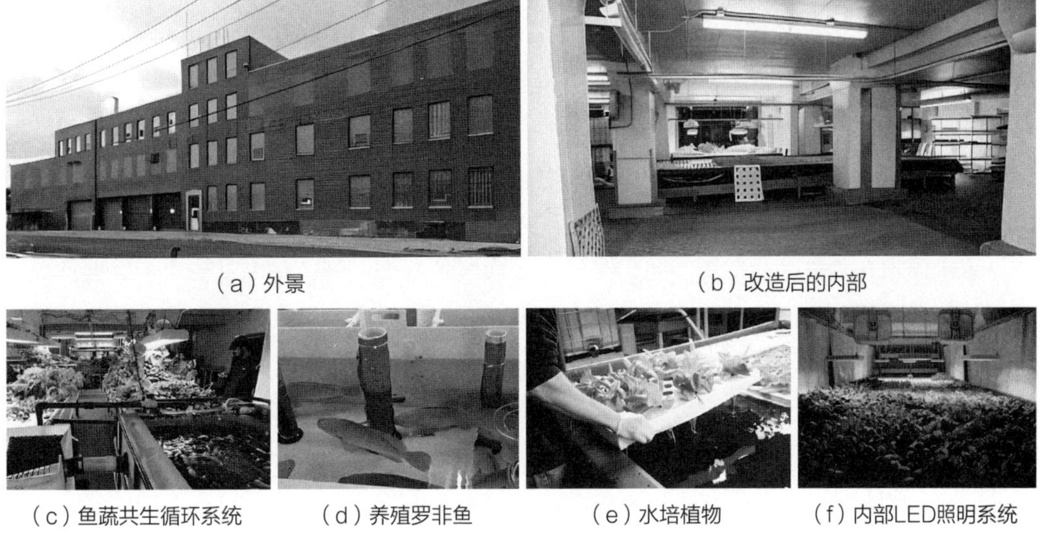

（a）外景　（b）改造后的内部

（c）鱼蔬共生循环系统　（d）养殖罗非鱼　（e）水培植物　（f）内部LED照明系统

图1-15　芝加哥都市立体农场

1.4.2 环境保护技术

1. 污水处理与循环再利用技术

尽管地球表面十分之七的面积都被水体覆盖，但随着城市化进程的快速发展，淡水资源的供应不足给城市带来越来越大的压力。如今，水资源的紧缺已成为继不可再生能源过度开发之后全球性最为紧迫的问题之一。在我国，水资源的紧缺问题已不单单影响人们的日常生活，而且严重地限制了未来的发展。新加坡也是一个淡水资源极其匮乏的国家，自从成为一个独立发展的国家之后，争取水源的自给自足成了新加坡城市建设的重中之重。经过几十年的不懈努力，新加坡成功改写了自身缺水的历史，更连续召开了三次国际水博览会。在会议上，各国的大型公司、学者及专家都积极前来研讨丰富淡水资源的技术问题，也使得新加坡成为全球的淡水枢纽。

每座城市每日都会产生大量的工业污水、生活污水，通过城市的排水管道排放到河流。许多城市为了整治污水问题，建造污水处理厂，改善排水系统，虽然河流治理有了很大的起色，但建筑本身依然是城市主要的污染源。城市污水处理系统是一套收集固体和液体废物，避免其接触城市人口和饮用水系统的地下管道系统。①城市污水主要包括生活废水和城市有机废水。城市污水处理系统的工艺流程比较复杂，需要经过物理、化学或生物处理后才可以作为中水供市民继续使用。综合考虑处理过程中的造价、成本、成效及水体品质等因素，城市污水处理系统一般采用物理法和生化法的处理方式，也可以称为一级处理与二级处理。物理法污水处理方式主要使用除渣机、沉淀池、沉砂池、水泵、筛网、格栅等设备。

目前，大部分城市应用的污水处理技术多为活性污泥法，也是主要的污水生化处理法，即属于二级处理。污水生化处理的原理是在生物，特别是微生物的作用效果下，使污水中残留的有机污染物通过分解、合成转化为可再利用的甲烷气体、干净的水和生物固体污泥；如果生物污泥在池子底部沉淀的量过多，则需要采用固液分离的措施将额外的生物污泥除掉。物理法和生化法的结合使用可以将污水中含有的90%以上的有机需氧污染物（BOD）和悬浮物除掉，净化后的污水可以作为中水再次使用。

另外，还可以利用人工湿地处理技术来独立完成城市污水的处理。在城市立体农场中，人工湿地在处理污水的同时可以生产水稻或养殖鱼类。城市污水被输入水处理系统，经过厌氧反应器的反应，其过程中通过化学分解产生的甲烷为发电机的运转提供一定的热能和电能；而高浓度的二氧化碳正是绿色植物进行光合作用所需要的原料，随后植物制造的氧气一部分排放到大气中，可以改善城市空气质量，剩余的少量氧气再次发生作用，促成好氧或厌氧微生物的转化，为植物生长提供必要的养料（图1-16）。

---

① 李艳军，康凯. 浅论城市污水处理系统设计与关键技术[J]. 才智，2011（4）：48.

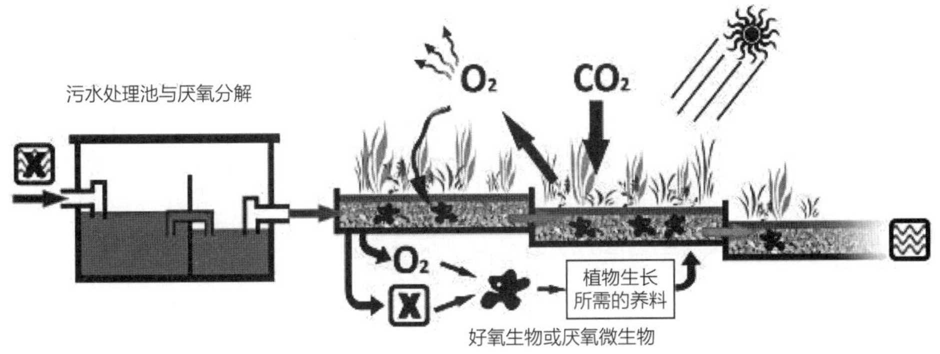

图1-16　城市有机废水厌氧分解反应过程

2．雨水收集技术

城市立体农场多利于高层或超高层建筑，收集和再次使用建筑屋顶的雨水，一是可以充分利用雨水资源缓解全球淡水资源匮乏的问题，二是可以将高处收集来的雨水通过由高到低所产生的重力势能转化为电能资源，而发电后的剩余雨水再次流入建筑底部的蓄水池中，二次利用作为非生活用水，这样不仅可以节省电能、节约自来水，而且达到了保护环境的目的。其雨水收集系统的工作原理是将建筑楼层表面的雨水依靠重力集中落下，流经排水管道后的雨水再经过过滤器的处理汇集到集雨装置中。当水箱中的储水达到一定容量时。浮标式阀门自动打开，雨水下落并冲击水轮发电机的过程将产生电能；当水位低于一定高度标准的要求时，阀门自动关闭，集雨装置继续蓄水（图1-17）。

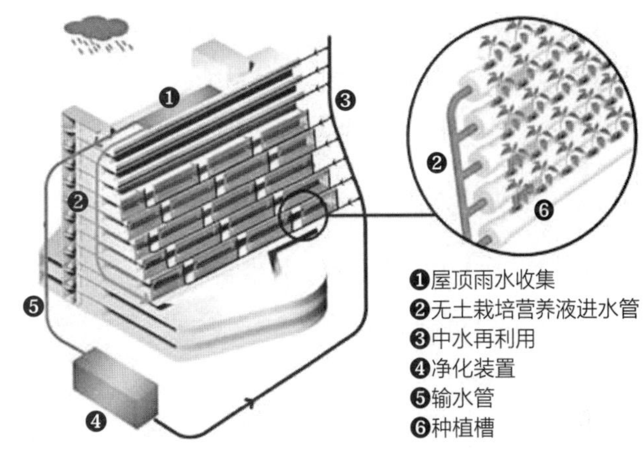

图1-17　城市立体农场雨水收集系统示意图

3．有机废物与生物利用技术

为了资源化地处理城市废物，在城市立体农场领域中普遍使用厌氧发酵技术，也就是沼气技术。在这个过程中，有机垃圾被分解腐化，除去有害物质，变为性能稳定pH值约中性的有机高质肥料[①]。这种方式为城市有机废物处理创造了一种可持续发展的新路径。在城市

① 季欣. 建筑与农业一体化研究[D]. 天津：天津大学，2012.

立体农场概念设计中使用最多的厌氧发酵处理系统是生物利用技术的类型之一，其中的生物质是生物利用技术原料的主要来源。以“把农业搬进大楼里”为发展战略的城市立体农场，其建筑内将不间断地进行农业生产和食品加工。在这种情况下，不可避免地将会产生大量的剩余废物，如植物茎叶、动物粪便等，这些生物质都可以转化成生物质能。除此之外，城市立体农场其余的生物质能还来源于能源消耗与日常生活所产生的大量废物。除此之外，生物利用技术还包括固体燃烧成型技术、生物质直接液化技术与生物质能燃烧发电技术等。

1.4.3 新能源技术

作为一种环保无污染的可再生能源，太阳能取代化石燃料在建筑中应用是未来能源发展的主要方向，不仅如此，太阳能也能够服务于城市立体农场的立体农业种植。为了降低建筑自身的能源消耗并提供各种机械设备的正常运作，城市立体农场的实践案例都采用了太阳能的节能技术，可以分为两种形式：被动式太阳能技术与主动式太阳能技术。

此外，新能源技术还包括风能利用技术。

1. 被动式太阳能技术

所谓被动式太阳能技术，是指利用太阳能提供室内供热，而无需其他机械装置提供能源，被动式太阳能系统依靠传导、对流和辐射等自然热转换的过程，实现对太阳能的收集、储藏、分配和控制。①

一般来说，被动式太阳能系统选择玻璃、塑料等透明材料和材料颜色较深的蓄热装置来吸收太阳能，并且被安装在朝阳的方向，使这些蓄热装置最大限度地储存太阳能。阳光透过透明材料照进建筑室内，其原理就是我们常说的温室作用。同时，人们根据深色物体表面比浅色的能更多吸热的原理改进被动式太阳能系统的设计元素。

另外，建筑不是一个单独存在的体量，它与空间布局、形体、建筑材料、地理条件、外部环境、使用人群以及城市经济状况等构成一个建筑的生态体系，这些因素都或多或少地影响被动式太阳能技术的应用。而对于建筑自身来说，被动式太阳能技术主要体现在建筑围护结构方面的节能设计，如屋面、外窗、外墙、户门、隔墙及地面。每一类型的建筑围护结构都可以从诸多设计元素中节省能源消耗，提高被动式太阳能利用率。但在现实应用过程中，各种外界因素都可能导致被动式太阳能系统的低效运转，一般情况下，建筑还需要配有主动式太阳能供能装置来满足需求，如太阳能电池板、集热器等。

---

① 李江南. 被动式太阳能建筑设计[J]. 太阳能，2009（10）：43-46.

2．主动式太阳能利用技术

主动式太阳能技术与被动式太阳能技术正好相反，它是利用机械装置来收集、储藏、分配和控制太阳能热量的方法，如太阳能光电板式发电机、太阳能热水器等。①如今，在很多的绿色节能建筑中，主动式太阳能系统的应用要比被动式太阳能系统多。原因是从建筑设计方面考虑，设计师只需要将收集太阳能的空间预留出来，待设备安装完成之后就可以投入使用。但仍然存在高成本的投资问题，例如，吸收太阳能的光电板每平方米的价格就高达2000元。随着太阳能高新技术的发展，现在更多的是太阳能与建筑一体化的综合应用，太阳能电池板不再局限于放置在建筑的屋顶，而是与建筑物围护结构完美结合，作为建筑外表皮材料的一部分体现在建筑立面设计中。某些情况下，太阳能与建筑一体化系统中的电池板安装得比较密集，电池板周围没有散热的空间，导致电池温度过高，影响其发电效率。

此外，太阳能电池板倾斜角度的设定要考虑到各种天气因素的影响，最好可以随着太阳光照的移动而改变。太阳能与建筑一体化系统还具有一个智能化的特点，就是阴天下雨的时候，电池板不可能吸收到足量的太阳能供应给建筑用电，当电池板的储能被用尽的时候，这种主动式太阳能系统能够自动转换成天然气供应模式，等到天气转晴、光照强烈时再次换回太阳能系统模式，满足供能的需求。

3．风能利用技术

未来，全球面临的粮食紧缺和人口增多的问题可以利用城市立体农场的建造得以解决，但如此巨大的建筑本身就是一个能源消耗的集成体，加大了全球性资源消耗的压力，因此，各国对新能源的开发和利用早已加快了步伐。目前，继太阳能技术在一些建筑上被应用外，风能这一干净环保的可再生能源也成为未来供能资源的一个重要发展方向。风能的利用主要是通过风力发电装置进行风能—机械能—电能的转化，也就是说风能越大用于发电的能量也就越大，因此，旷野、高原、沿海等多风地带是风能开发的最佳场地。从设计角度出发，建筑的能源供应一般是太阳能和风能两种技术的综合运用。在城市立体农场方面，城市立体农场建筑多处于城市高层、超高层建筑集中地区，这些高大的建筑群体阻碍了风的流畅通过，从而形成的聚风也是城市中巨大能量的来源。

① 李江南. 被动式太阳能建筑设计[J]. 太阳能，2009（10）：43-46.

2 城市立体农场的屋顶设计应用

2.1 屋顶设计应用的基本理论与典型案例

屋顶是最直接接触自然光照射的部位，也是不占用建筑内部使用空间的部位，因此利用屋顶的面积和空间来进行农业生产，建筑内部功能可以正常使用而不受影响。

利用屋顶可以增加农业产量、塑造农作物景观和开展农业休闲活动，为此必须与农业技术需求相结合，对屋顶设计进行相应的考虑。同时也应该看到，屋顶能够有效利用的面积和空间总量是受到客观条件限制的，需要在实践中作好论证。

2.1.1 屋顶设计应用的基本理论

1. 屋顶农作物种类选择

农作物指农业上栽培的各种植物，包括粮食作物、经济作物（油料作物、蔬菜作物、花、草、树木）、饲料作物和药材作物等。本书选用粮食作物、经济作物和药材作物来进行屋顶景观的营造，适当进行一些园林植物的配植。

（1）粮食作物

我国的粮食作物包括谷类作物、薯类作物和豆类作物。其中种植最广泛的包括小麦、玉米、高粱、甘薯和马铃薯，由于建筑荷载的要求和屋面景观的需求，屋顶农作物造景中粮食作物的选择以小麦、玉米、水稻、马铃薯为主，可适当配植豆类作物，营造景观的过程中，农作物的生长变化也是景观价值的体现。表2-1总结了适宜屋顶种植的主要粮食作物的名称、生长周期、景观价值和生长变化示意图。

随着农业景观的发展，近年来不少农业专家开始对观赏性的农作物进行培育，如彩色水

粮食作物景观价值 **表2-1**

名称	生长周期（月份）	景观价值	生长变化示意图
小麦	全年	一年中的高度变化和色彩变化体现不同景观	
玉米	1～11	高度变化大，可形成不同的景观层次	

续表

名称	生长周期（月份）	景观价值	生长变化示意图
水稻	4～10	8～10月份，成熟的水稻能够营造出丰收的景观效果	
马铃薯	4～10	马铃薯花多为白色花瓣、黄色花心，可作景观点缀花	

稻和花卉水稻等叶色变异型水稻。这些水稻的颜色有的是白条纹，有的是深紫色，它们的问世为屋顶农作物造景提供了更多的选择。

（2）经济作物

经济作物又称技术作物、工业原料作物，指具有某种特定经济用途的农作物。广义的经济作物包括蔬菜、瓜果、花卉、果品等园艺作物。其中蔬菜的分类方法包括食用器官分类法和农业生物学分类法。由于本书研究屋顶农作物造景，因此把农作物分为观花作物、观叶作物和观果作物。这三类经济作物景观价值各有不同，观花作物以花作为景观营造的重点，能够营造出色彩斑斓的景观效果；观叶作物叶形独特，色彩丰富，景观观赏价值高；观果作物的种植不仅能够丰富景观色彩和层次，更能够带给人们收获的喜悦。表2-2列举了常见的经

常见经济作物景观价值 **表2-2**

分类	名称	生长周期（月份）	景观价值	生长周期示意图
观花作物	丝瓜	4～10	可用作立体绿化，分割空间，花色鲜艳	
	食用百合	11～8	花香怡人，可群植作为面状景观	
	食用玫瑰	2～10	花期长，气味馨香，可作为花境种植	
观叶作物	大白菜	8～10	叶片色彩变化有层次感，可进行蔬菜盆栽	

续表

分类	名称	生长周期（月份）	景观价值	生长周期示意图
观果作物	葡萄	4 ~ 11	爬藤类农作物，结合廊架种植，果实色彩多样	
	葫芦	3 ~ 8	果形玲珑可爱，有很高的景观价值	
	观赏南瓜	4 ~ 10	果实颜色鲜艳，果型小巧	
	辣椒	3 ~ 10	品种多样，果实颜色丰富	

济作物分类、名称、生长周期、景观价值和生长变化示意图。

观花作物包括油菜、大白菜、黄花菜、扁豆、丝瓜、马铃薯、食用百合、食用玫瑰、花椰菜、桔梗、杏树、桃树、苹果树等开花色彩绚丽、花形多样、气味馨香的农作物。这些农作物开花时各色各样，具有很高的景观观赏价值。根据观花农作物开花的色彩、大小、花形的不同，进行不同类型的搭配种植。需要营造统一的景观效果，就选择色彩、大小、花形较为相同的农作物，并注意色彩、大小、花形上的变化。对比的景观效果需要用品种、色彩、花形上迥异的农作物来营造。在配植时，也需要注意对称和均衡。果树可作为点景树进行种植，开花时别有一番风味。

观叶作物包括白菜、紫甘蓝、彩色生菜、红牛皮菜、细菊生菜、银丝菜等，此类作物要么形态上独特奇异，要么叶片呈现多样的色彩。例如，红艳艳的牛皮菜茎、质感细腻的毛芹、花瓣状排列叶片的上海青；大部分十字花科的蔬菜都具有很高的景观观赏价值，如莴笋、红叶生菜、花椰菜等。

观果作物包括樱桃番茄、辣椒、观赏南瓜、葫芦、苹果、杏、桃、梨、葡萄、柿子等，此类农作物的果实要么色彩鲜艳，要么形状丰富，果形有的玲珑可爱，有的别致独特，具有很高的景观价值。大多数果树，包括银杏、苹果、桃树、梨树、石榴、樱桃、山楂、杏树、核桃树、柿树、树莓、葡萄、猕猴桃、草莓、菠萝等，都是很好的景观观赏植物。

另外，食用菌类，如香菇、秀珍菇、金针菇、杏鲍菇、茶树菇、银耳、猴头菇、牛肝菌、红菇、竹荪、灵芝等，也有很高的景观观赏价值。

2. 屋顶农作物季相变化

季相是农作物在不同季节表现出的不同特征，是农作物在一年四季的生长过程中，叶、花、果的形状和色彩随季节变化所表现出来的生长情况。图2-1为小麦、大豆等农作物的季相变化。

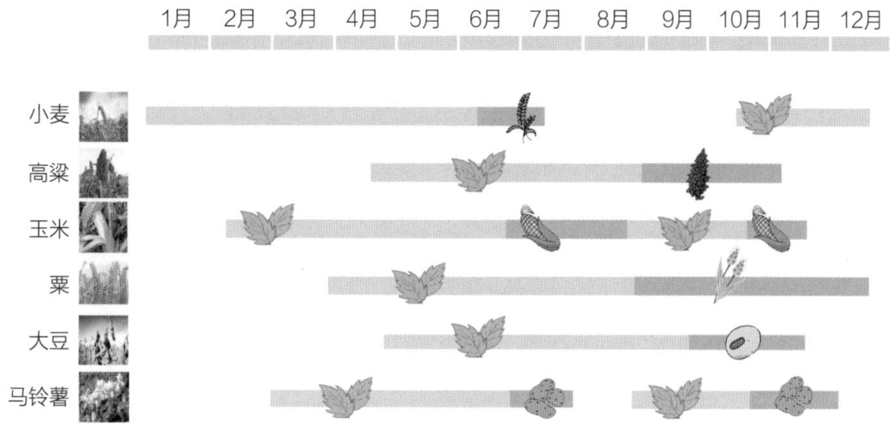

图2-1 小麦、大豆等农作物的季相变化

屋顶农作物造景要在遵循农作物生长规律的基础上充分利用农作物的季相特色。有较高观赏价值和鲜明特色的农作物季相，能够增强季节感，丰富人们对春、夏、秋、冬农作物的认知，表现出屋顶农作物造景所特有的美学价值。在充分发挥农作物美学价值的基础上，适当进行听觉、嗅觉和文化内容的搭配。如春季不仅花开灿烂，还应有花香飘散在空中；秋季除了麦浪金黄，还应有稻香的馥郁和收获的喜悦。

在进行季相设计时要注意整体性，充分考虑农作物在不同季节中的生长变化和色彩变化。农作物的生长周期各不相同，有的生长周期短、变化快，景观效果也会在短时间内发生巨大变化，因此在造景时使用同一生长周期的农作物，能够营造出整体性强的景观，也便于管理。使用不同生长周期的农作物进行造景，就需要考虑套种的情况。

3. 屋顶农作物色彩配置

农作物的生长周期包括两个阶段，生长期和成熟期。生长期的农作物大多有从嫩绿色到深绿色的变化过程；成熟期的农作物则表现出各自的颜色，这个时期的颜色差异最大，最容易获得多彩的景观效果。很多能够度过冬季的农作物可以在春天当草皮使用，随着生长时间的增加，这些农作物在同一生长期内会呈现出相似的颜色，可以穿插种植形成统一中有变化的景观效果。图2-2为小麦一年中的色彩变化。

图2-2　小麦一年中的色彩变化

经济作物的观赏价值中，色彩占据了主要的部分，观叶类作物的色彩主要包括绿色、黄色、白色、红色和紫色。绿色观叶类作物有油菜、菠菜、芹菜、细菊生菜、小叶菜籽、五彩椒、黄瓜、丝瓜等；黄色观叶类作物有上海青、娃娃菜、黄牛皮菜等；白色观叶类作物有大白菜、卷心菜、菜花、甜瓜等；红色观叶类作物有红牛皮菜；紫色观叶类作物有紫甘蓝、紫叶生菜、红菜薹等。

观花类作物的色彩相对较多，最主要的有黄色、白色、紫色、粉色。其中，开黄色花的农作物包括油菜、大白菜、黄花菜、扁豆、南瓜等；开白色花的农作物包括马铃薯、食用百合、花椰菜、辣椒、苹果树、橙子树、葫芦、梨树等；开紫色花的农作物包括桔梗、紫花苜蓿、茄子、豌豆等；开粉花的农作物包括杏树、桃树、杨桃等。

观果类作物的色彩以黄色、绿色、紫色、红色居多，包括樱桃番茄、辣椒、观赏南瓜、观赏蛇瓜、葫芦、苹果、杏、桃、柿子等，还包括一些可食用菌类如香菇、秀珍菇、金针菇、杏鲍菇、茶树菇、银耳、猴头菇、牛肝菌、红菇、竹荪、灵芝等，也有白色、褐色的不同色彩表现。

常见经济作物的色彩，见表2-3所列。

色彩设计原则：

（1）整体保持统一，细节凸显不同

屋顶农作物造景整体的色彩设计要保持统一，分清主色调、辅色调和点缀色。由于大多数农作物的色彩都为绿色系，因此在进行屋顶农作物造景时，绿色基本为主色调，但受季节

常见经济作物的色彩 **表2-3**

色彩示意	分类	名称	生长周期（月份）
PMS353 PMS354 PMS355 PMS356 PMS357 PMS360 PMS361 PMS362 PMS363 PMS364 PMS374 PMS375 PMS376 PMS377 PMS378 PMS367 PMS368 PMS369 PMS370 PMS371	观叶作物	细菊生菜	4～10
		菠菜	5～10
		芹菜	2～7
	观果作物	葫芦	3～8
		黄瓜	全年
		丝瓜	4～10
PMS102 PMS103 PMS104 PMS105 PMS106 PMS109 PMS110 PMS111 PMS112 PMS113 PMS116 PMS117 PMS118 PMS119 PMS120	观叶作物	黄牛皮菜	4～8
		娃娃菜	3～6
	观花作物	黄花菜	4～10
		扁豆	3～6
		油菜	3～11
	观果作物	观赏南瓜	4～10
		杏树	全年
PMS600 PMS601 PMS602 PMS603 PMS607 PMS608 PMS609 PMS670 PMS614 PMS615 PMS616 PMS617	观叶作物	银丝菜	10～1
		卷心菜	10～6
		大白菜	8～10
	观花作物	马铃薯	2～11
		食用百合	10～8
		花椰菜	3～7
PMS1775 PMS1777 PMS178 PMS1785 PMS1795 PMS1797 PMS180 PMS1805	观叶作物	红牛皮菜	4～8
	观果作物	樱桃番茄	全年
		辣椒	常年
PMS2562 PMS2563 PMS2567 PMS257 PMS2572 PMS258 PMS2582 PMS2583 PMS2587 PMS259 PMS2597 PMS260 PMS2602 PMS2603 PMS2607 PMS2597 PMS260 PMS2602 PMS2603 PMS2607	观叶作物	紫甘蓝	8～3
		紫叶生菜	3～10
		红菜薹	4～10
	观花作物	桔梗	两年
		紫花苜蓿	全年
		豌豆	4～7
	观果作物	茄子	12～10
PMS182 PMS183 PMS184 PMS185 PMS189 PMS190 PMS191 PMS192	观花作物	杏树	全年
		桃树	全年
		杨桃	全年

和光线等因素的影响，绿色会有深浅、明暗的变化，可依此进行整体布局，既有统一的感受，又不乏变化。

（2）利用互补色调的农作物景观搭配

互补色是指十二色轮中位置相对的两组颜色，如黄色系和紫色系、蓝色系和橙色系等。它们的对比最为强烈，往往能够达到最鲜明的景观效果。农作物也可以和其他植物一同种植来营造这种视觉上的对比颜色。

（3）利用邻近色调的农作物景观搭配

邻近色就是指十二色轮中位置相邻近的色彩，例如红色系与黄色系。邻近色之间色相对比不那么强烈，比较容易协调统一。在农作物色彩搭配时，很多都需要考虑到邻近色的使用。

（4）利用类似色调的农作物景观搭配

在色轮上90°角以内，相邻接的色统称为类似色。例如红色与橙红、黄色与黄绿、紫色与蓝紫色等。类似色系的农作物组合起来色彩变化和缓，表现更为融洽，可以创造出更加和谐的整体感与美感。

4．屋顶农作物造景的设计形式

行列式种植是传统农业的种植形式，方便播种、除草和管理，能够节约资源和能源，提高农作物种植的效率。在屋顶进行行列式种植的首要条件是满足建筑荷载的覆土屋面，行列式种植能够营造出序列感，使景观更加整齐一致（图2-3）。

混搭式种植包括间隔种植、连续种植、聚集种植、盆栽式种植和垂直式种植。

间隔种植的农作物分两类：生长周期长的农作物和生长周期短的农作物。第二批农作物间隔种植在第一批作物中，第二批作物将在第一批作物成熟前先收获。这种种植方式利用作物生长速度的差异，可以更加充分地利用土地，如混合种植萝卜和胡萝卜，萝卜可以在胡萝卜长大之前收获。连续种植是指在以前的作物刚刚收获之后，同一位置种植的新作物。例如，莴苣和豌豆在春季或初夏成熟收获后，立即种植快速生长的夏季作物，如豆类或罗勒。聚集种植是指种植枝叶茂盛且农作物种群群体不高的农作物，如豌豆等，目的是减少或消除蔬菜行列之间的开放空间（图2-4）。盆栽式种植是指按照一定的规律进行农作物的种植，农作物种植在特定的容器中，经过不同的摆放顺序形成美丽的农作物观赏景观。蔬菜盆栽一般需要蔬菜有相同的高度，并应具有鲜艳的色彩和漂亮的形状，如羽衣甘蓝、可食用百合和卷心菜等，可利用其色彩和质感进行图案的表达。蔬菜是最适合进行花境设计的农作物，可以呈现出丰富的色彩、形体美和群体美，并具有良好的环境适应性，可以承受一定的风和阳光。常用的蔬菜作物包括观叶类蔬菜如鸡毛菜、紫色生菜等。垂直式种植可以充分利用空间，增加层次感。藤蔓类蔬菜如葫芦、黄瓜、南瓜、苦瓜、丝瓜、扁豆、刀豆等可广泛用作

图2-3 行列式种植甘蓝

图2-4 屋顶农作物的混搭式种植

垂直绿化加以种植。也可搭建种植架来进行竖向的景观设计，营造色彩鲜艳、类型多样的景观，可选择将观叶类农作物和观花类农作物相结合，如羽衣甘蓝、紫甘蓝、黄花菜等。

5. 屋顶农作物空间营造

屋顶农作物造景和屋顶花园一样，需要空间的营造。农作物和常见植物一样，有划分空间、增加场所感的功能，因此用农作物来营造屋顶景观空间可以分为三种类型：开敞空间、半开敞空间和闭合空间。

图2-5 闭合空间平面构成

闭合空间是通过高大的果树树冠遮蔽顶层空间，利用攀缘类农作物或玉米、高粱等粮食作物对四面的空间进行围合，地面种植生菜、卷心菜等贴地作物而形成的完全封闭空间，果树的树冠和攀缘类农作物的枝叶形成了立面的封闭。这类空间的私密性最强，因此适合在隐秘空间使用（图2-5、图2-6）。

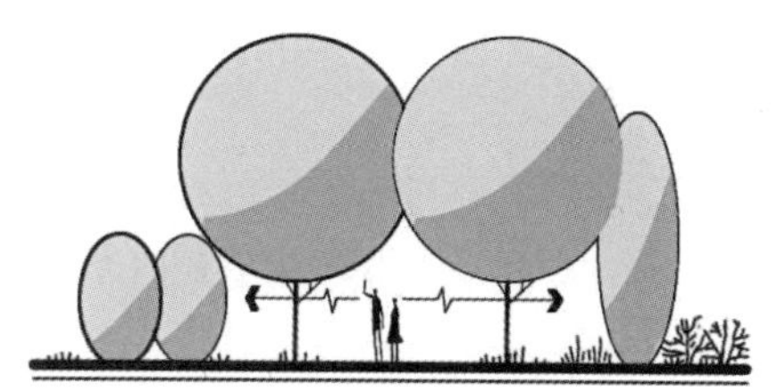

图2-6 闭合空间立面构成

开敞空间多用如韭菜、大白菜、生菜和甘蓝等低矮的蔬菜作物，或甘薯、马铃薯等粮食作物进行空间的限定，搭配种植1～2棵果树或攀缘类农作物，视线上无遮挡，空间通透性强。这类空间视野开阔，与外界的交流性最强，适合在人群交流比较多的空间使用（图2-7、图2-8）。

半开敞空间介于开敞空间和闭合空间之间，这种空间的围合由一面或多面组成，有较强的导向性以及明显的指示性，根据不同种类农作物的搭配，能够营造出各具特色的小尺度空间（图2-9、图2-10）。

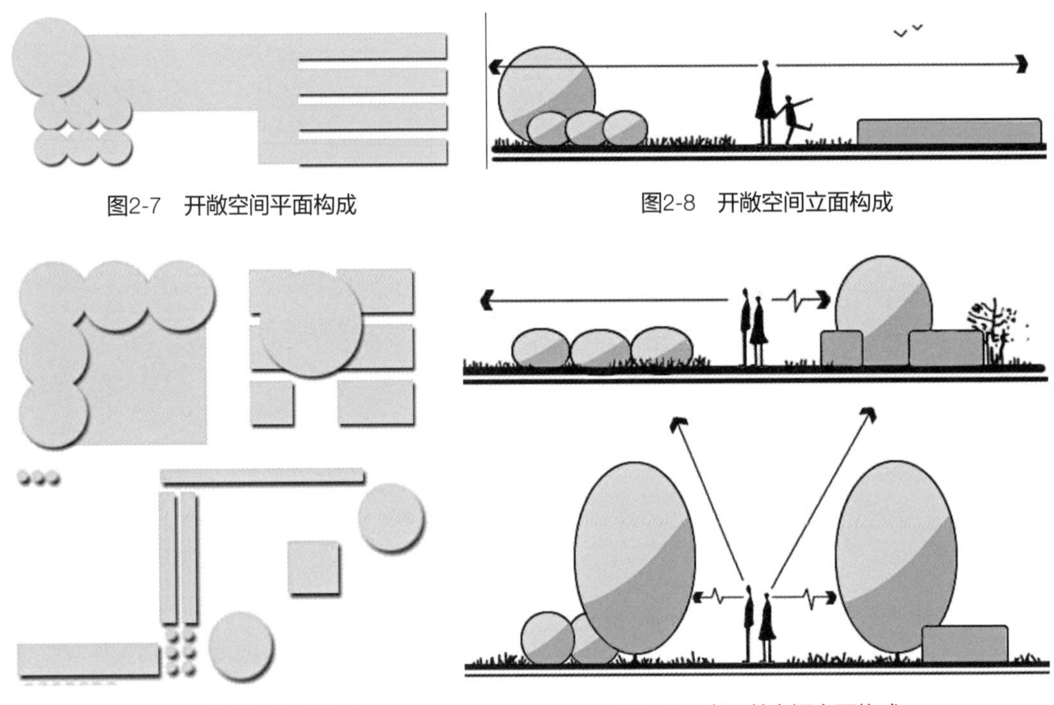

图2-7　开敞空间平面构成

图2-8　开敞空间立面构成

图2-9　半开敞空间平面构成

图2-10　半开敞空间立面构成

2.1.2　现代城市屋顶农作物造景典型案例

1．美国底特律城市中心花园（图2-11、图2-12）

美国底特律城市中心花园建于2012年，位于美国底特律市中心，这里曾是拉斐特大厦，于2010年被拆除。该花园面积为1720m^2，这里种植了超过200种的蔬菜、水果、草药和鲜花，为繁忙的行人提供一个积极的绿色空间。

底特律城市中心花园设计包括几何感十分强烈的平面、高出地面的植物种植槽、供行人休息的座椅、以前用来装食品的钢桶、废弃行人道上的碎石和树皮铺成的小路等。同时，设计还包括可渗水的砾石、耐旱的高羊茅草坪以及高效的灌溉系统。大量使用以前装食品的钢桶和木箱来种植农作物，大幅度地提高了花园的生产力。通过这样的设计，营造出可持续发展的中心花园。

人们在这里认识自然，参与学习、种植、栽培和采摘，了解粮食系统。结合儿童游乐区的设计，吸引儿童使用，使场地具有儿童教育意义。黑莓、向日葵及其五颜六色的小花盆整齐排列，不同高度的花盆让不同年龄的儿童可以轻易触摸到植物，增加儿童的体验感，增加他们参与农作物种植、栽培和采摘的兴趣。每个花盆的边缘也对各自种植的植物进行了详细的介绍，内容包括颜色、气味和质感。

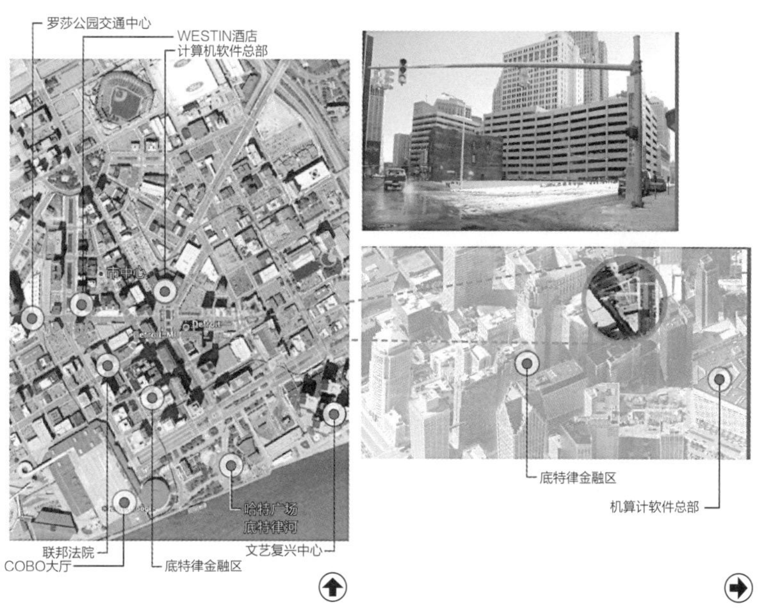

图2-11　底特律城市中心花园区位分析

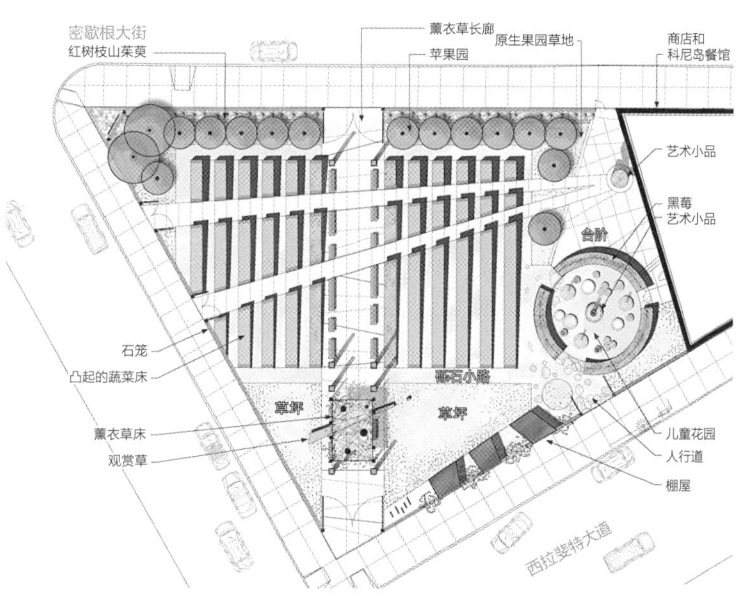

图2-12　底特律城市中心花园平面图

通过融合美学、环境、农作物生产，设计师建造出一个形式优美又极具教育意义的场所。这个场所能够增加城市的景观效果，为使用人群提供一种新的生活方式，使都市农业融入复杂的城市中。这个中心花园增加了城市的绿色空间和体验空间，建立了景观、农作物、环境三者之间的联系。

2．上海世纪花园蔬菜花园（图2-13、图2-14）

上海世纪花园蔬菜花园位于上海市中心城区内最大的城市生态公园——世纪公园。该蔬菜花园于2014年10月份开始筹划，2015年初进行育种选苗栽培，5月首次向公众开放，并于第二期时把面积扩展到1000m^{2}左右。

该蔬菜花园最早是为周边社区的青少年提供一块科普场地，因此选址在世纪公园内蒙特利尔园一块原种植马鞭草的L形地块上，包括周围的廊架，面积一共200m^2。通过运用朴门（Permaculture）设计共生原理对蔬菜、香草、果灌木进行搭配设计，空间上采用高低间隔种植的方式，色彩上进行和谐的搭配。

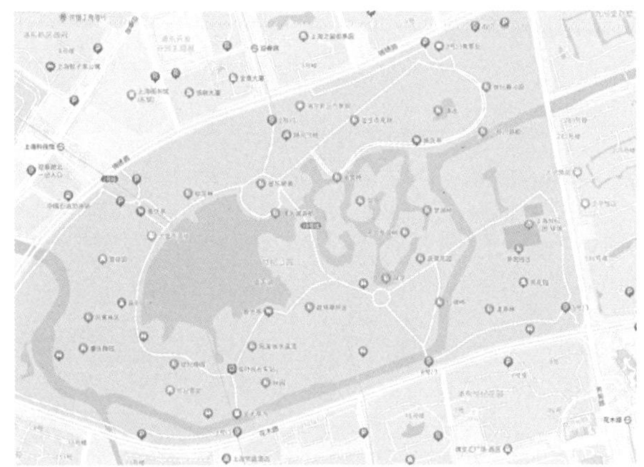

图2-13　上海世纪花园蔬菜花园区位图

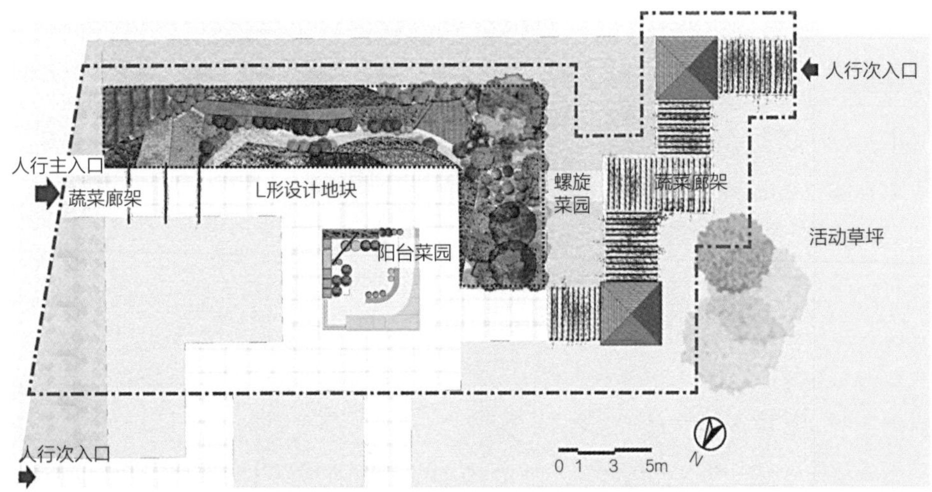

图2-14　上海世纪花园蔬菜花园平面种植图

2015年2月初进行播种，采用大棚育苗移栽的方法进行室外种植。4月份病虫害较少，农作物的长势良好，逐渐呈现最佳状态，这期间的主要维护工作包括定期浇水、施有机肥。夏季来临时，农作物长势加快，密度变高，茴香、芹菜等农作物基本能够遮挡视线，但是随着雨季的到来，病虫害加剧。不过这时花园已经有丰富的生态结构和景观层次了。随着时间的推移，周边草坪陆续被开辟成露天育苗实验基地，节省开支。秋天，超过60%的蔬菜成熟，进入采摘期，这时的蔬菜花园是趣味性最强的，设计组织者和公园都组织了采摘科普活动。

公园中，多次使用生菜、紫叶生菜、豆角、苋菜与四季秋海棠、耧斗菜、毛地黄的间植，营造出色彩丰富的景观，同时农作物的种植也丰富了城市绿地的种类，传承了农耕文明，为城市生物多样性提供了范本。蔬菜花园提供了更加绿色有机的蔬菜，减少食物里程，保证了食品的新鲜（图2-15）。

图2-15 农作物配置图

3．美国盖瑞康莫尔青少年中心屋顶农园

美国盖瑞康莫尔青少年中心的屋顶农园（The Gary Comer Youth Center Roof Garden）建于2009年，位于伊利诺伊州芝加哥经济萧条的大跨越街区（Grand Crossing）的盖瑞康莫尔青少年中心体育馆的三楼庭院内。该屋顶农园的面积为759m^2，土壤平均厚度为46cm，每年生产超过450kg的农产品供应给学生、当地餐厅和青少年中心的咖啡厅。同时，这座农园也为社区居民提供了一个绿色、低碳、可循环的学习娱乐空间。

屋顶农园的设计采用几何图形来划分整个屋顶，直线和圆形相结合的设计增强了整座屋顶的节奏性（图2-16）。农园中的步道将场地分割成不同宽窄的行列，步道是以牛奶罐等回收材料铺设而成，环保并且能够循环利用。步道的宽度分为0.5m和1m，两种不同宽度的步道与三楼的窗户呼应，使室内外环境能更好地结合，学生从一间教室走向另一间时，会看到农园所呈现出的不同景观。线性空间的设计给人以开阔、平静的感觉，配以多种农作物，形

图2-16　盖瑞康莫尔青少年中心的屋顶农园几何图形设计

成了不同的视觉效果和心理感受。设计圆形天窗不仅满足了体育馆的天然采光要求，同时打破了线条的单一感，丰富了场所的景观层次。屋顶农园用多种农作物和观赏性花卉搭配布置，使建筑屋顶形成了高低错落的景观格局与空间结构，提高了农园的观赏价值。

此外，利用农作物的季相变化也可以丰富农园的色彩景观，如胡萝卜、豆角、辣椒、大白菜、红薯、番茄、西葫芦、秋葵、马铃薯、欧芹、西兰花、黄瓜、香葱、豌豆、黄椒、油麦菜、罗勒、长叶莴苣等农作物的搭配种植，可以营造出四季不同的景观与色彩（图2-17）。这一切都使得盖瑞康莫尔青少年中心的屋顶农园展现出别致的景观效果。

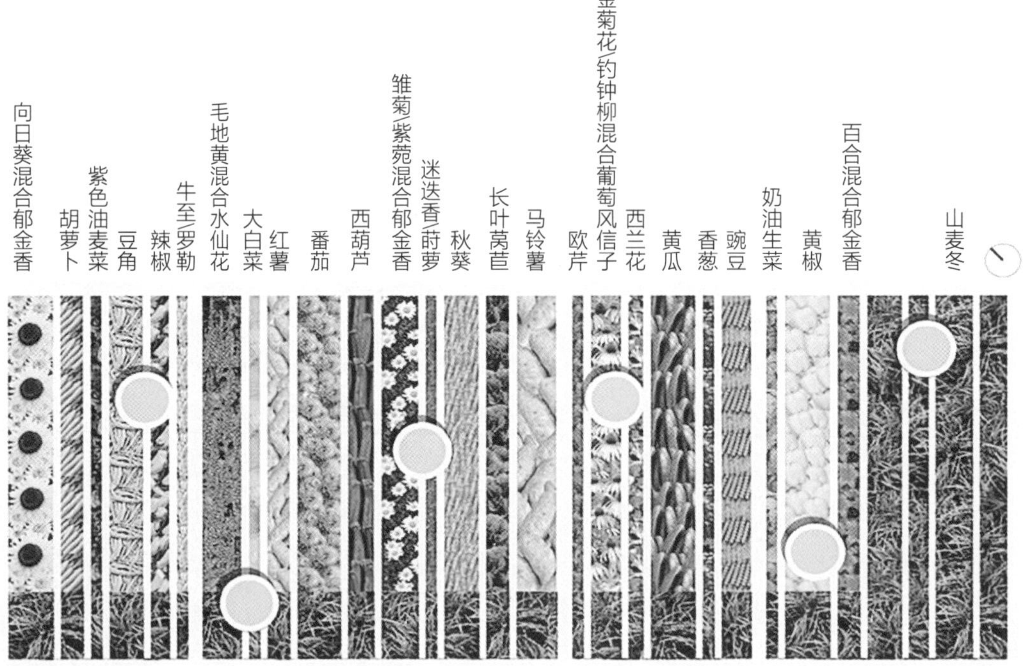

图2-17　盖瑞康莫尔青少年中心的屋顶农园种植图

4．美国纽约布鲁克林农庄

美国纽约的布鲁克林农庄是一座营利性的屋顶农场，创建于2010年，占地为101171m^2，每年生产大约2268kg有机食物，被誉为全世界最大的屋顶土培农场。布鲁克林农庄利用闲置的屋顶空间，创建出一个能够营利的屋顶农场范例，不仅为本地社区生产出无污染的蔬菜，同时还发挥了屋顶农场的生态效益和美学效益（图2-18）。农庄采用有机栽培的方式种植农作物并饲养家禽和养殖蜜蜂，所收获的农产品不仅拿到当地农贸市集售卖，也提供给CSA（社区支持型农业）会员和几家餐厅使用，到2014年总计售出了54431kg蔬菜。除了生产农产品，布鲁克林农庄也为来自世界各地的组织和个人提供有关屋顶农场的咨询及安装服务，他们还和纽约的众多非营利组织合作开展活动，为建立更加健康、稳固的本地社区不懈努力。

图2-18　布鲁克林农庄

布鲁克林农庄主要采用了鱼骨形的线性元素来营造景观空间，规整有序的空间分割使该农庄呈现出一种开阔、安宁的感觉，通过不同农作物的配置营造出四季各异的农场景观。春季，农作物相对矮小，景观层次相对单一，农场以绿色为主，但也富有色彩深浅的变化；夏季，农作物生长迅速，番茄、西葫芦等农作物的高度会产生视线遮挡，这时农场出现了明显的竖向空间变化，景观层次更加丰富，缤纷绚丽的花朵俨然把这座农场装点成了花的海洋，这时农场时常会举办浪漫的婚礼和主题晚宴；秋季，农作物的果实为农场带来了丰收的喜悦，众多市民齐聚于此进行采摘和收割，也成为一种特有的人文景观；冬季，布鲁克林农庄则会种植一些其他植物来代替农作物，保证土壤的肥力，使屋顶的农业景观在来年得以更好地延续。

5. 日本东京六本木新城屋顶农园

位于日本东京的六本木新城是著名的地标性景观，其中坐落着许多高层建筑，这些高层建筑都进行了屋顶绿化，其中一座高45m的综合楼顶还建造了屋顶农园。这座屋顶农园约500m^2，其中的一角进行了130m^{2}水田的设计。在东京这样的城市，由于土地资源有限，很多在这里成长的儿童没有接触过农业种植，设计这样一个水田是为了让市民特别是儿童体验种植水稻的乐趣，感受农耕的快乐。从2003年开始，每年这里都会举行插秧活动，这样做不仅能够传承日本的传统稻作文化，增进人们对农耕文明的了解，还提供了一种新的生活方式供人们选择。2006年之后，六本木新城开始和地方政府合作，轮流种植各地的优良品种，到了每年9月，农园还会开放，让市民体验收获稻谷的乐趣。在新年的时候，还会利用收获的糯米举办捣年糕活动，增加过年的乐趣。在水田中还能看到青蛙，听到蛙叫，紫薇、樱花、柿子等农作物也充满生机，整座农场仿佛一座日式庭院，四季美景不同。

除了六本木新城外，东京还有很多高层建筑和车站的屋顶都建设了屋顶农园，进行蔬菜和花卉等的种植。有些银行大楼屋顶租赁给小学生，让他们在这里进行农作物的培育，这样做既让儿童了解了农耕文明、亲近了自然，也增加了城市的绿色空间，减轻了城市的热岛效应，缓解了城市生活的枯燥，为创建生态型城市作出贡献。

6. 深圳福田区广桑园农业科普文化园

深圳市福田区广桑园农业科普文化园目前是我国最大的屋顶农园。该屋顶农园建于2012年，面积超过13000m^2，其中蔬菜种植区7000m^2，草莓种植区3000m^2，桑树种植区3000m^2。该农园为市民提供了500块种植池，用以种植无公害蔬菜，并向市民提供蔬菜种子、有机肥料、锄头和尖铲等材料和工具。这里耕种的蔬菜种类多达67种，包括上海青、菜心、菠菜、大白菜、生菜、香葱等。该屋顶农园采用朴门永续设计原理进行农作物的配植，根据农作物的生长情况，营造出四季不同的景观效果，即使同一块种植池，也会因农作物种类不同而呈现出多样的景观效果。例如，香葱、甘蓝、红苋菜和芹菜的搭配，既有丰富的色彩变化，也有高低不同的竖向变化，农作物的质感也不相同，香葱亭亭玉立，甘蓝如花朵盛开，芹菜茎叶分明，红苋菜颜色鲜艳。甘蓝属于有大叶片的农作物，观赏价值高，明暗变化多，适合阵列式种植，排列有序的甘蓝可以较好地展现形态、构成的美感和秩序感（图2-19）。如此多姿多彩的农作物景观使这座农园更加富有景观效果和观赏性。此外，屋顶农园希望能够为市民提供绿色无污染的蔬菜，因此不允许喷洒农药，市民只能采用环保且原始的人工方式进行除草和灭虫。

图2-19 广桑园农业科普文化园及其种植的甘蓝

7. 上海“天空菜园”项目

上海市“天空菜园”项目是我国屋顶农园较为系统的实践案例。该项目从2011年到2012年共建成屋顶农园五座，其中，一座为私人农园，四座为公司农园。这些农园为不同使用者提供不同的种植体验，并且创造不同的景观效果。木质地面铺装和鹅卵石步道为屋顶景观加入了新的元素，营造出层次丰富的屋顶农作物景观（图2-20）。

此外，武汉市街道口珞珈创意城的屋顶农场全部采用栽培箱种植紫背天葵、樱桃萝卜、辣椒、番茄等农作物，为繁忙的城市增添了一份田园景观的恬淡和惬意。目前，我国屋顶农作物景观正在不断建设，但还需要政府与民众更多的支持和参与。

图2-20 上海“天空菜园”景观营造和蔬菜栽培

2.2 对屋顶作物造景的美景度评价

2.2.1 准备工作

为提供相同的外部条件给不同的屋顶景观评价人员，确保评价的可靠性，需要进行一些变量控制。美景度评价时要选择相同的季节，使用同样的照相机，尽量保证在一天中的同一时刻进行拍照，这样能最大限度地避免非景观因素的影响，确保研究的可靠性。

针对我国城市屋顶农作物景观美景度进行的研究，研究区域主要集中在深圳市、上海市和北京市的多个屋顶农园。在对屋顶农作物造景进行考察之后，选取有代表性的四个屋顶进行拍照。对每个屋顶农园进行各个角度的拍摄，保证拍摄的照片能够代表农作物造景的特点。每个屋顶农园拍摄不同数量的照片，最终挑选30个典型屋顶农作物造景照片作为样本（图2-21）。

图2-21 选取的30个典型屋顶农作物造景照片样本

图2-21 选取的30个典型屋顶农作物造景照片样本（续）

测试照片28

测试照片29

测试照片30

图2-21　选取的30个典型屋顶农作物造景照片样本（续）

拍摄照片时，选择能见度较好的阴天进行拍摄，这样可以保证色彩的准确性。拍摄时间控制在早9：30～11：00；午1：30～3：00。保证在拍摄时的拍摄高度及角度一致，本次研究一律采用拍摄高度约1.2m、镜头与地面角度约60°进行拍摄。本次研究使用宾得K-5 Ⅱ s单反相机和焦距18～135mm标准镜头进行拍摄，拍摄时镜头光圈不低于8，在拍摄的过程中禁止使用闪光灯。

在制作幻灯片时，要对样本照片进行精心的挑选，先将拍摄模糊、内容重复的照片去除，再在保证不同农作物造景类型的样本照片所占数量相同的基础上，对余下的照片进行筛选，将挑选出的样本照片作为代表照片进行评价。大量心理学研究表明，如果一次性观赏较多的照片，很容易使受试人员疲惫，因此在此次实验中对照片的数量进行了严格的控制。此次屋顶农作物造景美景度研究共挑选30张不同的造景照片作为实验样本，这些照片中包含相同数量的不同农作物造景类型。

选出30张样本照片之后，将其随机导入Power Point制作幻灯片。对每张幻灯片进行标号，并按照标号顺序播放。对每张幻灯片的播放时间进行设置，设置时间为10s。

针对这30个样本照片编制调查问卷，内容包括：被调查群体的基本信息（姓名、性别、年龄、受教育程度、职业、是否园林和农业专业、是否接受过专业训练）、屋顶农作物造景的美景度评价等级、评分说明、实验评价打分表。评价等级（表2-4）采用–2～2分等级，–2分代表极不喜欢，–1分代表不喜欢，0分代表一般喜欢，1分代表喜欢，2分代表极喜欢。

屋顶美景度评价等级　　**表2-4**

受测者感受	极不喜欢	不喜欢	一般喜欢	喜欢	极喜欢
等级分值	–2	–1	0	1	2

本次实验的被调查对象包括专业群体和非专业群体，其中专业群体35人，非专业群体35人。专业群体主要来自高校建筑风景园林专业和农学专业的研究生、教师以及农业方面的专家。非专业群体主要来自国企工作人员、地方政府工作人员和高校非相关专业学生等。

本次实验的关键在于选取农作物景观美景度的影响因子以及判定各因子对屋顶农作物造景的贡献高低。通过翻阅大量有关农作物造景和屋顶农业的文献资料，对影响屋顶农作物造景美学价值的因子进行统计，分类合并成7个，作为本次研究的景观因子。这7个景观因子分别是农作物种类、色彩、景观层次、空间营造、质感、人工程度和参与程度。对这7个因子进行等级划分，每一个因子都分为5个等级，并对其每个等级进行描述。被调查群体先对每张照片进行总体印象评分，之后再对屋顶农作物造景美景度的景观因子进行评分。

2.2.2 美景度量值计算结果与分析

根据美景度评价法中的标准化公式，将70人对每张照片的评分值进行标准化处理。将每张照片的所有标准化得分值求平均，得到该景观的标准化得分Z值：

$$Z_{ij}=(R_{ij}-R_i)/S_j \qquad (2\text{-}1)$$

式中 Z_{ij}——第j个观察者对第i个景观的标准化得分值；

R_{ij}——第j个观察者对第i个景观的打分值；

R_i——第i个观察者所有打分值的平均值；

S_j——第j个观察者所有打分值的标准差。

将评分进行标准化之后，将所有标准化后的分值进行平均，得到屋顶农作物造景的标准化得分值。重复上述公式的计算方法，可以计算出不同受测群体对城市屋顶农作物造景的美景度评价，进而得到美景度量化值。该值可以反映公众对屋顶农作物造景美感的总体评价状况，利用该值作为因变量进行回归分析，可以分析不同群体的审美差异性、审美偏好，也可以进行趋向性分析，探索影响城市屋顶农作物造景的各种因子，得到该群体的屋顶农作物造景美景度评价预测方程。

通过对专业群体和非专业群体的各个照片美景度评价值的统计，计算得到专业群体和非专业群体对各个照片美景度评价值的折线图（图2-22）。从图中我们可以看出，专业群体和

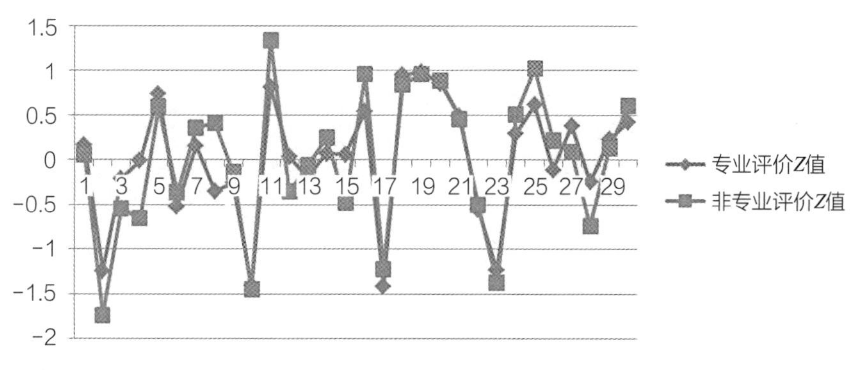

图2-22 专业评价和非专业评价分析

非专业群体美景度评价量值的波动趋势基本一致，说明专业群体和非专业群体之间的审美具有一致性。同时还可以看出，专业群体的美景度评价，正数得分为17个，负数得分为13个；非专业群体的美景度评价，正数得分为17个，负数得分为13个。对于景观美丑程度，专业群体和非专业群体的认知相当，说明在公众眼中，都可以判断出美的屋顶农作物造景与丑的屋顶农作物造景。

2.2.3 预测模型的建立与检验

（1）专业群体的屋顶农作物造景美景度预测模型建立

本次研究使用SPSS统计软件中的逐步回归分析法对专业群体的屋顶农作物造景美景度值和各景观因子的量值进行分析。

通过变异数分析和系数分析，得出相关性显著的景观因子为色彩和人工程度，建立专业群体的屋顶农作物造景美景度评价预测方程：

$$Y=-3.251+0.018\times\text{人工程度}+0.011\times\text{色彩} \tag{2-2}$$

从软件中输出的散布图中可以看出，点分布是随机的，没有明显的趋向性，所以回归模型是有效的。从标准化残差图中可以看出，数据呈正态分布，说明因子显著性强（图2-23、图2-24）。

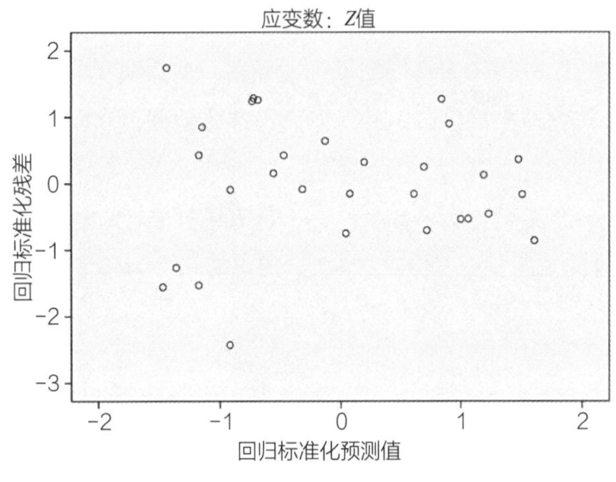

图2-23 关于专业群体的散布图

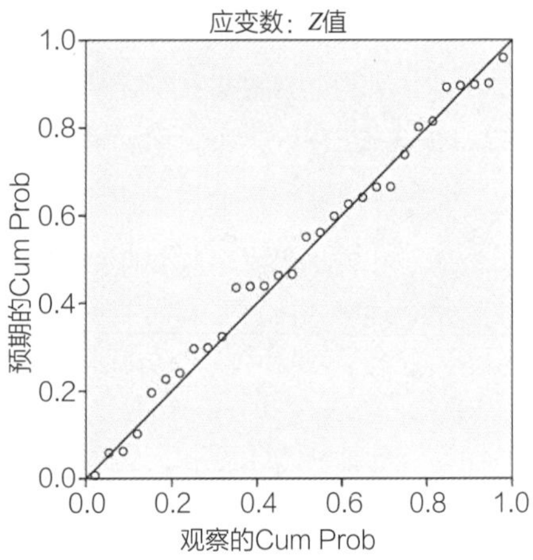

图2-24 关于专业群体的标准化残差图

（2）非专业群体的屋顶农作物造景美景度预测模型建立

本次研究，使用SPSS统计软件中的逐步回归分析法对非专业群体的屋顶农作物造景美景度值和各景观因子的量值进行分析。

通过变异数分析和系数分析，得出相关性显著的景观因子为人工程度和色彩，建立非专业群体的屋顶农作物造景美景度评价预测方程：

$$Y=-4.067+0.022\times 色彩+0.016\times 人工程度$$

从软件中输出的散布图中可以看出，点分布是随机的，没有明显的趋向性，所以回归模型是有效的。从标准化残差图中可以看出，数据呈正态分布，说明因子显著性强（图2-25、图2-26）。

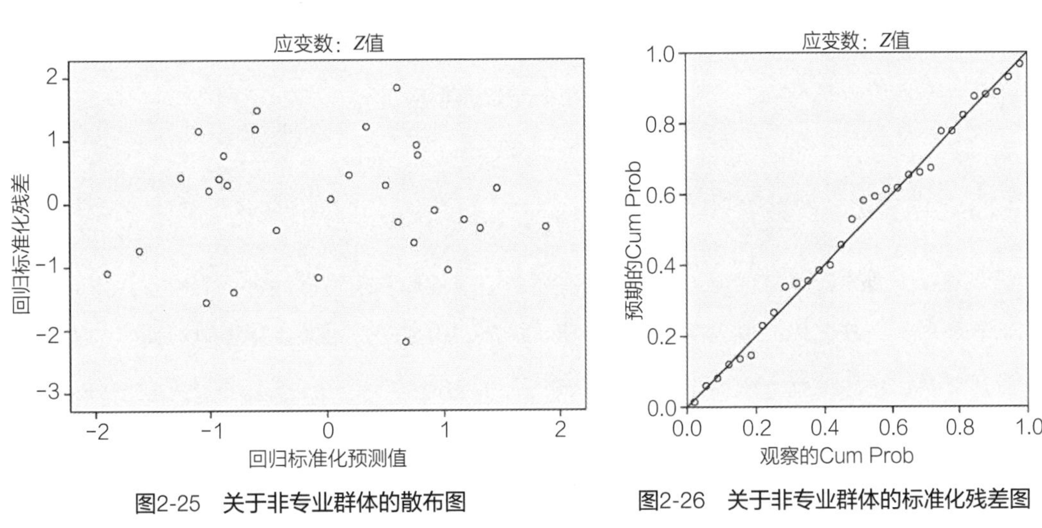

图2-25　关于非专业群体的散布图

图2-26　关于非专业群体的标准化残差图

通过对美景度评价法的研究，进行现代城市屋顶农作物造景要素的分析。从屋顶农作物造景照片的拍摄、选取到幻灯片的制作，都严格按照科学的方式进行。调查问卷的制定确保真实性和可信性，确定评价因子包括农作物种类、色彩、景观层次、空间营造、质感、人工程度和参与程度7个，通过SPSS中的回归分析对调查的数据进行整理和分析，最终获得屋顶农作物造景景观要素中最重要的两个：色彩和人工程度。这一结果为之后的设计应用研究提供理论指导。

2.3　现代城市屋顶农作物造景实验和设计研究

在屋顶农作物造景正式开始之前，进行样品的种植实验。实验时间为2016年1～9月。2016年1～3月对场地进行调研，发现场地中绝大部分的土壤厚度适合农作物的生长，只有抬高部分的土壤厚度为5cm，不进行基质混合就不能种植农作物（图2-27）。通过对相关案例和文献的研究，选择适合种植的农作物种类并进行配植设计。2016年4月开始实验，选择景观效果好、适合屋顶种植的农作物种类，通过对农作物的颜色、形态、体量变化的观察和记录，获得屋顶农作物造景的一手资料，为之后的屋顶农作物造景设计提供参考。

图2-27　场地调研照片

2.3.1　农作物样品实验过程

在对实验场地进行调研后，选择能够在场地中生长的农作物样品进行实验。种苗的选择包括大白菜、生菜、紫生菜、甘蓝、紫甘蓝、芹菜、白萝卜、苋菜、鼠尾草、秋葵、番茄、韭菜苗、葱苗、葡萄苗、无花果树苗等（图2-28）。

图2-28　种苗的选择

在准备工作完成之后，进行农作物样品的种植。

2016年3月23日，采用厚土种植的方式进行种苗的种植，尽量采用间植的方式进行农作物种类的搭配，并保持原有的生态系统（图2-29）。

2016年4月28日，香葱、韭菜等农作物已经可以收割，生菜、苋菜、甘蓝、番茄、秋葵等农作物生长较为缓慢（图2-30）。

2016年5月11日，香葱一部分继续生长留籽，大白菜长势良好，紫生菜生长缓慢，出现一些色彩的变化（图2-31）。

2016年5月24日，大白菜、甘蓝直径已有30cm，尚未卷出菜心，番茄和白萝卜长势良好，紫生菜和生菜长势比较缓慢（图2-32）。

图2-29 2016年3月23日种植图片

图2-30 2016年4月28日种植图片

图2-31 2016年5月11日种植图片

图2-32 2016年5月24日种植图片

2016年6月13日，紫生菜可以收割，大白菜枯萎没有卷出菜心，韭菜长势良好，香葱继续开花留籽（图2-33）。

图2-33　2016年6月13日种植图片

2016年6月29日，香葱一部分继续生长留籽，番茄开始挂果，秋葵开始结果，甘蓝枯萎，苋菜收割（图2-34）。

图2-34　2016年6月29日种植图片

2016年7月16日，种植樱桃萝卜、绿苏子、红油麦菜等叶菜，南瓜继续生长，香葱、韭菜也继续生长（图2-35）。

图2-35　2016年7月16日种植图片

2016年7月29日，生菜等可以收割，番茄长势良好，樱桃萝卜、绿苏子和红油麦菜出芽（图2-36）。

图2-36　2016年7月29日种植图片

2016年8月16日，樱桃萝卜、绿苏子和红油麦菜长势良好，韭菜和香葱开花留籽（图2-37）。

图2-37　2016年8月16日种植图片

2016年9月13日，樱桃萝卜和鸡毛菜可以收割，绿苏子叶可以收割，香葱、韭菜继续开花留籽（图2-38）。

图2-38　2016年9月13日种植图片

通过农作物样品的实验种植，可以感受到农作物景观从2016年3月23日到2016年9月13日的变化，了解农作物种植的过程，为今后的屋顶农作物造景积累实践经验。

2.3.2 农作物生长变化

根据农作物高度变化可知，番茄和南瓜在成熟期高度超过150cm，可用于围合和分隔空间；香葱的高度大约30cm，可用作隔离带，分隔农作物的种植种类（表2-5）。不同月份的农作物高度不同，形成的空间感受也不同，6月和7月的空间感受是最强的，3月和4月是最弱的（图2-39）。

农作物生长高度变化统计（单位：cm） **表2-5**

日期	生菜	紫生菜	甘蓝	鸡毛菜	芹菜	秋葵	番茄	韭菜	香葱	樱桃萝卜	南瓜	苋菜	大白菜
3.14								2	3				
3.25								8	12				
4.08								12	17				
4.23	2	3	2			1.8	2	16	23			2.5	2
5.05	4	3	2.5			6	5	6	25		7	5	4.5
5.11	6	5	7			8	9	8	26		15	7	6.5
5.24	9	10	8			11	13	10	28		45	8	9
6.02	13	12	10			15	25	15	29		87	12	9
6.21	5		10			17	100	11	31		122	17	
7.06	9					23	130	14	32		145		
7.16	12			0	0	28	146	18	10	0	196		
7.29	15			2	0	36	170	11	16	2	196		
8.08				4	2	39	167	16	23	6	196		
8.24				8	4	42	167	13	27	12	196		
9.13				13	6	46	167	25	32	12	196		

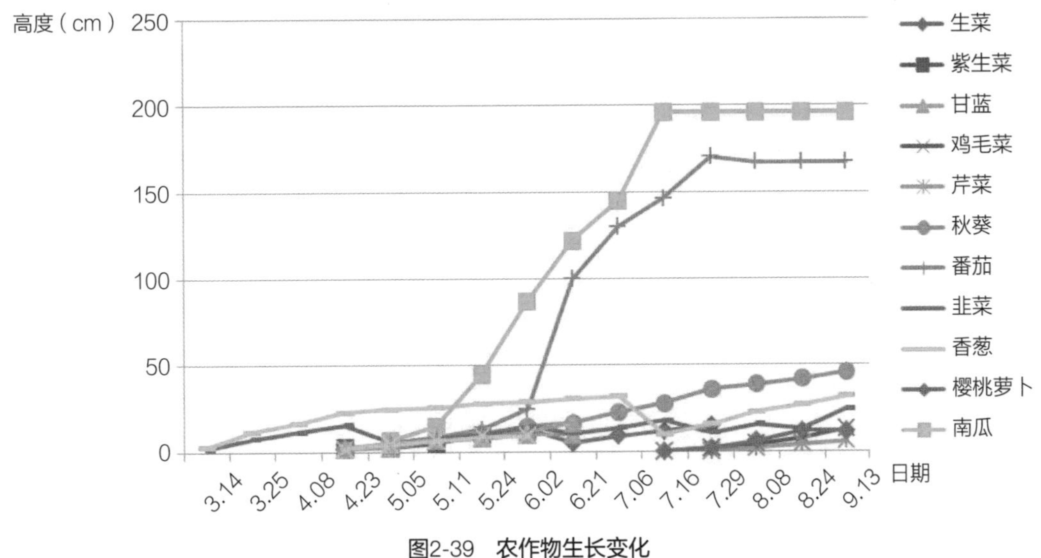

图2-39 农作物生长变化

2.3.3 农作物产量统计

根据农作物种植面积和产出统计可知，韭菜的产量是最高的，其次是番茄，再次是香葱。由此可见，同样的种植条件下，韭菜、番茄和香葱的成活率最高（表2-6，图2-40）。

农作物产出情况统计 **表2-6**

名称	种植时长（天）	种植面积（m^2）	产出（kg）
生菜	90	8	3
紫生菜	40	7	1.6
鸡毛菜	60	0.5	1
秋葵	150	0.25	15个（0.25kg）
番茄	150	10	5.6
韭菜	180	6	18
香葱	180	4	3.2
樱桃萝卜	60	0.5	0.15
南瓜	130	2	2.2
苋菜	60	2	1

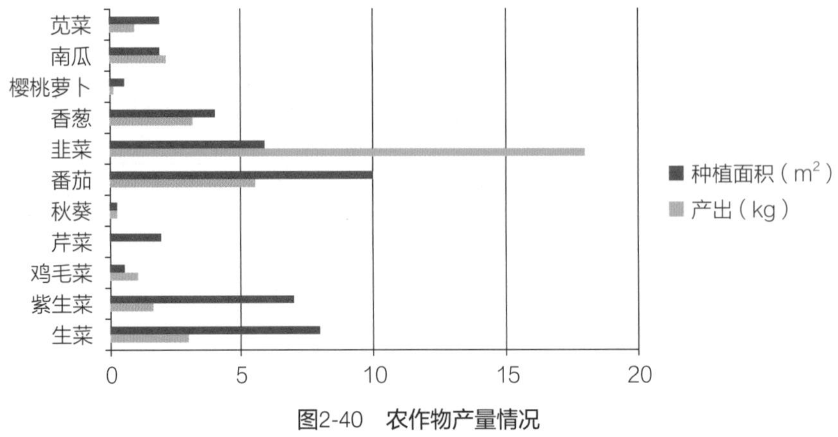

图2-40　农作物产量情况

2.3.4　农作物色彩变化

农作物色彩随季节的变化而改变，春季以绿色为主要色彩；夏季农作物生长快速，多种农作物开花，表现出不同种类之间的色彩差异，色彩景观丰富；秋季是收获的季节，农作物果实的不同色彩也给农作物景观添加了新的色彩感受（表2-7）。

农作物色彩变化　　　　**表2-7**

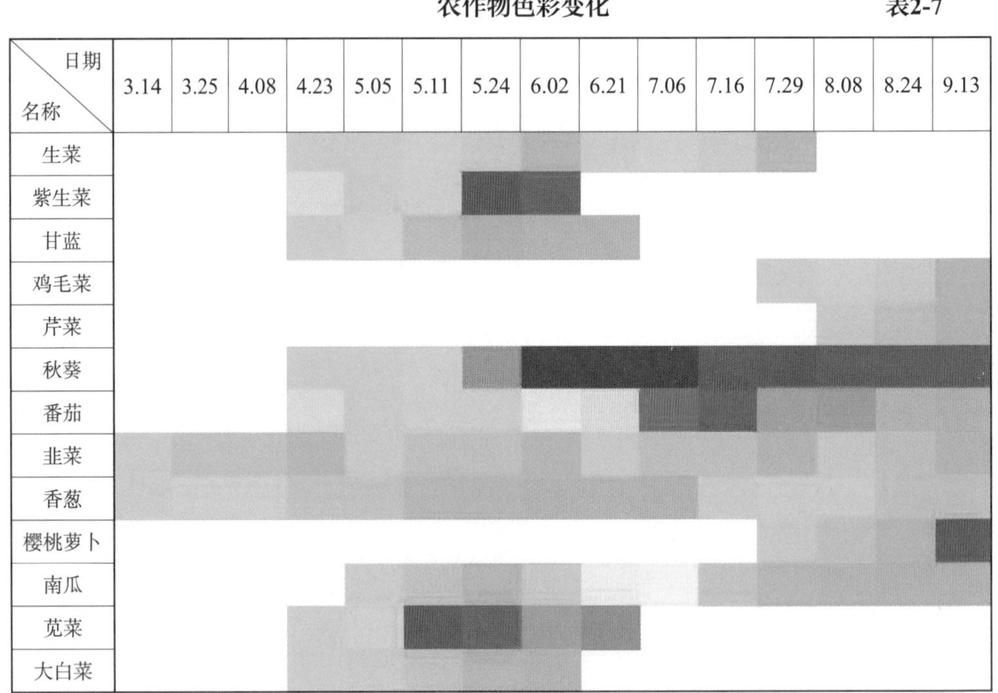

日期 名称	3.14	3.25	4.08	4.23	5.05	5.11	5.24	6.02	6.21	7.06	7.16	7.29	8.08	8.24	9.13
生菜															
紫生菜															
甘蓝															
鸡毛菜															
芹菜															
秋葵															
番茄															
韭菜															
香葱															
樱桃萝卜															
南瓜															
苋菜															
大白菜															

首次种植采用种苗移栽的方法，合理确定菜苗的密度，进行色彩的搭配，春季主要的维护措施为定期浇灌、施有机肥。农作物生长从缓慢到快速，裸露的土地也由于农作物的生长而变得色彩丰富（图2-41）。夏季蔬菜疯长，密度高，农作物基本能够遮挡视线，竖向变化明显，降雨的增加导致病虫害加剧，但农园已经变为一个生物多样性的样本：蜂蝶飞舞，怡然自得。同时，农作物开花结果增加了景观的丰富性，为景观色彩的多样化提供了支持。秋天是趣味性最强的季节，主要进行农作物果实的采摘，享受收获的喜悦（图2-42）。

图2-41　春季农作物色彩

图2-42　秋季农作物色彩

2.4 可持续利用研究

2.4.1 屋顶种植方式

土壤种植是营造屋顶农作物景观的最基本方式，它对于建筑的荷载和防水要求较高，在满足建筑荷载的要求下，还要在建筑原防水层上增加隔根膜、保湿毯、蓄排水盘、过滤膜和土壤，之后才可以进行农作物的播种。土壤种植为农作物景观提供了自由的场地环境，不仅可以进行规整的行列式造景，也可以进行自然的曲线式造景（图2-43）。

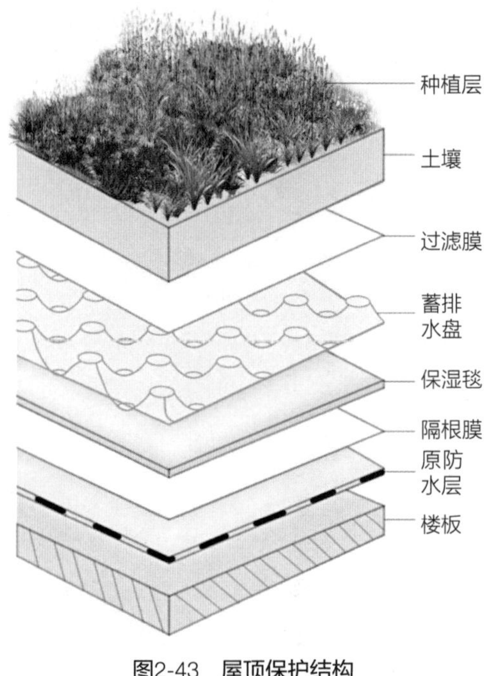

图2-43 屋顶保护结构

此外，栽培箱种植通常是指把农作物栽培在由废弃木板改造而成的栽培箱内，不仅简单、方便、环保，还能够实现废弃木材的再利用。栽培箱内尽量使用色彩丰富、高低变化明显的农作物进行搭配种植，以达到在小空间内营造出丰富的景观层次和空间构成的目的。

除这两种方式外，基质栽培和水培也可用于屋顶农作物景观的建造，但要根据屋顶的具体情况进行合理选择和实施。

2.4.2 屋顶灌溉技术

水培法和气雾培法完全改变了农业种植的方式，不会因为农业径流而产生破坏性的副作用。如果将这两种方法使用在独立系统中，可以节约大量的水，在某些极端情况下甚至可以节约高达95%的水。这两种农耕方式是为了使宇航员今后能够在月球或火星上生活而发明的，作为一种可持续性粮食生产方法，它可以在太空中生产粮食。农作物本身实际上不需要土壤，它们只是把土壤作为支撑的基础，从而可以使根扩散生长。换句话说，作为支撑功能的土壤，无论是哪一种，只要富含充足的矿物质和水分，有固定的有机氮来源，都可以生长农作物，酸性或碱性太强的土壤除外。

水培技术就是通过给农作物提供营养液来代替土壤进行栽培，水培技术的特点是干净、价格便宜、适用范围广。气雾培是利用位于植物下方的喷雾装置将营养液雾化后直接喷洒在农作物根部，以提供农作物所需的养分。气雾培技术用水量远低于水培法，还能够使农作物产量成倍增长，发挥农作物的增长潜力，缩短农作物生长周期。气雾培是一种最节水的栽培技术，水的利用率几乎可以达到100%，同时也是一种节约肥料的种植技术，能够直接吸收氮、钾、磷等肥料的离子，并进行循环利用。

2.4.3 雨水收集和水循环系统

屋顶农作物景观营造的技术手段还包括屋顶雨水循环系统。该系统能够进行雨水的收集与再利用，提高雨水的使用效率，为屋顶农作物造景提供水资源。该系统包括屋顶雨水收集、贮水池雨水沉淀，最终使清水池中的水可以达到一般绿化灌溉、地面冲洒的要求。由于农作物和土壤能够对雨水起到一定的预处理作用，农作物的根部、土壤中的石子和砂砾等能够过滤雨水，还可以有效截留雨水，从而在小雨时不易形成雨水径流，大雨时能够减少雨水径流，而无雨时贮水池中的雨水则能够提供农作物的灌溉用水（图2-44）。

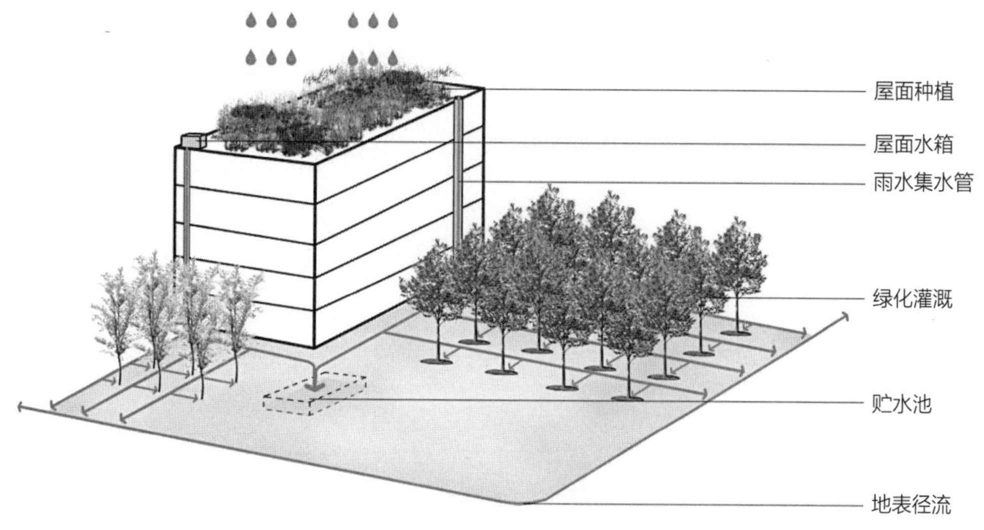

图2-44 雨水收集和水循环系统

生活中的饮用水、清洁用水和浇灌用水都使用自来水，污水和雨水都直接排到污水管道，这就造成了水资源的浪费，也造成了城市排水管道的压力。屋顶农作物造景的灌溉用水应来源于自然降雨，这些雨水经过澄清后，即可用于屋顶农作物造景的浇灌，经过滤等一系列净化处理后还可直接提供给建筑内的人群使用。建筑内部产生的灰水，经过处理后也可用于屋顶农作物造景的浇灌和水体景观。

2.4.4 有机物循环系统

生活垃圾通常分为可回收垃圾、有机垃圾和有害垃圾三类。垃圾分类是将生活垃圾无害化、资源化处理，针对不同类型可采用不同的处理方式。家庭垃圾中厨余垃圾最多，其次是废旧纸张，第三是塑料制品，第四是玻璃制品。这些垃圾中，厨余垃圾又以剩饭剩菜、蛋壳、瓜果皮、贝类为主。如果这些有机废物不进行堆肥，它们就有可能被填埋，这样做不仅造成土地资源的浪费，而且在缺氧高温的环境下，厌氧细菌容易发生反应，加剧温室效应。堆肥是一种低技术的生物降解方法，它能够利用有机废物，在一定的控制条件下，通过微生物降解的作用，最终形成农作物可利用的有机肥料。用于堆肥的设施可以分为堆肥箱和堆肥机，有各种形式，如适合家庭的小型设备和适合公用的大型设施。屋顶农场由于建筑结构的限制，土壤厚度不能超过负荷标准，而稀薄的种植土层，会使土壤容易干燥，导致土壤中水分、养分减少，因此屋顶农作物造景的土壤则需要定期增加腐殖质来确保农作物的生长。利用厨余垃圾中的蛋壳、瓜果皮、贝类等进行堆肥，可用于补充土壤的有机质，能够有效缓解部分资源无法回收利用所造成的浪费，同时也节约了处理这些厨余垃圾的时间和成本。

3 城市立体农场的墙面设计应用

3.1 墙面栽培农作物的基本原则

3.1.1 墙面栽培农作物种类选择

在墙面这个特殊的种植基础上栽培植物，对农作物的生长特性要求较严格。墙的高度、位置等因素不同，则风力、光照等植物生长条件就会有所差异，特殊而艰苦的条件要求农作物综合抗性强、覆盖力强。为了防止倒伏，不宜种植较高的植物。另外，由于单位模块种植槽的面积有限，需要选择浅根系、须根发达的农作物。由于墙面高度、面积及审美等各方面的制约，需要选择易于管理的农作物品种。最后，为了营造良好的景观效果，为城市居民提供一道亮丽的视觉景观，需要选择观赏效果佳的农作物品种。农业上栽种的各种植物，包括粮食作物、油料作物、蔬菜作物，以及果树和做工业原料用的棉花、烟草等。粮食作物则以水稻、玉米、小麦为主，其中水稻喜欢高温多湿环境，玉米体量较大，小麦根系很深，因此粮食作物不适合模块式墙面种植；果树中包括苹果树、梨树、杏树等，都体量过大，而棉花和烟草类不易管理，也不适合模块式墙面种植。

农作物的季节性较强，北方室外冬天寒冷，大部分农作物不能成活，则需要补充其他种类的植物，而室内温度较恒定，但是光照有限，应注意选择耐阴性强的农作物或者及时补充光照。

2010年上海世界博览会（简称上海世博会）主题馆的墙面绿化，对墙面栽培做出了很好的示范，其选取原则是：第一，植物的绿色覆盖率较高，主根系浅但是侧根发达，以须根系为主，根系能够紧密地与生长介质相结合；第二，植物的观赏性较强，一年四季都有很好的景观效果，并且植物以观叶为主，叶片大而紧密，体量较小；第三，植物的综合抗性强、耐候性强。

根据文献查阅以及调研，将墙面栽培农作物的选择条件归纳如下：

①因地制宜，以乡土物种为主。乡土物种对当地的土壤条件、气候环境等有着较强的适应能力，栽种技术成熟，成活率高，相比外来物种价格较低，节约成本。

②综合抗性强。模块化墙面农作物种植，与传统农业种植相比，温度、灌溉、光照、土壤厚度等生长条件都非常有限，作物的后期维护也更不易，所以对农作物的根系和生长习性有很高的要求，选择综合抗性强的农作物有利于提高整体的成活率，减少后期维护次数。

③形态优美。模块化墙面农作物种植与传统农业种植相比，更多的是体现它的观赏价值和教育价值，以美化城市空间、改善城市景观环境为主要目的。因此，在选择品种时，应当

选择形态优美的农作物，最好是有季相变化，做到四季皆有景可观可赏。

④无毒无害，易管理。模块化墙面农作物种植所针对的场所主要是城市内部。城市中人口密集，墙面种植主要面对的是普通居民，不是专业的农业从业人员，所以所选农作物必须对人的身体无害且易于管理。例如，蒲公英虽然可以药用和食用，但是蒲公英开花后种子会以毛絮状飘散，不易管理，影响城市居民正常的生活。

此外，应结合建筑具体情况选择相适应的农作物。对于单层和多层建筑，绿化模块大部分都可以应用，植物选择范围较广。而对于高层建筑来说，对植物的要求更高，适合分段式绿化，建筑最上层适合种植易于生长、生命力顽强并且需要较少维护的作物；由于水的渗透，建筑中部则需要选择排水性良好的作物；同理，建筑底部就需要选择喜湿的作物。

对于建筑南向的墙面，白天全天都能够接收到太阳光，阳光充足、通风良好，并且热量能够被保存到夜里，需要选择喜阳和抗逆性较弱的农作物，一般作物在全日照下生长最好。相反，建筑北墙相比之下较阴冷，作物选择范围比较小，需要选择喜阴的农作物。

建筑的东、西立面则需要选择落叶植物，夏季遮阳降温，冬季不影响建筑获得热量，可减少能源消耗（表3-1）。

适合不同朝向墙面的农作物 **表3-1**

墙面朝向	农作物特性	适合种植的农作物
朝南	喜光	番茄、菜豆、青椒，以及水生蔬菜莲藕、菱角
朝北	喜阴	韭菜、芦笋、蒲公英、空心菜、木耳菜
朝东、朝西	喜光耐阴	洋葱、油麦菜、小油菜、韭菜、丝瓜、香菜

在2022年第二十三届国际蔬菜科技博览会上，一个个由青葱、韭菜、甘蓝、银叶菊、五色苋等叶类蔬菜组成的蔬菜花坛、蔬菜景观吸引了游客的目光。这种把蔬菜种植在垂直的篱笆以及墙面上的做法赋予了景观极致的田园风情。这类景观通常使用多年生叶菜类植物，如观赏性紫苏、观赏性芫荽、油菜花等。具有观赏性的蔬菜为景观园林注入了新的活力，也为将来农作物在城市美化、景观农业中的应用打下了良好的基础（图3-1）。

多样性的农作物能更有效地丰富景观绿化的视觉效果，营造更加令人心旷神怡、赏心悦目的生活空间，给人以美好的体验。

农作物种类多样，形态各异。就色彩而言，有鲜绿的生菜，墨绿的羽衣甘蓝，鲜红的红叶苋菜；就叶形而言，有叶大如盖的甘蓝，有叶子细长的大葱，有叶小而圆的薄荷；就气味而言，芳香类农作物能够使人心情愉悦振奋，如薄荷、薰衣草。各式各样的农作物不仅能够给人带来视觉上的享受，还给人以丰富的触感体验和嗅觉体验，使人流连忘返。

如果农作物种类过多，绿化墙的整体效果容易出现杂乱、不协调的现象，后期管理也较复杂，因此应根据生长习性来合理处理不同农作物之间的搭配。

由于农作物有很强的季节性，导致农作物墙面种植的景观周期较短，景观效果难以长期保持，因此农作物极少因其观赏性而在城市中得到应用。为了维持农作物长期的景观效果，首先要筛选出更具欣赏价值的农作物，近年来观赏蔬菜在公园中开始有了应用；其次，需要通过不同的植物配置来达到长期保持景观效果的目的，例如不同生长周期的农作物互相搭配，以及农作物与传统墙面绿化植物之间的互相搭配；最后，还需要提前培育好幼苗，在农作物死亡或收获的时候实现及时替换。

图3-1　第二十三届蔬菜科技博览会

不同农作物的种类或品种都有其生长特性，对于相同种类的农作物和不同农作物之间的搭配，都要遵循农作物的生长特性，才能使农作物茁壮成长，不仅能够达到更好的观赏效果，也能够提高农作物的产量和质量。

其中最重要的就是要在合适的季节播种农作物。农作物对于温度的变化较敏感，不同农作物对温度的需求也不尽相同（表3-2），如果将喜热型的农作物在秋季播种，则之后气温的骤降就会导致农作物生长不良甚至死亡；而将喜寒的农作物在春季尾声播种，则之后气温的骤升同样会导致农作物生长不良甚至死

喜热型、喜寒型与耐寒型农作物种类　　**表3-2**

特性	农作物名称
喜热型	番茄、茄子、青椒、甘薯、花生、四季豆、毛豆、苋菜、空心菜等
喜寒型	大白菜、白萝卜、芥菜、紫甘蓝、卷心菜、花椰菜、马铃薯、生菜、莴苣、胡萝卜、芹菜、甜菜、菠菜、香菜、小白菜、洋葱、葱、韭菜等
耐寒型	蚕豆、豌豆、油菜、荠菜等

亡。只有科学地种植才能够使农作物景观的观赏期更长。

不同农作物的形态特征、果实特征也都有所不同，为了达到农作物观赏效果的最大化及保持尽可能长的观赏期，根据其不同的需求来调整种植模块本身以及模块间距等。

例如，马铃薯和红薯的果实是块茎类，模块就要设计得比较深，有足够的空间和土壤供农作物生长，而且模块的设计要方便后期的采摘。而穿心莲是下垂式生长的，那么模块之间的距离就应该稍微拉大，使其得到充足的阳光和生长空间。

另外，豆角等农作物是攀缘式生长的农作物，那么模块之间的距离就要更大，甚至对于低层建筑来说，一面墙只需一排攀缘农作物，并且需要有辅助构筑物供农作物攀缘生长。但是，由于攀缘农作物有支撑农作物攀爬的支撑构件，农作物生长高度较高，因此模块替换的便利性较差，与垂直生长农作物和垂吊农作物相比，不太适用于模块化种植（图3-2）。

（a）穿心莲（垂吊）

（b）豆角（攀缘）

（c）马铃薯（根茎果实）

图3-2　不同生长特性的农作物

农作物之间的搭配也要根据农作物的不同特性加以选择，如冬瓜+番茄立体栽培，可将冬瓜蔓引至番茄的人字架上攀缘生长，不仅利用了架材，而且后期的番茄果实由于冬瓜蔓的适当遮阴，也减少了果实日灼病的发生机率。

根据农作物本身的生长特性来合理地安排生长条件，才能达到农作物观赏效果的最大化及保持尽可能长的观赏期，同时保证农作物有一定的经济效益。

3.1.2　墙面栽培农作物的生长介质

墙面栽培农作物的生长介质通常需要遵循以下五条准则：第一，不可过重。过重的生长介质将会增加垂直种植项目的施工难度。第二，不易腐烂，变质。垂直种植与地面种植不同，垂直种植的维护难度更高，因此更换生长介质也就需要花费更大的人力物力。所以，垂直种植的生长介质最好有着不易腐烂、分解、变质的特性。第三，有良好的营养、水分存储特性。第四，需要拥有将植物根系紧密固定在模块中的能力，防止农作物脱落。第五，需要有良好的气体交换特性。

2010年上海世博会主题馆的墙面绿化选取的是介质根系一体化成型的方式，同时还确保介质重量较小、保水保肥、干净没有异味、可抵抗虫害、黏稠度适中以便与植株根部连接紧密，使用效果良好（表3-3）。

上海世博会主题馆绿化墙的植物生长介质成分配比 **表3-3**

名称	椰丝	园土	腐叶土	木屑
红叶石楠	10%		90%	
六道木	10%	18%	72%	
亮绿忍冬	10%	16%	64%	10%

1．土壤栽培

作物根系从土壤溶液中吸收养分。土壤中存在的养分包括有机的和无机的两大类，都必须通过微生物等作用分解成简单可溶的化合物，溶于土壤才能被作物吸收利用。土壤作为农作物的生长介质，需要及时施肥以补给养分。土壤质量的好坏对于作物的生长有着很大影响，土壤处理不好可能会滋生害虫，影响城市居民的正常生活，因此在栽种作物之前最好将土壤进行消毒，有效地消除土壤中的细菌及害虫。常用的土壤消毒方法有两种。第一，日光消毒法，这是一种最简单的消毒方法。就是将按农作物生长需求配制好的土壤铺在干净的地面上，在阳光下暴晒3～5天，这样可以有效地杀死大量病菌孢子、菌丝和虫卵、害虫。此法消毒虽然不彻底，但是最为方便。第二，水煮消毒法，就是把营养土放在高温容器内蒸，加热到60～100℃，持续加热30～60分钟。加热时间不是越长越好，时间过长容易杀死营养土中能分解肥料的微生物，影响土壤肥效。此法消毒可以杀死大部分细菌、真菌、线虫和昆虫，并使大部分杂草种子丧失活力。通常，营养物质以及水分在普通的地面上分布在深度150～250mm之间。因此，植物的根系也生长在这个区间之内。同理，在墙面种植中所用到的植物的根系也应该集中在这个范围内。土壤和其他栽培介质相比，重量和营养物质的吸收都较差，不是墙面农作物栽培介质的最佳选择（图3-3）。

2．水培法

水培法，顾名思义，就是使用营养液代替基质对植物进行栽培的方法。由于这种方法根部与土壤隔绝，所以可以避免各种通过土壤传播的病害。近几年来，水培栽种的叶菜类在市

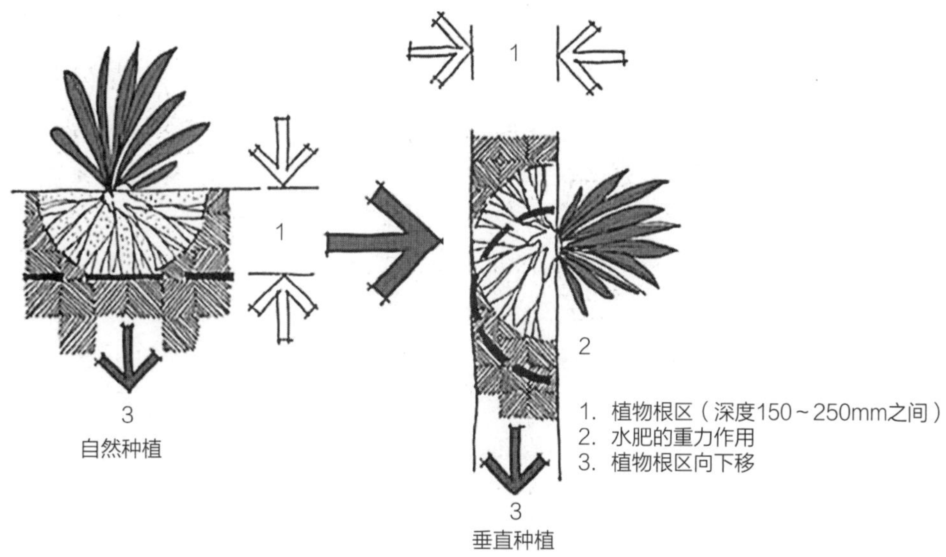

图3-3 地面种植的植物生长和垂直种植的植物生长

场上越来越常见，这是因为水培法培养的蔬菜有以下几个优点：

第一，水培法培养的蔬菜产品质量都非常好。通常我们食用的叶菜类蔬菜，包括菊苣、生菜等，食用方法都是生食。这样我们就需要保证这些叶菜类蔬菜不仅新鲜，还要干净、无污染。土壤培养的蔬菜通常很容易被污染，沾有泥土，这样的蔬菜清洗起来很不方便。而水培类的蔬菜不仅可以达到以上要求，而且口感更好，品质也更高。

第二，水培的蔬菜更能满足市场的需求。随着人们的生活越来越好，对蔬菜的需求量也越来越大。若是使用土壤培养叶菜类的蔬菜，就需要全年不停息地种植，而且种植每茬蔬菜都需要采取修整土地、耕种、播种、施肥、浇水等一系列措施。而如果使用水培，换茬就会变得相对简单，换茬的时间也就更短。水培换茬只需要将幼苗插进定植孔中就可以了，因此可以实现一年不间断生产，也就能更好、更快地适应市场的变化。

第三，营养液成本低。通常来说叶菜类植物的生长周期都相对较短，因此，若培育中途没有大的病害发生，整个培育过程只需要添加一次营养液。若是遇见病害等情况，重新配置全量或者半量的营养液也不需要花费过多的营养液成本。

第四，经济效益高。由于水培的叶菜类的生产具有低成本、高产量、低风险的特点，具有相当高的复种率，一些效率高的设备通常可以一年连种20茬以上。因此，一般叶菜类农作物多采用水培的方式进行培养。

3．基质栽培

根据基质的成分，通常可以分为有机基质、无机基质、合成基质三类。比较简单的是无机基质和化学合成基质。无机基质通常由砂石、蛭石、岩棉等组成。化学合成的基质通常由泡沫塑料组成。而有机基质则更为复杂。

有机基质和其他两种基质不同，有机基质的材料通常源于自然，如草炭、锯末、动物粪便、秸秆等经过高温处理或者发酵以后，按照要求进行一定比例的混合。这样形成的基质不仅具有充足完全的营养，而且十分稳定。而将有机基质和无机基质按照一定比例混合，即可以形成具有更好理化性质的栽培基质。常见的有机基质来源很多，如废棉、鱼骨堆肥、玉米秸秆、椰子壳、酒糟、刨花等。通常我们会因地制宜地选择价格更加便宜、储量足够丰富、更能满足植物生长需求的材料作为原材料。

纯水培法有很多缺点，如通气不畅、调节根系水分能力低等。为了解决这些缺点，基质栽培应需而生。与水培法相比，基质栽培法的成本更为低廉，从长远角度考虑也更为符合我们国家的现状。

本书提倡在城市中的墙面上种植农作物。使用有机基质可以有效地利用城市垃圾，尤其是家庭、餐厅等产生的厨余类垃圾，起到废物利用、节约资源的作用，使城市中的资源能够有效循环。同时，可以有效地利用城郊以及农村中农业活动所产生的农业废物，例如玉米秸秆。农民没有办法储存和利用大量多余的玉米秸秆，因此很多地方都通过焚烧来消灭多余的秸秆。焚烧秸秆会产生许多有害气体，如一氧化碳等，并且使空气中的悬浮颗粒数量明显增多，直接导致空气质量降低；更加可怕的是，空气的污染对人体健康有非常不利的影响：少量吸入易导致咳嗽、流泪、胸闷等，过量吸入则易引起呼吸疾病。另外，大量的秸秆燃烧容易造成土壤污染和土壤微生物的破坏，年复一年的积累造成土壤质量越来越差，进而影响农作物的生长健康。因此，将这些农业废物进行发酵，制作成有机基质，不仅能够减少对空气质量的破坏，降低人们生病的概率，还能够实现资源的循环利用，对城市生态的改善有着十分重要的意义。

4．气雾培法

气雾培指将植物所需的水分和营养物质雾化为极其细小的水珠喷在植物根部的栽培方法。其与传统的栽培方法相比，首先，农作物能够更加充分地吸收水分和营养物质，使植物的生长速度更快、生长状态更好。其次，气雾培能够更有效地利用水和营养物质，因此对于资源节约作出了更大的贡献。再次，根系在无机环境中不易滋生虫害，既能保证作物的质量，又省去了预防和消杀虫害的步骤。最后，气雾培摆脱了传统栽培方式沉重的栽培介质，在墙面栽培农作物时对于墙面的承重能力要求降低，立面景观效果的营造也更加轻巧容易，另外千姿百态的农作物根系裸露在外，也形成一种另类的景观。因此，这种栽培方法对于景观化墙面栽培农作物有着十分重要的意义，它更加适合立体种植，使管理更加便利（图3-4）。

（b）气雾培中的番茄根系

（a）气雾培示意图　（c）气雾培中的叶菜

图3-4　气雾培

3.1.3　结构系统的安全维护

（1）预估植物生长的最大质量

要注意植物的脱落和生长，预估植物生长的最大质量，以免植物生长得过长、过重；经常检查维护和修剪替换，特别对于农作物来说，要及时地收获果实，防止果实坠落造成不必要的损失。在调研时发现，墙面种植系统在基质水分饱和、植物长势稳定的状态下每平方米的模块重量为50kg。

（2）墙体承重能力检测

要保证墙面种植系统的安全性，首先在安装墙面种植基础结构前要检测墙体的承重能力，根据模块的重量设计合适的墙面种植。尤其是室外的墙面种植，要考虑到大雪、大风等自然条件的影响，设计适合的结构，保证整体墙面种植系统的稳定性。

（3）墙面种植系统与墙体的连接方式

根据墙体的不同，固定方式有所不同。在墙体能够承载的情况下，用膨胀螺栓或连接构件直接固定植物墙支撑架；在墙体不能承重的情况下，加强植物墙支撑架的独立稳定性，并在墙体的上部几个点对植物墙支撑架作点状连接。

（4）模块系统材料的选择

常用模块有ANsystem种植模块、VGM种植模块、G-Sky种植模块、ELT种植模块和挂壁式模块。室外阳光充足，紫外线辐射强，要选择防紫外线的材料。

3.2 模块式墙面栽培农作物的系统设计

3.2.1 模块类型

1．固定式模块墙

表3-4是几种模块化墙面种植体系的比较分析。

由于墙面的特殊性，模块在材料的选择上要遵循可回收、抗紫外线、耐腐蚀、耐高温且质量轻等原则，这是墙面种植安全性的基础保障。此外，模块开口方向有一定角度，符合植物生长规律，防止植物脱落，这也是墙面绿化安全性的基础保障。

几种典型模块式墙面绿化系统比较　　表3-4

名称	ANsystem种植模块	VGM种植模块	G-Sky种植模块	ELT种植模块	挂壁式模块
尺寸（mm）	500×250×100	500×560×150	300×300×70	—	480×155×160
材料	高分子聚乙烯	高强度轻质聚丙烯	聚丙烯	高密度聚乙烯	共聚聚丙烯
材料特征	可回收，防紫外线，耐高温	可回收，质轻，耐腐蚀	可回收，耐腐蚀	可回收，抗紫外线，耐高温	可回收，抗紫外线，防腐化
角度	30°	90°	90°	30°	45°～70°
植物数量（株）	14	16	9～25	10	3
图片					
案例	韩国首尔 Ann Demeulemeester 零售商店店面	马来西亚吉隆坡 Sunway Vivald 酒店	日本爱知世博会绿墙	中国香港海洋公园	2010年中国上海世博会主题馆

例如，2010年上海世博会主题馆的绿化墙设计了壁挂式模块系统，模块单元运用了防紫外线、防腐化的可回收材料，响应了上海世博会“节能”和“环保”的要求。模块开口的倾斜设计不仅符合植物的反重力生长特性，降低了模块脱落的隐患，还可以使植物和结构体更加稳定。同时，每个模块的质量较轻（小于19kg），不仅减少了系统的负荷，还使模块的安装和更换更加方便（图3-5）。

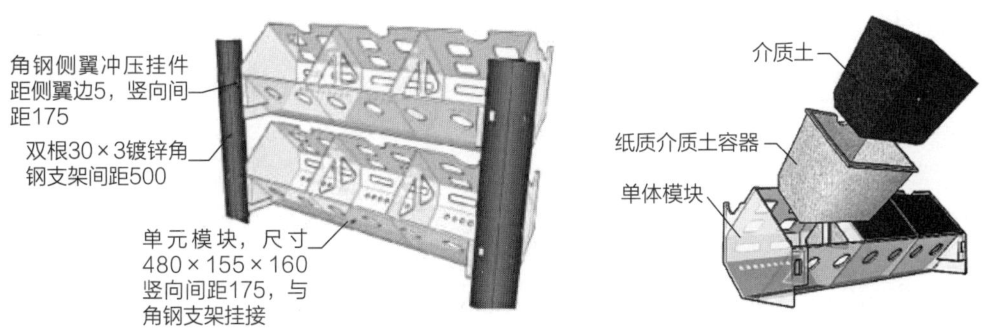

图3-5　上海世博会主题馆模块系统（单位：mm）

2．可拆卸式模块

按照种植容器的开口方向可以分为三类：垂直墙面式、平行墙面式、倾斜式（图3-6）。

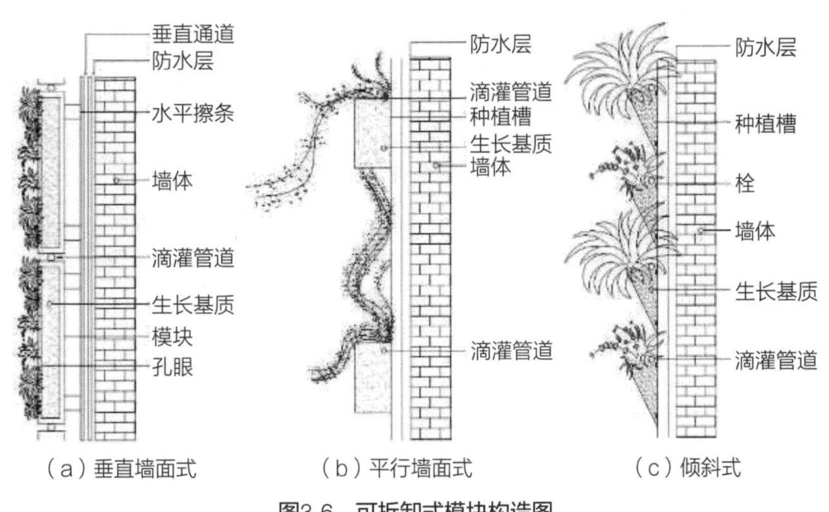

图3-6　可拆卸式模块构造图

垂直墙面式模块是指模块开口方向为水平向外的模块，是实际项目中非常常见的一类模块。在种植过程中，多使用植株体量小、重量轻的农作物，防止植株脱落。

平行墙面式模块是指开口方向为垂直向上的模块。这类模块的开口方向和农作物反重力生长方向的习性相符合，所以可以栽种大多数的小型农作物，包括攀缘农作物和垂吊农作物。平行墙面式模块由于和花盆中栽培农作物的方式相似，所以有灌溉方便、好养护和农作物选择范围广泛等优点。另外，与传统的爬藤类绿化方式相比，平行墙面式模块还拥有更立体的景观效果。

倾斜式模块是指模块开口方向与墙面成30°～70°的模块。为了综合平行式模块和垂直式模块的优点，倾斜式模块应需而生。不仅方便植物采集阳光，而且和平行墙面式模块一样拥有优异的立体效果。此外，倾斜式模块还具有收集雨水的功能，这进一步节约了灌溉的成本。在植株选择上，倾斜式模块更加丰富。倾斜式模块的模块间距较大，因此模块数量相对较少，造价也更低。但是这也导致了倾斜式模块抗风能力相对较差，而且对墙面的覆盖率也相对较低。

3．生长形态模块

不同形态和不同生长特性的农作物对模块的需求也不同。根据农作物的生长形态特征将农作物分成四类：普通竖直生长农作物、块茎类农作物、垂吊农作物、攀缘农作物（图3-7）。

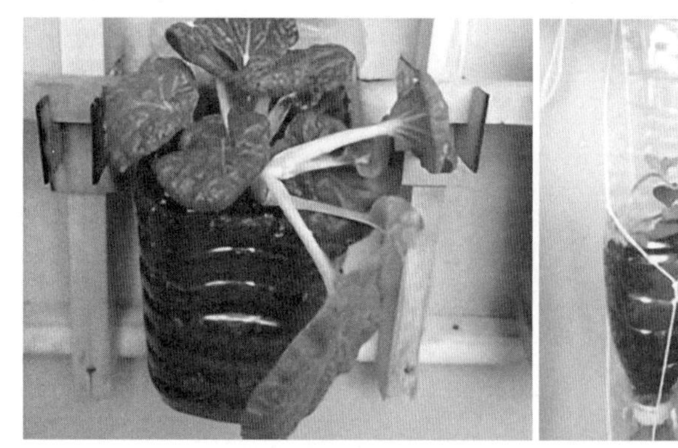

图3-7　普通竖直生长农作物、垂吊农作物、攀缘农作物

普通竖直生长农作物指能够独立垂直向上生长的农作物，种类最多，常见的有大白菜、生菜、空心菜等叶菜类农作物。普通竖直生长农作物模块密度较大。

块茎类农作物如马铃薯、红薯、山药等，食用部分生长在栽培介质里，因此需要加大模块的尺寸，另外模块的设计也要便于后期食用部分的采摘。图3-8是两种适用于块茎类农作物的模块设计。

垂吊植物在幼苗时期能够独立生长，而随着植物的长大，由于枝条较软，在重力作用下

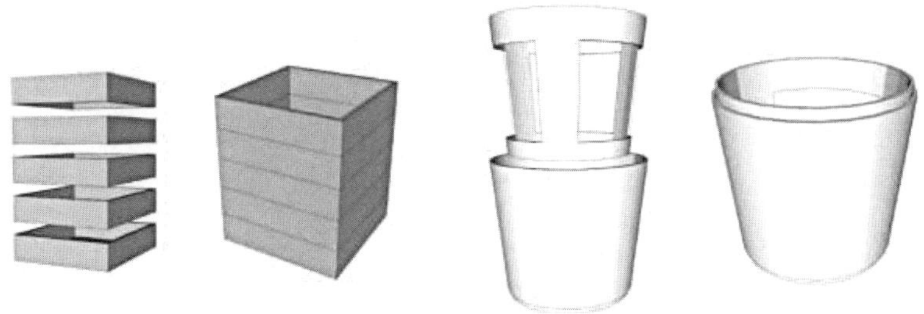

图3-8 两种块茎类农作物模块

枝叶便会自然向下垂吊，常见的垂吊农作物有穿心莲。垂吊农作物的模块系统应增加由于植物下垂所占用的垂直空间。

攀缘农作物是自身不可以独立生长，需要依附于其他物体支撑来向上攀爬的植物，常见的攀缘农作物有豆角、黄瓜、丝瓜等。攀缘农作物的模块系统需要设计供农作物攀爬的构筑物，并且在垂直方向上要注意因植物的攀爬而增加的农作物之间的间距。也正是由于攀缘农作物有支撑构件，农作物生长高度较高，因此模块替换的便利性较差，与竖直生长农作物和垂吊农作物相比，不如前两者更适用于模块化墙面种植。攀缘农作物需要时常修剪，否则农作物易超出模块的攀爬构架，造成农作物生长不良的现象和景观效果差的问题。适合攀缘农作物生长的模块如图3-9所示。

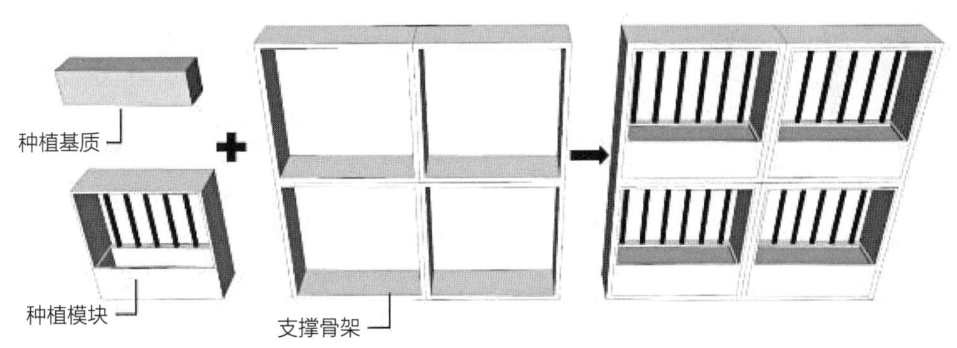

图3-9 攀缘农作物模块设计

4．改装式模块

生活中常见的矿泉水瓶类的可回收容器，可以改装为农作物种植模块，如龙骨穿插式模块、竖向穿插式模块、横向悬挂式模块等。

龙骨穿插式模块以2.2L矿泉水瓶为制作单元，将矿泉水瓶进行剪裁，模块的侧面剪成弧形以增大承重能力。墙面布置木质龙骨，为了防止承重木条从中间折断，龙骨上增加了承重构件来分散承重木条的重力，使模块系统更加安全稳固。此模块换取方便，模块间的距离可以随植物的生长情况左右移动进行调整（图3-10）。

竖向穿插式模块的承重网兜灵感来源于装篮球的网袋，线绳材料易得且廉价，以1.5L矿泉水瓶为模块制作单元，适合家庭种植使用。龙骨使用钢钉与墙面连接，模块均由线绳与龙骨连接。将矿泉水瓶进行剪裁，矿泉水瓶依次安插，形成竖向的模块系统。此模块在垂直方向上占据的空间较大。每个模块的瓶盖都扎有小孔，灌溉水可以自上而下流通，因此可在顶端设置滴灌系统。此模块的更换便利性较差，更换模块时需要将手伸入相邻模块的种植空间内部，容易使模块内的农作物受损（图3-11）。

横向悬挂式模块是将1.5L矿泉水瓶进行剪裁，植物生长窗口宜长不宜宽，否则土壤厚度太浅，植物将难以成活。此模块在水平方向上占据的空间较大，模块换取便利性较强。与其他线绳缠绕式模块相比，线绳缠绕的方式比较简单，方便操作。由于横向悬挂式模块的种植

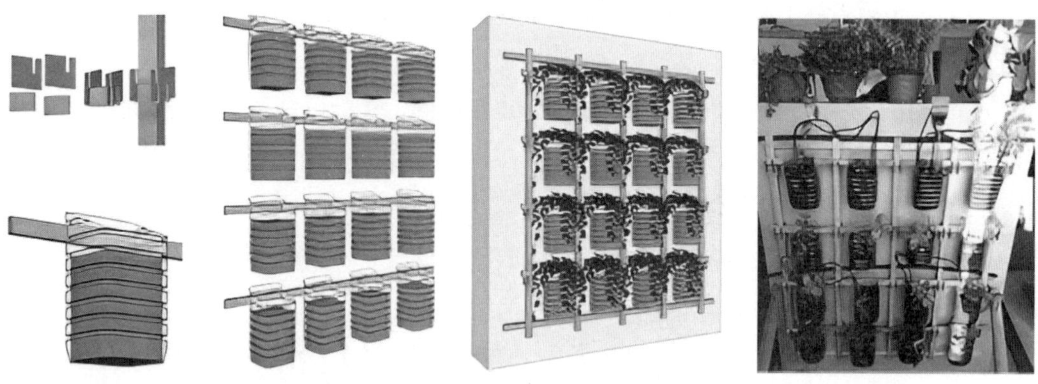

图3-10　龙骨穿插式模块承重构件及效果图

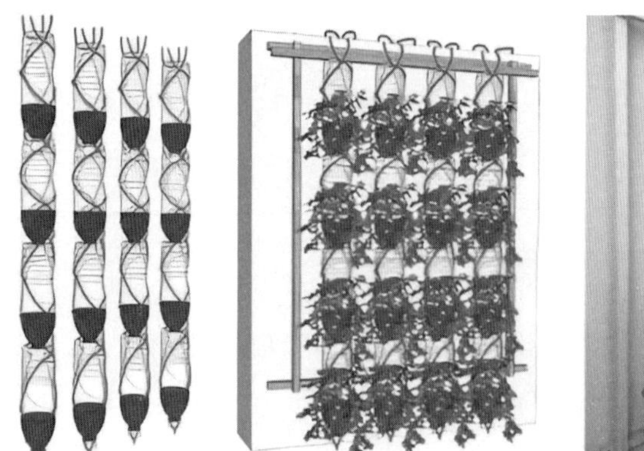

图3-11　竖向穿插式模块

空间是基于矿泉水瓶的短截面，因此土壤厚度较浅，仅有6～7cm，需要选择根系浅的农作物来种植（图3-12）。

自动吸水式模块也能够种植农作物，是将矿泉水瓶进行剪裁和组装，瓶盖上钻出一定大小的孔洞，插入吸水性强的海绵或绳子，下面部分能够储存一定的水量。土壤在缺水的情况下，通过吸水材料吸收预先储存的水分，形成自动吸水模式。此模块在垂直方向上占据的空间较大，根据所选择的攀缘农作物的生长特性来确定编织绳网的长度（图3-13）。

PVC管材改装模块应用于美国的一项被称为“垂直水培农场”的项目中，系统本身使用了建材超市中常见的PVC材料，这也极大地降低了系统的建造成本。系统中每一个模块大约可以放置8～10株植株，每个种植口是手工打造的约45°向上的开口，不仅节省了模块的费用，更方便灌溉。这个系统可以实现高密度的种植，并且拥有较短的生长周期，对水、肥料及空间等资源的消耗也相对较低（图3-14）。

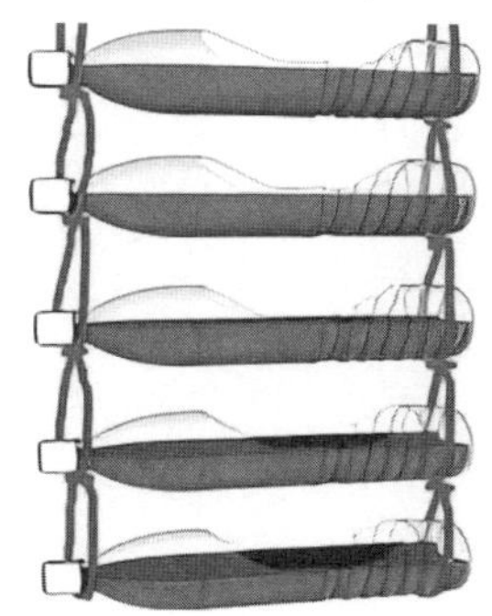
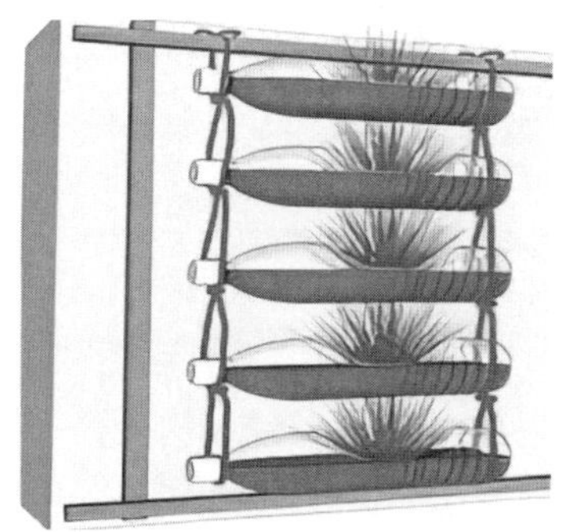

图3-12　横向悬挂式模块

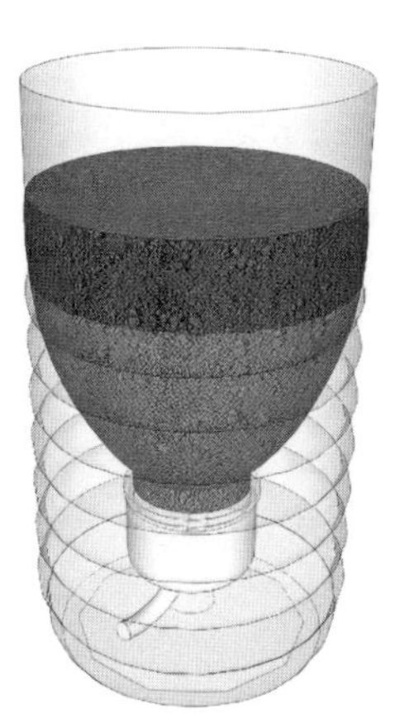

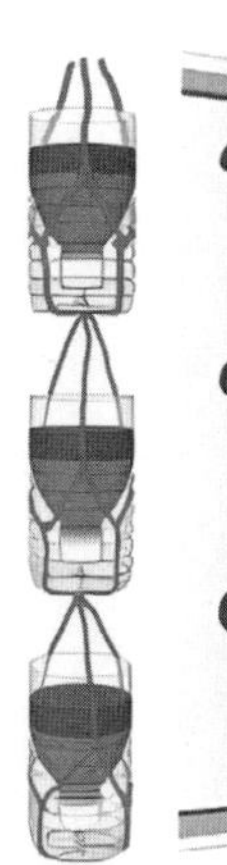
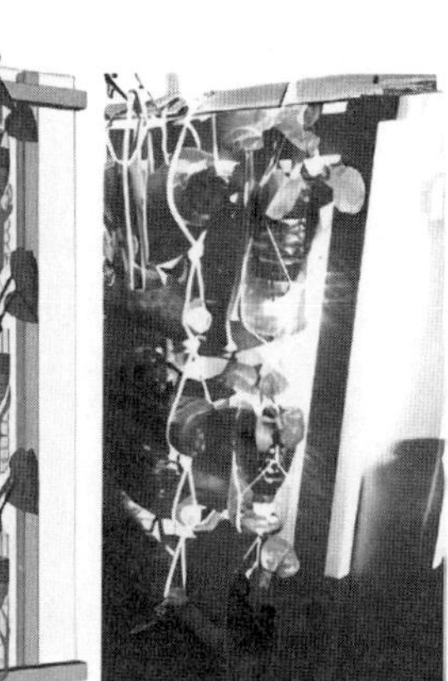

图3-13　自动吸水式模块

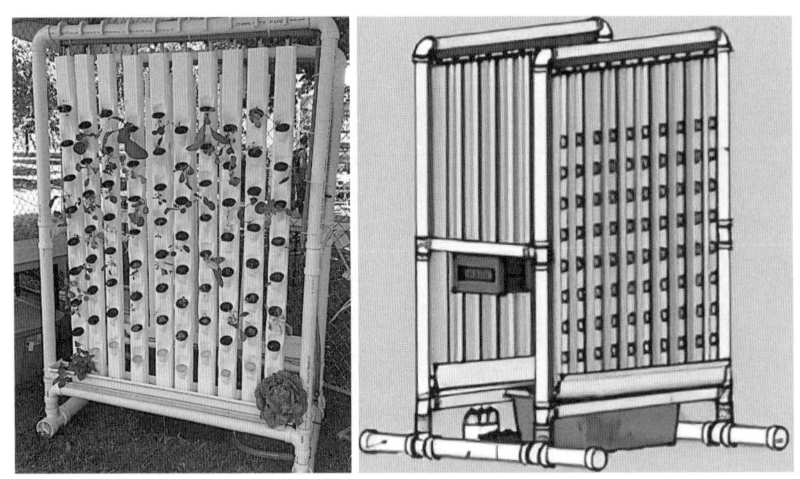

图3-14　PVC管材改装模块

3.2.2　光照条件

只有在光照强度至少到达补偿点时[①]，植物才能健康地生长。在墙面种植中，根据不同朝向的墙面合理配置条件适宜的农作物，室外的太阳光可以满足植物生长所需的光照，而想要保持室内植物的健康生长，则需要安装人工照明。

随着技术的提高和产量的增加，LED灯的价格越来越低，且LED灯不仅节能省电，产生的热量也非常少，能够有效地减少空调的使用。

目前，飞利浦公司和Green Sense Farms公司在美国芝加哥建立了一个立体农场，是世界上最大的室内农场之一，种植有微型蔬菜、药草等农作物，农场中使用了飞利浦公司研制的LED植物生长灯，大大提高了农作物的产量和质量。

由于光照的强度会随着光源距离的增加而逐渐变弱，因此人工照明表面的光照度分布是不均匀的，应在农作物种植时，在较高的位置栽种一些对光照需求量大的农作物，而在较低的位置栽种一些喜阴的农作物。由此可见，在农作物搭配方面，将对光照需求量大的农作物与耐阴的农作物相搭配能够更好地利用光照，例如将番茄、小油菜、韭菜由上到下地种植。

另外，人造光源不仅是作物存在和生长的必要条件，还可以令室内墙面种植更为美观，植物的花朵和叶片总能呈现不一样的色彩和特殊的纹理。

① 补偿点是指：一定的光强度下，植物中光合强度与呼吸强度相等，吸放二氧化碳的量相同。

3.2.3 灌溉施肥

对于保持农作物的稳产和高产，灌溉施肥是其中至关重要的方面，因此，墙面种植模块需要配备科学合理的灌溉系统。日常生活中的饮用水、净化过的污水以及雨水都能够用来浇灌墙面农作物。

1. 灌溉系统

灌溉系统根据水源的种类可以分为以下四种。①自动式智能灌溉。当墙体可以使用带有压力的水源时，就可以使用自动式智能灌溉。这种方法非常省时省力，节约成本。自动式智能灌溉主要有四个特点：第一，系统可以通过时间控制器定时供水；第二，当湿度低于指定标准时可以生成缺水警报；第三，带有远距离进水控制功能；第四，操作简单、方便、安全。②人工水管灌溉。当附近有可使用的水源但不可以直接接入绿墙时，可以使用人工定时用水管为绿墙灌溉。③水箱储水灌溉。当附近没有可用水源的时候，可以使用水箱储水、水泵进水的方法对绿墙进行灌溉。这种方法对水箱容积有着严格的要求，当绿墙面积相对较大时，需要酌情对水箱进行补水。④人工水壶灌溉。当附近无可用水源且绿墙面积较小时，可以使用水壶像日常浇花一样对绿墙进行灌溉。

雨水收集器是绿墙灌溉系统的重要组成部分。雨水收集器可以收集雨水，并储存在特制的水箱中。这样不仅可以避免浪费水资源，还可以节约灌溉所产生的费用。一个成熟的墙面种植项目，需要将雨水收集器里的水适时适量地浇灌到植物上，这时最好在墙面种植系统中加装一个可以完成无人值守自动式智能灌溉系统。自动式智能灌溉系统对于缓解水资源紧缺、节约劳动力、扩大灌溉面积等都具有十分重要的意义。常见的有上下连通式、点到点式、底部灌溉式（图3-15）。

图3-15 常见自动式智能灌溉系统

对于攀缘农作物来说，模块垂直方向上的间距较大，模块数量相对较少，适合底部灌溉的方法。而对于垂吊农作物和普通竖直生长农作物来说，模块较紧密，数量较多，上下连通式或点到点式的灌溉方法更为适合。

由于农作物的特殊性，为保证其产量，需要适时适量地给植物补充肥料。在现代墙面种植系统中，常见的做法是将肥料注入装置添加进灌溉系统。这种方式有两个优点：首先，这种方法的成本非常低。液体肥料与普通的固体肥料比，肥料利用率更高。其次，一般肥料注入装置通常会安装双向止流阀来避免液体肥料的回流。在灌溉系统中，除了将肥料注入系统，通常还会安装排水系统。在许多墙面种植项目中，多数设计师都把排水系统安装在墙体底部。这是因为在垂直种植系统中容易在绿墙底部形成死水，而死水容易吸引啮齿类动物，从而给植物带来危害。

例如，2010年上海世博会绿墙浇灌系统的建造，主要面临以下三大挑战：第一，作为一个人流量巨大的观赏绿墙，不能在地面上产生径流；第二，不能产生土壤深层的渗漏；第三，必须保证高效而稳定的灌溉。经过反复论证，项目设计师最终选择了滴灌系统。滴灌系统是目前世界上相对成熟、稳定而且高效的精确浇灌系统。这种系统采用了有压力补偿功能的滴头，不仅具有很好的节水节能环保特性，而且还做到了在26m的高度差范围内的均匀灌溉。除此之外，为了让整个系统看起来更美观，滴灌的输水管道全部位于绿墙背部，斜插在土壤中（图3-16）。

美国垂直水培农场使用了滴灌的方法对模块进行灌溉。如图3-17所示，固定在架子顶端的管子就是灌溉系统。整个系统由专门的数控电路进行控制。每一个模块的不同位置中安插有很多感应器，这些感应器可以收集到对应区域的水分、酸碱度等数据，并依此对灌溉系统

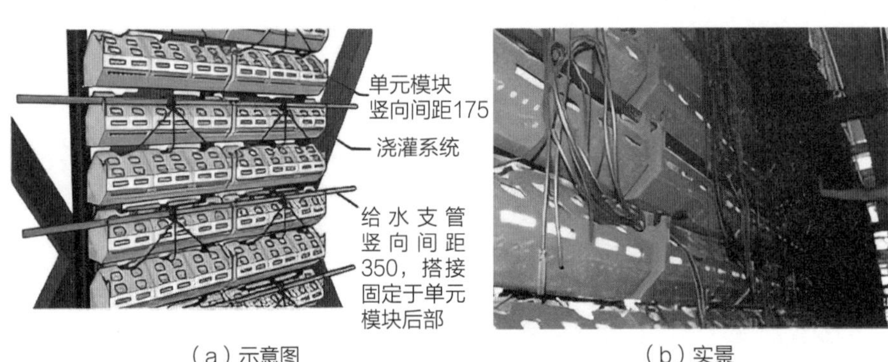

（a）示意图　　（b）实景

图3-16　上海世博会主题馆绿化墙自动灌溉系统

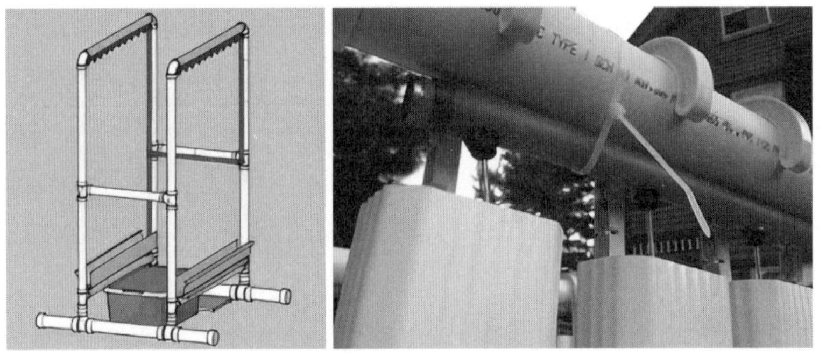

图3-17　美国垂直水培农场灌溉方法

进行操作，使整个系统的土壤保持在一个最有利于植物生长的状态。除此之外，系统还可以根据不同的植物设定不同的灌溉方案，这也极大地促进了农作物的增产。

2．施肥

肥料及营养物质是墙面农作物健康生长的必要条件之一，特别是模块的体积有限，更需要及时地补充和添加。可以通过在培养基质内部添加肥料和营养液等来满足墙面农作物正常生长，1～3个月之后，农作物所需有机肥和营养物质能够通过灌溉水输送。还可以利用城市中餐厅和家庭的食物残渣等厨余垃圾，沤制成农作物所需的有机肥料，既可以减少城市垃圾量，又能减轻垃圾填埋以及垃圾焚烧的工作量，且不会对土壤造成污染。

家庭自制有机肥可以用塑料桶或者泡沫箱作为容器，在容器底部铺一层6～7cm的泥土，然后将水分沥干、切好的厨余垃圾铺在底部泥土上，厨余垃圾上面铺土并且压实，防止有臭味溢出，这样像三明治一样一层土壤、一层厨余垃圾直至容器即将装满，最后容器最上面铺一层7～8cm厚的泥土，盖上盖子密封等待，直至土壤发酵变黑，有机肥就制作完成了。还可以将底部打洞插入管子来收集底部流出的液体肥料，液肥稀释后浇灌农作物也是极好的。如果使用的是堆肥桶，则可以隔几天打开底部的开关来收集液肥（图3-18）。

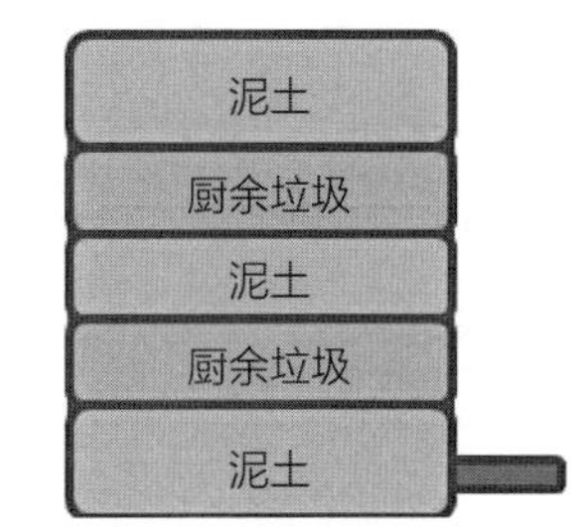

图3-18 家庭堆肥方法示意

3.2.4 虫害防治

种植农作物的时候会遇到害虫侵袭蔬菜的问题，大量使用农药对环境的破坏极大，尤其在人口密集的城市中更要尽量减少农药的喷洒。害虫的消杀与防治有不同的方法，从长远来看对害虫的预防更加重要。对于模块式墙面种植来说，其独立性使虫害不易传播，另外其方便拆卸和更换的优势使墙面农作物种植虫害少，发现虫害时也能够及时更换。

对于农作物虫害的防治，第一种方法是要选择抗性强且健康的农作物及种子，这需要严格把关植物及种子的质量，控制带有检疫对象的植物产品的流通。第二种方法是生物法，通过利用害虫天敌或者其代谢物、基因产品等来控制害虫，在一定程度上保护害虫的天敌或者使用生物农药来控制虫害，例如人工养殖和释放一定数量的有益瓢虫。第三种方法是物理法，指通过对声、光、力学等的运用控制虫害，例如使用器械捕杀害虫。第四种方法是化学法，指利用各种农药来消杀害虫，但是要严格控制喷洒量。对于以上方法，大型与家庭小型墙面农作物种植的运用有所不同。

对于大型的墙面农作物种植来说，在植物上墙前将植物及种植基质提前采取措施消杀害虫、细菌，在生长过程中，杀虫剂可以按照一定比例配制好后随着施肥泵灌溉到模块当中，减少农药喷洒对环境的影响。

而对于家庭小型墙面农作物种植来说，可以通过下面几个简单的办法防虫害。首先，家庭中常用的一些具有刺激性气味的蔬菜是害虫不喜欢的，例如将大蒜制成溶液喷在绿墙或种子上就能够驱赶害虫。另外将石灰粉或者面粉撒在植物墙的种植基质中也能够达到同样的效果，但是要注意不要将其撒在农作物的叶子上影响作物生长。

对于二者而言，均可以通过植物的搭配来达到驱赶害虫的目的，例如薄荷、万寿菊、鼠尾草、迷迭香、旱金莲等芳香植物都可以驱赶害虫。

不同的农作物有不同的虫害防治办法，需要因地制宜、对症下药。

3.2.5 采摘方法

随着建筑高度的增加，农作物的采摘也具有越来越高的危险性。图3-19为位于意大利的著名高级住宅。在高度分别约111m、79m的相邻两栋楼上，依托于建筑外墙，种植了七百多棵乔木、五千株灌木和一万多株草本植物，由此两栋建筑得名“垂直森林”。建筑没有预留的通道或者平台，专门的工作人员通过绳索悬吊对植物进行维护，维护的危险性非常高，维护的工作人员被为“飞翔的园丁”（the flying gardeners）。

图3-19 意大利“垂直森林”住宅及其植物维护

应当提倡一种“建筑+种植”的设计模式，在建筑设计时便考虑与墙面种植的结合，以一定的形式预留出墙面种植维护所需要的通道或者平台等，使建筑设计更有前瞻性，增加城市墙面种植的可能性，降低墙面种植后期维护的危险性。

1．垂吊农作物、普通竖直生长农作物的采摘方法

垂吊农作物和普通竖直生长农作物的采摘有两种方法。第一种方法是根据“建筑+种植”的设计模式，通过在建筑上设计采摘通道和平台来实现农作物的采摘。例如，荷兰的建筑师提倡一种“城市仙人掌”的建筑设计理念，即为住宅的每一住户延伸出一个绿色空间，居民可以根据自己的喜好进行农作物的种植。

这种建筑向外延伸空间的方法为农作物的采摘提供了思路，比如新加坡WOHA建筑事务所设计的皇家公园酒店（PARKROYAL on Pickering），建筑每层的外延空间都种植有大量的植物，形成起伏的景观效果。还有建筑师提出通过建筑的错层设计来种植植物，这样的设计也为农作物的采摘提供了方便。

第二种方法是通过改变种植模块的位置，将农作物模块移动到人能够便利地触及的位置来实现农作物的采摘，例如新加坡的垂直农场。

新加坡作为绿地覆盖面积为50%的“花园城市”国家，却仅有7%的农作物产自本国，大部分的蔬菜都依靠邻国进口。随着人口不断增长，这个715km^2、常住人口近500万的国家开始思考本土农业发展的新出口。垂直农场项目由企业家吴杰克（Jack Ng）建于2009年，技术名为“轮转生长”（“A-Go-Gro”的种植技术）。其中每个种植塔包含22～26个种植槽，每层种植槽都可以绕着铝金属支架旋转，平均每8h完成一个转动周期。它们以1mm/s的速度自下而上缓慢旋转来确保均匀的光照、气流与灌溉水平，不仅使每层的农作物都能够有充足的光照，并且能够将农作物移动到下面，方便人们采摘。缓慢、匀速、循环式的系统也给收割带来了方便，前来参观的人可以拾起剪刀，混入农夫中，并不需大幅度弯腰即可轻巧地收割可达范围内的蔬菜（图3-20）。

整个系统仅占地60ft^{2}左右，每层架子不断旋转，转到最上面时能晒到日光，温度较高；转到下面时，则温度下降。温差能让蔬果鲜甜。系统通过自动收集雨水形成的水重力系统为模块旋转提供动力，不用消耗额外的电力，之后这些雨水经过过滤又为农作物提供灌溉水。整个系统生态低碳、节约能源，“A-Go-Gro”垂直种植系统的能耗仅仅相当于1个60W的灯泡。最受当地居民欢迎的蔬菜有芥菜、奶白菜、菜心、小白菜。因为蔬菜完全以自然方式生长，其品质也相对较高，产量可以达到常规农业的十倍。以上蔬菜供应到新加坡最大的连锁超市Fair Price，因为食材更加新鲜，所以比进口的蔬菜价格更高。①

---

① 图灵狗. 新加坡垂直农场每天只用60瓦能耗，产量却是常规农业的十倍以上[EB/OL].（2016-11-11）[2023-07-28]. http://www.360doc.com/content/16/1111/23/34805126_605763577.shtml.

图3-20　新加坡垂直农场模块转动系统

2．攀缘农作物的采摘方法

攀缘农作物需要支撑构件且农作物生长高度较高，因此不能利用改变模块位置的方法达到采摘的目的，通常可采取搭建攀爬阶梯或平台的方式实现采摘。在有条件的情况下，可在建筑设计阶段就预先布置采摘通道以满足需求。采摘通道可采用条形栏杆，既能够为攀缘农作物提供支撑，又能够保障采摘的安全（图3-21）。

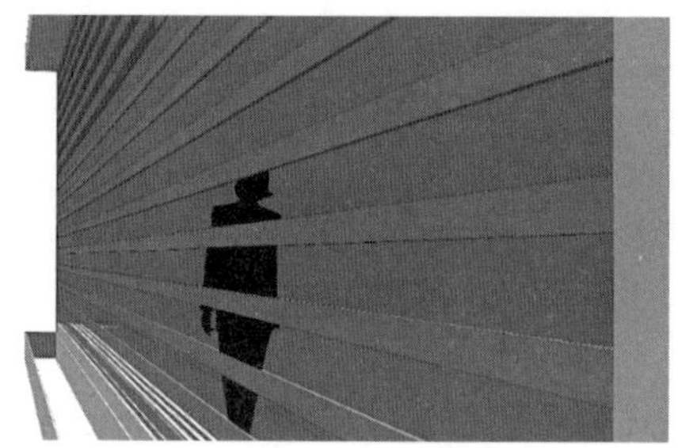

图3-21　采摘通道

3.3　模块化墙面农作物种植造景手法

模块式种植不仅作为墙面种植中立面设计的一个基本单元，也是构建立面空间的一种构成元素。在垂直空间中，单纯的立面形式可以根据平面构成要点来合理安排模块放置，使其有韵律感、有方向感、有构成感，营造出更出色的景观效果。①这些绿化模块利用农作物大小、形状、颜色、质感的变化构建于立面之上，形成具有良好视觉效果的图案和样式。

模块作为墙面种植的一部分，也具有非常高的观赏性。现代城市中很多墙面种植得益于模块特别的造型和新颖的表面。农作物季节性较强，当模块中的农作物体量还较小、观赏性不是很强的时候，增加模块的观赏性就显得十分重要。

① 袁维．模块式绿化在垂直绿化空间中的设计与应用[D]．沈阳：鲁迅美术学院，2013.

3.3.1 不同特性农作物之间的搭配

1. 农作物的不同视觉效果

人认识外部世界的信息中有80% 是通过视觉提供的，这说明视觉是各种感觉中最为重要的因素。①农作物主要通过不同的色彩和形态来向人们传达不同的视觉感受，因而将不同色彩和形态的农作物进行合理搭配形成一定的韵律能够给人带来舒适的景观体验（图3-22）。

图3-22 墙面绿化模块造型

2. 农作物的色彩

不同的农作物有不同的色彩，即便是相同的农作物，在不同的季节和生长阶段也会呈现出不同的色彩。农作物的色彩主要通过叶、花、果的色彩来表现。其搭配原则与方法前文已详细论述，此处不再重复。

3. 农作物的不同形态

农作物的形态千差万别、各有千秋，观赏特性各不相同。就生长特性而言，有的作物攀爬如游蛇，例如豆角；有的作物垂吊如瀑布，例如穿心莲。就分枝来说，有的作物分枝极多，例如辣根；有的作物干净利落，例如大葱。就叶子而言，有的作物叶大如盖，例如甘蓝；有的作物叶如宝剑，例如油麦菜。就果实而言，番茄的果实圆润，而豆角的果实狭长。

在植物的选择中，由实验效果来看，垂吊农作物以及分枝较多或者叶片较大的农作物景观效果更佳。这几类农作物的茎叶覆盖面积较大，对墙面和模块的遮挡更多，尤其对大面积的墙面种植，更加容易成景。相反，分枝较少或者叶片较小的农作物覆盖率较低，景观效果不够丰满，给人的心理感受比较萧条，也不宜大面积成景。因此，可以将较高的农作物品种和较低的农作物品种互相搭配，例如可以将较高的大葱、洋葱、蒜和较低的奶白菜、生菜等搭配（图3-23、图3-24）。

4. 农作物的不同触感

农作物通过不同的质感能够给人传达不同的触觉感受。植物材料的质感是指植物表现出来的质地，比如软硬、轻重、粗细、冷暖等特性（图3-25）。②

---

① 詹和平. 空间[M]. 南京：东南大学出版社，2006：159.

② 胡江，陈云文，杨玉梅. 植物景观设计观念与方法的反思——以植物材料的质感研究为例[J]. 山东林业科技，2004（4）：52-54.

（a）蒜　　（b）小葱　　（c）洋葱

图3-23　分枝较少，覆盖率低，景观效果较差

（a）穿心莲　　（b）奶白菜　　（c）薄荷

图3-24　分枝较多，覆盖率高，景观效果较好

图3-25　不同触感的农作物

植物材料的质感难以量化，但可以根据直观感受进行分类，一般将其分为三类：粗壮型、中粗型和细小型。[①]粗壮型的农作物叶片面积和叶片密度较大，枝干也较粗壮，而且细小的分枝较少；中粗型农作物的叶片面积、叶片密度及枝干粗度都适中；细小型农作物则叶片较少，枝干也细小、密集。按照这个分类，选择若干种适合墙面种植的农作物向城市居民发布调查问卷，将这几种农作物的质感进行了分类（表3-5）。

几种农作物质感调查 **表3-5**

质感分类	农作物名称			
粗壮型	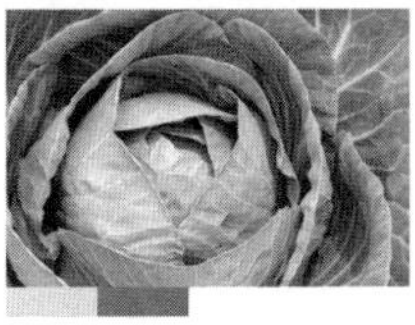			
	甘蓝	生菜	大白菜	芹菜

	番茄	芥菜	叶用甜菜	
中粗型				
	油菜	菠菜	木耳菜	

	油麦菜	奶白菜	大葱	草莓

① 田如男，朱敏．植物质感与植物景观设计[J]．南京林业大学学报（人文社会科学版），2009，9（3）：72-75.

续表

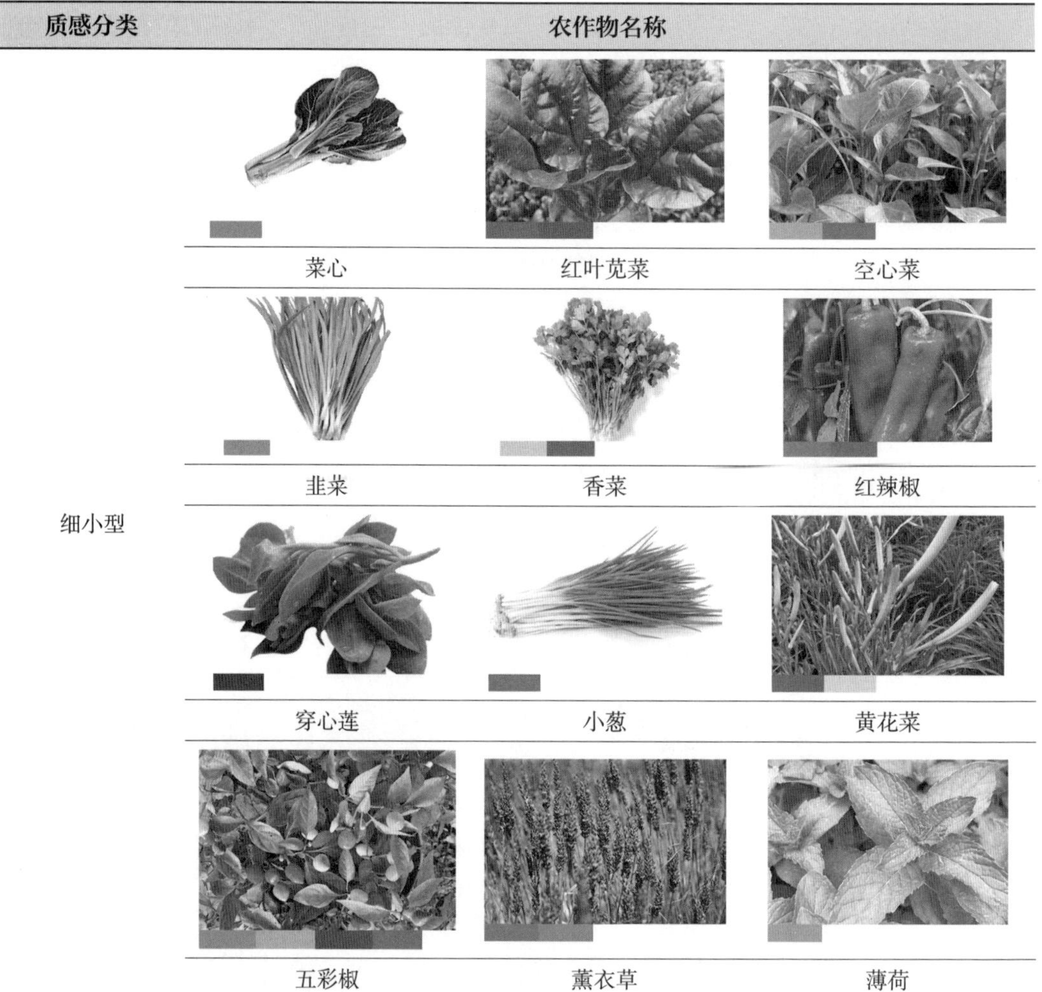

质感分类	农作物名称		
细小型	菜心	红叶苋菜	空心菜
	韭菜	香菜	红辣椒
	穿心莲	小葱	黄花菜
	五彩椒	薰衣草	薄荷

植物的质感由两方面因素决定：一方面是植物本身的因素，即植物的叶片、小枝、茎干的大小、形状及排列，叶表面粗糙度、叶缘形态、树皮的外形、植物的综合生长习性等；另一方面是外界因素，如植物的被观赏距离、环境中其他材料的质感等因素。一般叶片较大、枝干疏松而粗壮、叶表面粗糙多毛、叶缘不规整、植物的综合生长习性较疏松者质感也较粗。①在不同的季节，植物色彩的变化也会影响植物的质感。春季，植物生出的新叶呈嫩绿、鹅黄色，给人轻盈、柔嫩的质感；夏、秋季，植物的叶片呈现墨绿、深绿或红色等，给人以厚重、粗犷的质感。②例如，薄荷属于细小型农作物，生菜属于粗壮型农作物，将这两种农

① 诺曼. K. 布思. 风景园林设计要素[M]. 曹礼昆，曹德鲲，译. 北京：中国林业出版社，1989：108-111.

② 南希·A. 莱斯辛斯基. 植物景观设计[M]. 卓丽环，译. 北京：中国林业出版社，2004.

作物互相搭配，通过不同的质感营造更有韵律、更富有变化的景观效果。而如果将质感相近的农作物搭配在一起，容易使景观效果单一。

不同质感的农作物能够通过视觉给人传达不同的感受，不同质感的农作物互相搭配能够营造不同的景观环境，而且能够给人不同的空间感受。例如，叶片面积和密度大且质感粗壮的农作物会给人紧迫的感受，带来空间尺度变小的感觉；反之，叶片和枝干细小的农作物则能够给人空间尺度变大的感觉。通过对不同质感的搭配，使空间变化丰富、过渡自然。

5. 农作物的不同气味

人类的嗅觉系统对气味有着灵敏的感知分辨能力。城市环境栽培农作物在克服因施肥带来的刺激性不良气味后，可按照农作物自身气味营造适宜的环境氛围。农作物不同的气味能够给人不同的情绪感受，例如，花朵的香味和薄荷的气味能够使人心情振奋，而水果的香味能够激发人的食欲，甚至很多农作物的气味还对人的身体有益。

人类很早就开始了对植物气味的应用，使用芳香植物提取的香水来改变生活环境和自身气味。在园林中也有运用植物的香味进行的芳香园设计，利用不同植物的气味特性在不同的季节拥有不同的香味。

芳香植物是指可以通过叶、花、果、根等各种器官或整株散发出香味，并且兼有一定药用价值的植物类群。[①]芳香植物有四种成分，在医药、食品等方面都有大量的应用。第一，芳香植物顾名思义含有芳香成分，在食品调味料、香水等化妆品中大量应用，目前盛行的芳香疗法也是利用了这一特性；第二，含有药用成分，在医药方面也有很重要的价值；第三，芳香植物还有很多的营养元素，能够入菜；第四，芳香植物还含有色素成分，能够作为染料。除此之外，很多芳香植物形态优美，在园林景观中也有大量的应用，例如日本北海道和法国南部的薰衣草景观都非常受公众欢迎，吸引着世界各地的游客前往观赏。因此，将芳香植物应用到墙面绿化当中有很高的价值。

芳香植物既可以土壤栽培，许多也可以在水中生根，比如薄荷、迷迭香、鼠尾草等，所以很容易进行水培，特别适合在室内种植，既可观赏闻香，又不用担心泥土污染。同时，芳香植物还具有较强的驱蚊虫、驱虫害的能力，适量种植或者与其他农作物搭配不仅创造了景观价值，还可以防治虫害（表3-6）。

还有一些具有香味的农作物属于蜜源植物。蜜源植物能为蜜蜂提供大量的花蜜或花粉。[②]很多蜜源植物是常见的花卉植物，具有很高的观赏价值（表3-7）。

① 邓小凤，李雅娜，陈勇，等. 芳香植物资源现状及其开发利用[J]. 世界林业研究，2014，27（6）：14-20.

② 苍涛，王彦华，俞瑞鲜，等. 蜜源植物常用农药对蜜蜂急性毒性及风险评价[J]. 浙江农业学报，2012，24（5）：853-859.

几种芳香农作物的生长特性　表3-6

名称	生长适宜温度	生长特性
莳萝	18～38℃	半阴、阳光充足
百里香	20～25℃	喜凉爽气候，耐寒，在我国北方，冬季稍加覆土便能够露地越冬；半日照或全日照均可
薄荷	20～30℃	喜温和湿润环境，根比较耐寒，对土壤要求不严
薰衣草	15～25℃	全日照植物；浇水要在早上，避开阳光
碰碰香	0℃以上	喜阳光，但也比较耐阴。喜温暖，怕寒冷，冬季需要0℃以上的温度；喜疏松、排水良好的土壤，不耐水湿，过湿则易烂根致死

几种蜜源农作物的生长特性　表3-7

名称	生长特性	观赏特性
荞麦	一年生草本；喜凉爽湿润，不耐高温旱风，畏霜冻，需充足肥料	观花
油菜	一年生草本；喜冷凉，抗寒力较强，需水较多，要求土层深厚	观花
紫花苜蓿	多年生草本；喜温暖、半湿润的气候，对土壤要求不严，要求土层深厚	观花
红花	一年生草本；喜温暖、干燥气候，抗寒性强，耐贫瘠；抗旱怕涝	观花
紫云英	二年生草本；喜温暖、湿润条件；有一定耐寒能力	观花

3.3.2　不同生长周期农作物之间的搭配

农作物需要采摘，景观周期短，为了保证长期和持续的景观效果，需要种植不同生长周期的农作物进行搭配。农作物包括粮食作物、经济作物、工业原料作物、饲料作物、药材作物等。其中，药用作物包括很多形态优美的花卉植物，并且景观周期较长，例如穿心莲、薄荷、三色堇等作物（表3-8）。生长周期短的农作物被收获以后还有生长周期长的农作物来维持景观效果，被采摘的作物可及时补充，具体方法是在生长周期较长的农作物种植的早期套种短周期农作物（表3-9）。

以下展示了几种农作物的生长实验情况。蔬菜预先在其他花盆中进行培育，待模型制作完成后才将植株移植到矿泉水瓶制作的几种模块中。种植过程中没有施加肥料，作物总体生长较缓慢。

实验种植所选择的农作物都是生活中常见的品种。种植方式分成三类，第一类是从种子开始培育，第二类是直接利用剩余蔬菜的根部进行种植，第三类是用市场买来的蔬菜幼苗进行种植。

几种观赏性强的药用作物　　表3-8

农作物名称	药用价值	观赏特征
穿心莲	清热解毒、消炎、消肿止痛	草本，观茎叶
薄荷	清热解毒、牙龈胀痛等	草本，观叶
三色堇	清热解毒、止咳等	草本，观花
艾草	祛湿、止咳等	草本，观叶

长周期农作物与短周期农作物　　表3-9

农作物特性	农作物名称
长周期农作物	番茄、辣椒、韭菜、芫荽、香菜、葱、芋头、越冬甘蓝
短周期农作物	小油菜、青蒜、芽苗菜、芥菜、青江菜、油麦菜、苋菜、小白菜、蕹菜、菠菜

1．种子培育

第一类种植方式中，由于实验环境和对农作物知识的匮乏，很多农作物的种子并没有顺利发芽（表3-10，图3-26）。

发芽情况　　表3-10

发芽情况	农作物名称
发芽植物	空心菜、奶白菜、黑花生
未发芽植物	豆角、番茄、草莓

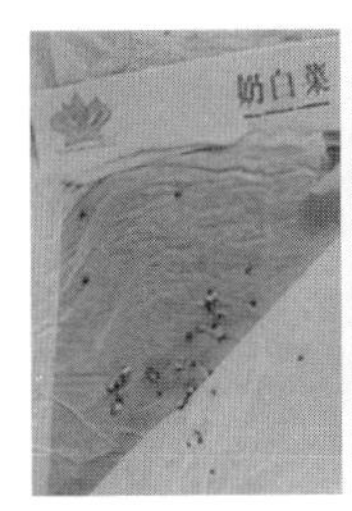

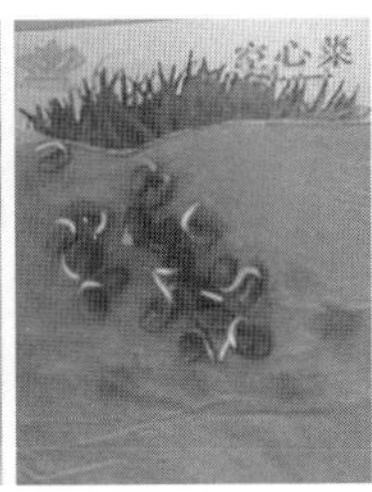

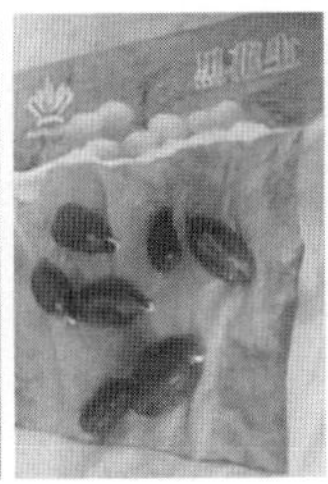
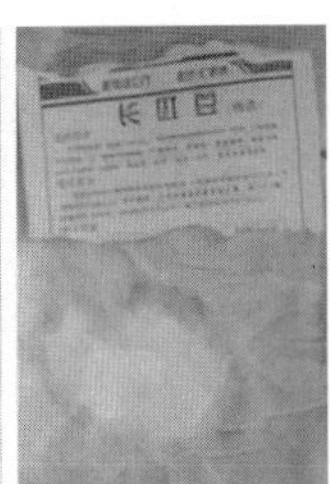

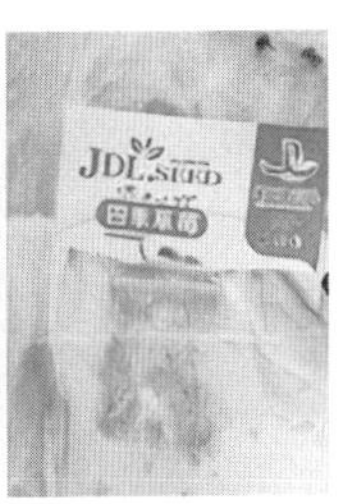

图3-26　种子照片

顺利发芽的农作物中，三种植物发芽所用时间均较短，黑花生破土时间略长。每隔10天时间对实验植物进行一次高度测量。几种植物相比，奶白菜生长速度较均匀，成熟较快，在第七次测量中，奶白菜已经生长良好，可以进行采摘。而黑花生和空心菜前期生长速度较慢，后期生长速度较快（图3-27）。

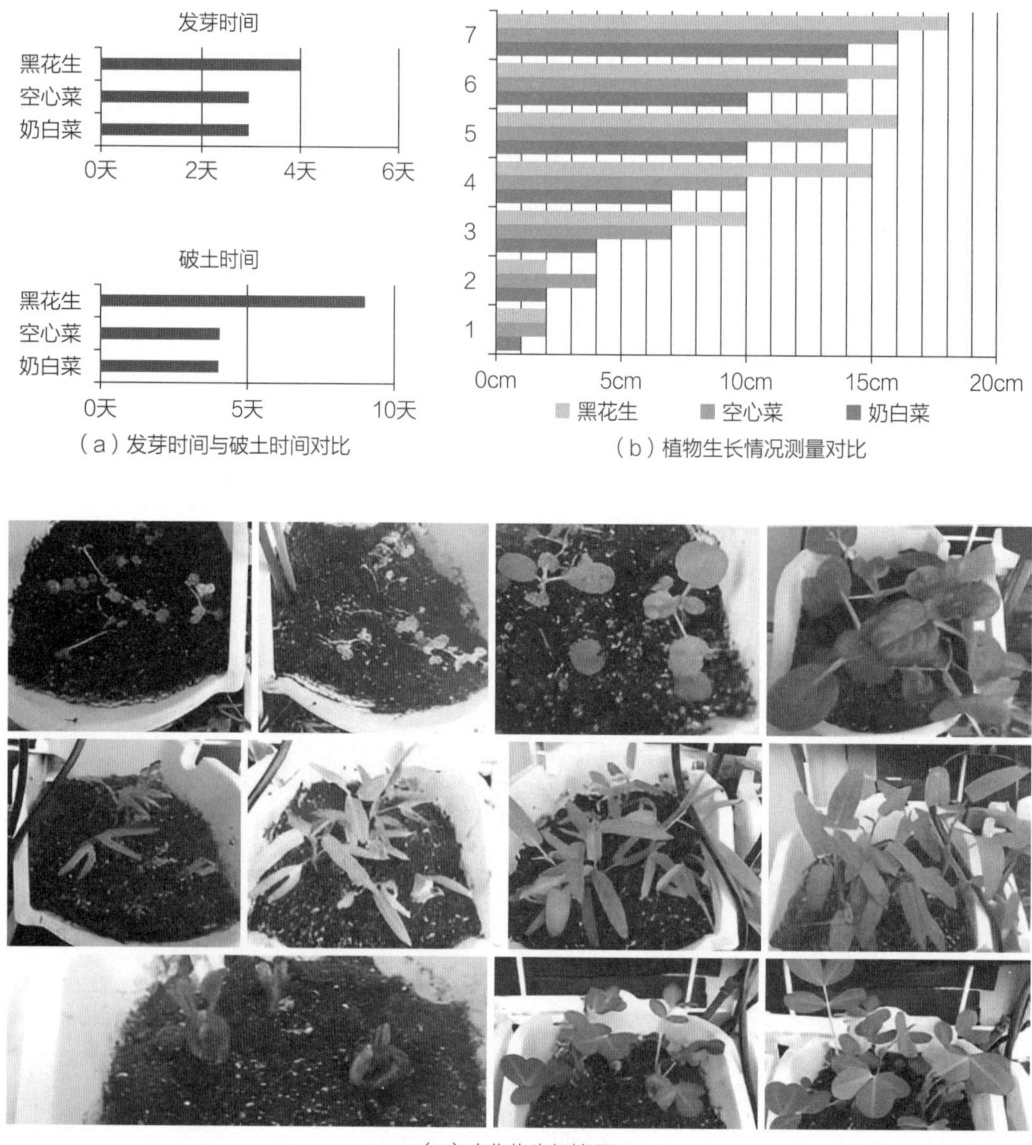

（a）发芽时间与破土时间对比

（b）植物生长情况测量对比

（c）农作物生长情况

图3-27　对发芽作物的观测

2．蔬菜根部再生

第二类种植方式涉及农作物包括芹菜、小葱、蒜、洋葱，都生长良好。这几类蔬菜的种植方法为：每隔10天时间对实验植物进行一次高度的测量。蒜和小葱成熟较快，在第三次测量之后就可以收获了，洋葱在第四次测量时长度就已经高达30cm，而芹菜生长缓慢（表3-11，图3-28、图3-29）。

种植方法　　表3-11

植物名称	方法
小葱	留根部以上2～5cm，根部浸于水中，5～7天后迁至土壤
洋葱	留根部一圈，埋在土壤里
芹菜	留根部以上2～5cm，根部浸于水中，5～7天后迁至土壤
蒜	取一瓣埋在土壤里

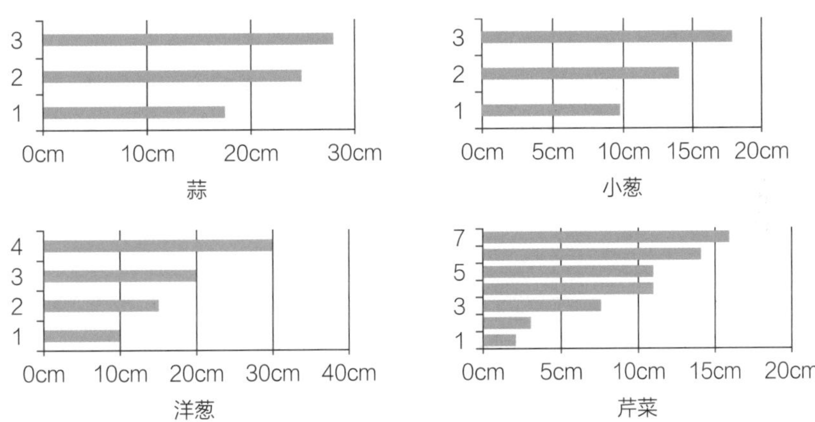

图3-28　植物生长情况测量图

图3-29　培育过程及效果

3．幼苗培植

第三类种植方式涉及农作物包括草莓、穿心莲、薄荷、百里香和鼠尾草。一共测量了4次高度，其中，草莓未成活，穿心莲生长状态最好、生长速度最快，鼠尾草、百里香和薄荷生长速度较慢（图3-30～图3-32）。

图3-30　农作物幼苗

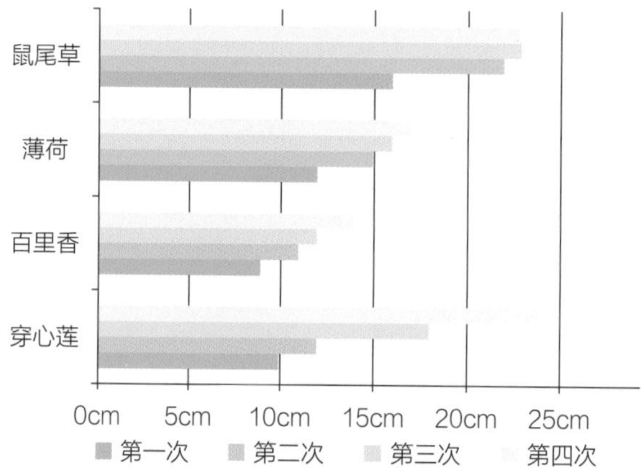

图3-31　植物生长情况测量

图3-32　农作物生长情况

3.3.3 农作物与其他植物的搭配

由于农作物需要经常地采摘和维护，观赏期较短，为了弥补农作物采摘以后的景观效果，可搭配运用农作物以外的一些花卉植物，形成色彩鲜明的景观效果，尤其是与常绿植物的搭配能够形成长期的墙面景观。

随着时间的流逝和季节的变化，农作物除了体量上发生变化，还经历着出芽、开花、果实成熟的循环往复，这样年复一年的生命轮回给人不同的景观感受和心理感受。我国北方冬季寒冷，植物凋零，多数农作物已不能在室外种植，此时常绿植物能够给暗淡的冬日一抹新意。适合北方种植的常绿植物有：罗汉松、五针松、铺地柏、大叶黄杨、瓜子黄杨、海桐、八角金盘、龟甲冬青、雀梅、蚊母、阔叶十大功劳、湖北十大功劳、无刺枸骨、胡颓子、匍枝亮绿忍冬等。

可在墙面绿化中运用的植物品种非常丰富。例如，美国旧金山的爱本卜总部的墙面绿化中使用了玉莲、观音莲等多种多肉植物；新加坡的工艺教育学院总部的墙面绿化则运用了大量的蕨类植物（图3-33、图3-34）。

图3-33　美国旧金山爱本卜总部墙面绿化：多肉植物

图3-34　新加坡工艺教育学院总部墙面绿化：蕨类植物

2010年上海世博会主题馆的墙面绿化在以上条件下最终选择了五种植物材料：六道木、红叶石楠、金森女贞、花叶络石及亮绿忍冬。

4 城市立体农场与城市农业观光带相结合

城市农业观光带是指在现代城市市域范围内，根据自然资源，选用适宜生长、有景观价值的粮食作物、蔬菜瓜果、中草药等植物，结合城市道路、水系等带状空间，利用已有绿地或其他基础设施进行农业种植，形成可供市民及游客观光、休闲、互动的活动场所，以达到农业生产、绿化美化、休闲娱乐、文化传承和科普教育等目的的自然走廊，使农业发展与城市发展有机融合、和谐相处、相互促进。

4.1 城市农业观光带规划建设原则与内容

4.1.1 城市农业观光带规划建设原则

近年来，我国多个城市在关于推动休闲观光农业发展的实施意见中都提出了规划建设观光农业的基本原则：科学规划、有序发展，整合资源、融合发展，量力而行、适度开发，体现特色、示范推进等。我国具有发展都市农业潜力的城市建设用地见表4-1。本书对农业观光带规划建设原则总结为以下四点。

具有发展都市农业潜力的城市建设用地 **表4-1**

不同尺度的可用场地	详细内容
城市尺度	农林用地、公园绿地、广场用地、道路防护绿地与道路绿化带、城市铁道两侧闲置空地、城市高压走廊绿带、闲置土地
社区或单位尺度	居住区/单位附属绿地，居住区/单位配建的道路用地中的绿化带、闲置土地

（1）因地制宜、特色发展

了解当地自然资源、生态环境、人文资源及经济水平，因地制宜地规划建设农业观光带，充分利用当地自然景观、民俗文化、农业特色，开发符合当地艺术文化，适应当地居民向往自然、田园生活多重需求，具有当地特色的农业观光带。

（2）系统规划、保护资源

农业观光带的规划建设是整体性、系统性的，各个产业要合理布局、互帮互助，以形成农业观光带全面、整体的规划发展。同时，农业观光带的建设是以生态保护为前提的，因此在规划建设农业观光带时，应该做到在不破坏当地生态环境的前提下，最大可能地打造原生态的农业氛围。

（3）以农为本、增效增收

农业景观是农业观光带规划的核心内容，在建设规划中应该围绕农业生产过程、游客农活体验、田园风貌和民俗文化，合理规划，引导各区和谐发展，在达到观光游玩效果的同时，也可以收获农产品，实现生态、社会和经济多方面共赢。

（4）创新发展、强化服务

农业观光带是不断探索下产生的新理论，目前对于农业观光带的理论研究还非常少，要勇于创新，大胆地提出创新性的想法和思路，越来越完善农业观光带规划体系，呼吁越来越多的游客居民参与其中，体验农业景观的优美之处。

4.1.2 城市农业观光带规划内容

1. 规划流程建议

总结分析我国城市农业观光带的规划现状，对整体规划建设流程提出以下四点建议。

（1）确立城市农业观光带的建设在城市规划与土地管理法律法规体系中的合法地位，并构建城市农业观光带及都市农业规划的技术标准体系。

（2）由政府引导开展城市农业观光带系统整体及专项规划，确定城市农业观光带的空间布局及定位，推动城市农业观光带均衡发展，加强其与周边其他空间的整合，并与周边基础设施及公共设施综合利用。

（3）由各个单位或团体针对具体城市农业观光带，按照相关的法律法规进行规划设计，并报相关部门审批。

（4）城市农业观光带规划是一个缓慢的过程，并因城市情况的不同而变化，因此，需要随着城市的不断进步与更新，一步一步增进城市农业观光带这一绿色基础设施网络的完整性和可持续性（表4-2）。

农业观光带规划建设内容体系　　表4-2

规划建设内容	具体内容
农业观光带资料梳理	研究项目背景，现状调研，资料整理，分析区位及资源优势
农业观光带主题策划	进行现场资源及历史文化整理，结合规划设计理念，合理策划主题分区
农业景观节点规划设计	充分利用现有资源，结合设计合理规划布局各类园区，可设置农业公园、种植采摘园、大田景观、蔬菜花园等
道路交通体系	利用现有道路资源，设置观光带主干道、次干道、公交游线、骑行道、游步道及规划区域外部交通道路
沿线景观规划设计	沿线农业作物搭配种植，设置相应的建筑小品、景观小品及边界的处理
休闲驿站	参考绿道驿站规划，对农业观光带中配套服务设施进行组合设计，根据规模与服务功能共分为一级驿站、二级驿站、三级驿站三个等级

2．规划涉及的具体内容

（1）资料梳理

针对设计地块先要进行基础资料梳理，要了解地块背景与发展趋势，对区位与周边环境进行分析，对设计地块进行实地调研、直接感受场地现状，寻找场地资源优势等基础信息，再对城市农业观光带进行合理的规划设计。

（2）主题策划

不同城市的农业观光带都应有极具当地特色的观光主题，如德国为保留该地区农业用地提出并实施的“绿腰带”项目，在充分地调研与沟通后，提出了干草方案、菜园方案与森林方案三大主题。所以在设计中，应该通过前期资料的梳理总结，充分考虑当地的场地现状、农业资源分布情况、历史文化底蕴等，结合规划设计的原则、思路与理念，策划各具特色、丰富多彩的主题分区。

（3）景观节点规划设计

在城市农业观光带中包含农业公园、果林种植与采摘体验园、蔬果种植与采摘体验园、大田作物观赏园、蔬菜花园、农业休闲广场等，这些不仅具有观赏功能，还具有体验与生产功能的田园景观节点。在设计中要结合前期现场调研，对场地内所包含的景观节点、园区，择优保留，并加入多种形式的景观节点，丰富农业观光带园区种类、形式，丰富游客居民的参与体验形式。

（4）道路交通体系

道路是连通城市中农业观光带节点的纽带，可分为供机动车行驶的主干道，连通农业观光带主轴与各个景观节点的次干道，禁止机动车进入的提供游步、骑行的慢行道路系统，亲近农田、休闲观赏的架空木栈道，便民的公交游线以及规划区域外部的交通道路。在设计时，应充分利用场地现有的道路交通体系，划分不同等级的道路，连通城市农业观光带的各个节点，为市民游客提供便捷舒适的交通游线。

（5）沿线景观规划设计

城市农业观光带的景观风貌较一般城市景观有所不同，本质的区别在于种植作物的选择。农业观光带中以农业作物为主，适当搭配景观植物，不仅在尺度层次上大小、高低搭配种植，在季节与色彩变化上也要合理搭配种植。其次，选用并搭配设置符合当地特色的建筑小品与景观小品，可在沿线景观中起到画龙点睛的作用。最后，在长距离的农业观光带中，场地内部与外部的边界处理，以及各个园区、广场的边界处理，也将影响着农业观光带的沿线景观效果。

（6）休闲驿站

城市农业观光带的休闲驿站是为农业观光带使用者提供中途休憩、补给、调整、更换交通形式等服务的场所，在农业观光带中承担着主要的服务功能，是重要的组成部分。

可参考借鉴绿道中驿站的规划设计，对农业观光带中的配套服务设施进行组合设计，如服务中心、管理处、交易市场、零售、分类回收垃圾箱、卫生间、座椅、自行车租赁、公用电话、医疗点、安保站、标示标牌等各具功能的服务设施。其中，交易市场是为市民游客提供进行新鲜蔬果交易的场所，应结合驿站设置，选择农业资源较为集中、较为丰富，且交通较为便利的地点，既方便、节省农业作物生产者的运输及费用，还让市民游客在游览观光的同时就能品尝新鲜的蔬果。

根据规模与服务功能，休闲驿站共分为三个等级：一级驿站主要具有农业观光带管理、大型综合服务、交通换乘等功能；二级驿站主要具有自行车租赁、小型综合服务、交易市场等功能；三级驿站主要具有休憩、零售等功能。

4.1.3 城市农业观光带的空间要素

城市中农业观光带包括点状空间、面状空间、线状空间。

1．点状空间

农业观光带中，点状空间是指整体空间中的景观小节点，布局在观光带不同的场地中，以点元素的形式出现在其中，调节着长距离带状空间的韵律和节奏。

点状空间一般是以广场、花园的形式出现，利用形态各异、色彩丰富的瓜果蔬菜以及乔灌木或模拟乔灌木层的农业作物，营造内容丰富、形式多样的景观空间，形成富有吸引力、极具特色的节点空间。

2．面状空间

农业观光带中，面状的农业空间是农业观光带中的另一种空间形式，也是一个开敞的、较为平坦的、面积较大的空间，有序地布局在观光带中，同样也起到调节空间韵律与节奏的作用。

利用面状空间的开敞性等特点，使用大面积平铺式种植方式，选择种植油菜花、向日葵、薰衣草等色彩鲜明、意境优美的作物，或大面积采用蔬菜大棚种植，形成视觉冲击力强的、观赏性强的、吸睛度高的面状空间。

3．线状空间

线状空间（也可称为绿廊空间）是构成农业观光带的基础，它连接着一个个点状空间和面状空间，为人们提供环境优美、景色宜人的移动空间。

线状空间或者是绿廊空间，是一个节点通向另一个节点的通道，在作物配置上，既要发挥农业作物的观赏性，也要考虑市民游客所需的遮阴性，可以以高大果树与观赏性树木作为行道树沿路种植为主，再配以低矮的蔬菜瓜果等搭配形成层次丰富的景观。

4.1.4 城市农业观光带的农业作物种植

农业作物虽然单体种植不如园林观赏性植物造型优美，也很少有色彩丰富的花朵，但作为另一种审美范畴的事物，农业作物与生俱来的蓬勃旺盛的活力及清新而质朴的气质却能给人别样的情景感受。

1. 种植原则

首先是因地制宜，主要种植适宜当地生长的乡土物种，可适当引入少量适生的外来物种，搭配种植。根据植物的生长喜好，不同地区作物的选择也不同。例如，在对北京地区调研的过程中发现，番茄、韭菜、大葱、黄瓜、甘蓝、萝卜、青椒非常受城市“农夫”的欢迎。在玉渊潭屋顶农园种植过程中，通过实验初步验证了，最终产量及质量都很好的，就是这些易存活、适应地区气候的作物。所以，充分了解作物习性，因地制宜地选择作物是极其重要的。

其次是景观效果与经济效益相结合，农业观光带的种植植物应尽量选择兼具观赏性与经济性双功能的植物。如在选择乔木树种时可用观赏性强的果树代替寻常园林树种，一种或多种果树结合搭配种植；在其林下空间可以搭配各类蔬菜瓜果种植，起到美化、丰富层次的效果。果树最好选择观赏性强的，春季可观花，秋季可观果；林下空间的蔬菜瓜果可以将观赏性蔬菜与实用性蔬菜相结合，在获得优美独特的景观效果的同时，也有一定的经济效益。

再次，要做到观光体验与科普教育相结合。例如，给观光带中所种植农业作物挂上标牌，标明每种农业作物的基本情况、产地分布、栽培特点、生长习性等；或设立科普教育地块与专项展览馆，设立展板讲解、多媒体介绍以及人工介绍，科普知识的同时还带有趣味性。

最后，植物种植要以人为本，满足市民游客的需求。学习传统园林的设计手法，运用农业作物进行空间围合与分割，营造各类市民游客活动所需的多种空间，如封闭式、半封闭式、开敞式等；同时，通过农业作物的种植可以充分向市民游客展示不常作为观赏植物的农业作物却有着它多面的、独特的美感，打造一个集生产性、娱乐性、文化性、教育性、科学性于一体的优美环境，以满足市民游客多方面的需求。

2．季相设计

农业作物在不同的季节、不同的时期会有着各式各样的景观，设计时只有充分、全面地考虑不同农业作物在不同地区种植的生长习性，才能更灵活地使农业景观多样化。

蔬菜作为农业作物中基本要素，充分利用它的生长习性，同样可以得到季相色彩的丰富变化。蔬菜一般生长期为3～4个月，一年中同一块土地便可轮流种植两、三轮不同的作物。例如，夏白菜与大蒜轮种。夏白菜一般是5月上旬到8月上旬播种，陆续收获到10月；大蒜一般是9月底10月初播种，到次年5月中下旬收获。利用这两者播种收获的时间差进行轮种，既节约了土地，也有利于土壤中养分的均衡消耗以及减轻病虫杂草的危害，同时也使得观光带中农业作物四季种植不停地变化，产生动态的景观效果（图4-1）。

果树的种植不仅可以观花还能观果，也能在春秋两季给观光带带来景观的变化。在种植设计中，设计师需要充分了解观光带当地各类瓜果树木开花结果的时间，并可与其他观赏性树种搭配种植。如常见的桃树和柳树的配合，樱花、海棠、李树、杏树的搭配，都可以使观光带的景观无论是画面还是季相都有丰富的变化（图4-2）。

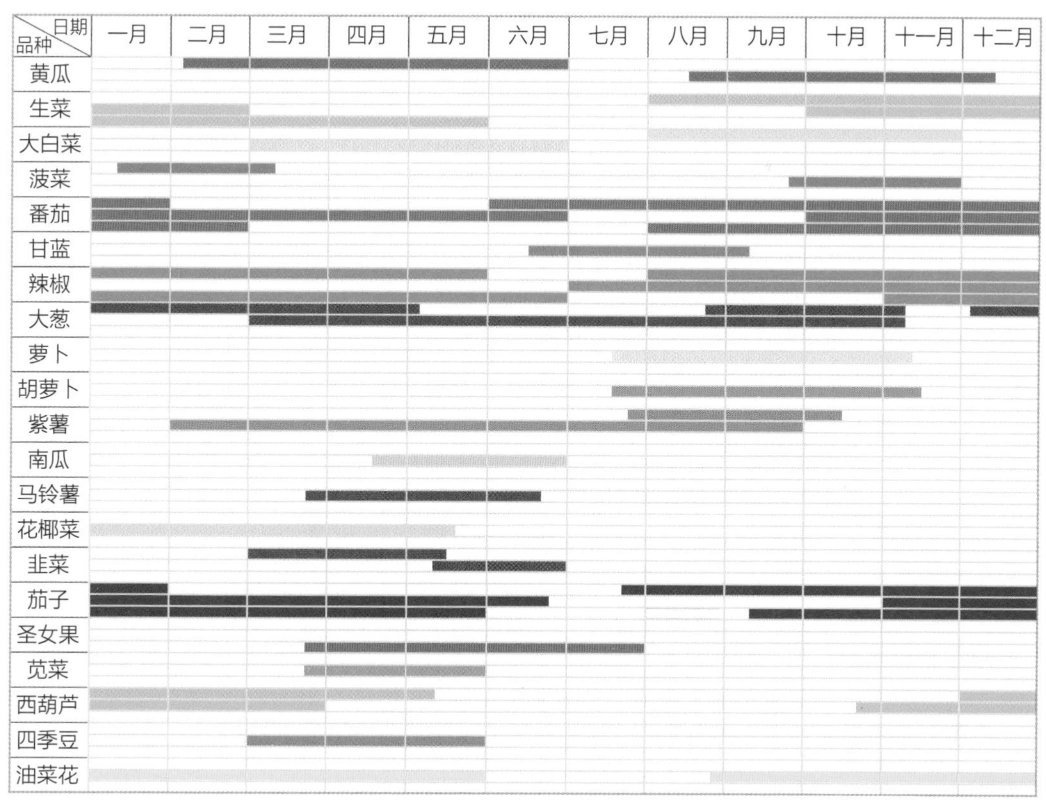

图4-1　蔬菜类农业作物色彩季相图

品种＼日期	一月	二月	三月	四月	五月	六月	七月	八月	九月	十月	十一月	十二月
西瓜												
草莓												
葡萄												
梨子												
苹果												
柿子												
海棠												
樱桃												
山楂												
石榴												
桃												

图4-2　瓜果类农业作物色彩季相图

4.2　农业观光带规划设计实践——以北京大兴庞各庄为例

北京大兴区的新城规划（2005—2020）按照“一心、六篇、三组团”的空间布局结构，建设具有生态特色的宜居新城（图4-3）。

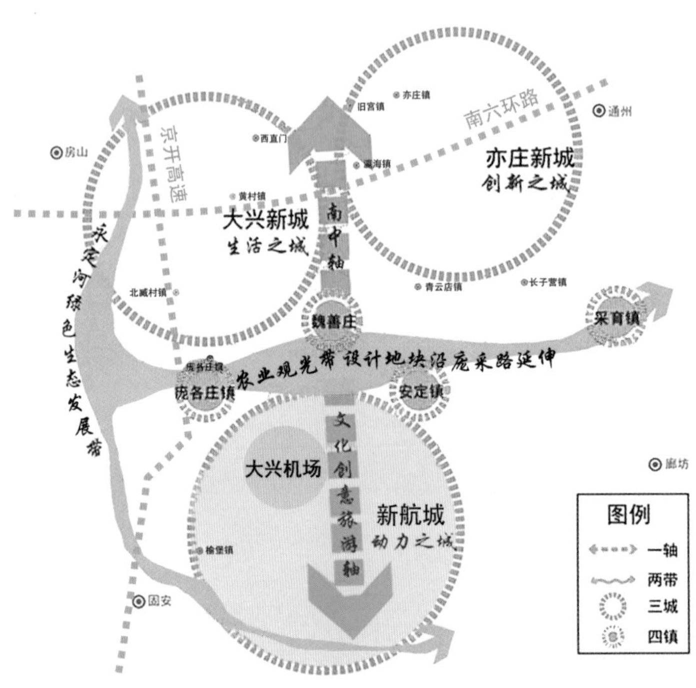

图4-3　新机场区位图

庞各庄农业观光带是一条将都市采摘、文体休闲、生态旅游资源高度整合在一起的，集观光游览、休闲娱乐、采摘体验为一体的农产品旅游产业带。

其规划设计地段位于大兴区中部的庞各庄镇，相邻京开高速沿线和永定河绿色生态发展带，向北距北京市二环路28km，驾车约30min；距离大兴区新城核心区8.7km；距离大兴国际机场12km。

地段沿庞采路向东延伸，规划长度约10km。现状道路为双向两车道，两侧种植行道树，行道树外侧是成片的农田与蔬菜大棚，以种西瓜、草莓为主，兼种各类蔬菜，还分布着多处蔬果采摘园。

1．农业观光带规划总平面

庞各庄农业观光带以庞安路为规划主轴，保留现有的农业观光园、蔬果采摘园、博物馆及展览馆，再添入新形式、新元素，融合当地悠久的西甜瓜文化、农业种植等特色资源，根据农作物种植分布划分主题区域，并增设农事体验园区、农业文化展示中心及休闲娱乐公园等景观节点，充分打造具有创新意义的农业观光带。

规划“农业为主调，观赏为基调，休闲体验为特色”的景观空间；充分展现“回归自然”的主题，营建集休闲、运动、体验、科普于一体的休闲观光、科普教育基地。

2．农业观光带主题分区策划

将观光带区域内分为“瓜果风情、缤纷蔬果、大田海洋、世外果园”四大形象主题（图4-4）。根据场地现有农业资源所设定的每一个主题区内，都包含游客服务、蔬果田园观光、农事活动体验、文化民俗科普、慢行系统运动等功能。

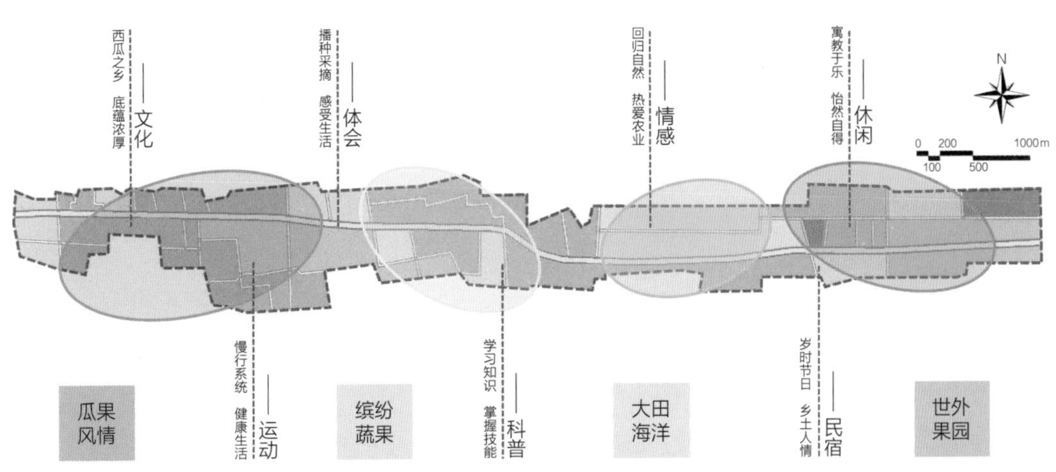

图4-4 规划设计方案功能分区图

将庞各庄农业观光带打造成同时具有“休闲观光、体验生活、文化传播、科普教育、健康运动”五大功能的农业观光带，为北京市民带来亲近自然、了解自然的好去处。

3．道路交通体系规划

庞各庄农业观光带的道路交通体系规划包括：①重点美化、特色化东西两侧两个主要出入口道路及入口广场，增强观光带范围内的识别性以及提高农业观光带对外的知名度；②规划建设合理、完善、便民的道路系统，设定不同等级、不同功能的各类交通道路，如以机动车为主的观光带主干道庞安路，连接主干道与各个景观节点的观光带次干道，禁止机动车入内的观光带慢行道，以及供人们接近乡野但又不影响生物活动的架空木栈道；③遵循现有道路保留性原则，修缮原有的田间小道，保持其质朴自然的风貌；④对原有公交线路的兴50路与841路加以利用并完善，为公交出游的游客提供便利；⑤完善观光带区域内配套的道路设施，其中，在观光带东西两端入口设有2个大型集散停车场，观光带中部不同景观节点设有6个小型停车场。

4．农作物选择

城市农业的农作物种植要因地制宜，根据当地的自然气候条件与绿化景观要求等因素共同决定。

在这里根据北京的气候因素，选择了不同尺度、观赏性强的作物，有甘蓝、辣椒、苋菜、向日葵、油菜花、梨树、桃树、苹果树等。

5．景观风貌

考察分析设计地块现有的农业资源，并对现存的农田、瓜田、果林、大棚等景观元素加以整合，通过合理的规划设计，让整条观光带处处有景可赏，不同地块景色各异、相互呼应、和谐有序。

春季的观光带，场地东侧果园里玫红的桃花、雪白的梨花、淡粉的苹果花竞相绽放，色彩丰富、繁花似锦；道路两侧的农田里，农夫、租客忙碌地耕种着各种蔬菜、瓜果；在一片片金灿灿盛开的油菜花田中，回荡着游客们的欢声笑语。放眼望去，尽是春意盎然、生机勃勃的春日景观。

夏季，西甜瓜成熟的季节，也是西甜瓜节开幕的时候，各地游客纷纷前来采摘品尝；朝气蓬勃的向日葵开得正旺，大量游客聚集拍照，在葵花迷宫里玩得不亦乐乎；大片的稻田与麦田已初长成型，创意稻田景观描绘着一幅幅画卷，大田观景台上游客也是络绎不绝；道路两旁初春种下的黄瓜、韭菜、番茄、辣椒等蔬菜瓜果，也结出了果实，供人观赏，待人采摘。夏季是游客出行的旺季，观光带巧妙地运用农业作物打造新景观，增加游客的出行乐趣。

秋季是丰收的季节，也是植物、农作物颜色最丰富的季节，果树上挂着粉红的桃子、嫩黄的梨子、红彤彤的苹果，色彩丰富、硕果累累；大田海洋里成片的麦田、稻田，微风拂过，掀起一层层金黄的麦浪；道路两侧农田里的农夫忙碌地收割粮食、采摘蔬果，放眼望去，满满的都是秋日收获的景象。

经过了三季的种植、成长、收获，蔬菜果实陆续被采摘收获。进入冬季，天气转凉，大部分土地进入休息状态，但农田本身的肌理还在，被大雪覆盖后的一条条肌理，也不失为一种景观。同时，在这个时期蔬菜大棚就格外显眼了，蔬菜大棚、温室里的种植还在进行，让观光带在冬季也显得生机勃勃（图4-5）。

6．边界的处理

带状景观的边界可以联系协调场地内外的关系，也可以调节场地内外景观的干扰与冲突，在边界形式的设计中要考虑场地内外的景观关系、边界立面高度的选择、视觉效果清晰度的变化以及不同质感材质的对比等（图4-6 ~ 图4-9）。

在边界处添加晾衣竿，不仅解决了晾晒难的问题，还可以改变行人视线。不同时间的视线效果都是不同的，因为人们晾晒的行为是无法预知的，所以这里营造的视线效果，可能是开敞的，可能是若隐若现的，也可能是封闭的（图4-10、图4-11）。

用藤蔓绿篱农作物作边界，形成围合空间，既能增加植物品种，也能软化硬性边界（图4-12、图4-13）。

7．休闲驿站设计

在庞各庄农业观光带规划设计中，在不同主题内部设有多种休闲活动项目，主要有田园观光类、体验类与科普教育类。

在其中共设有一级驿站2个，二级驿站3个，三级驿站10个。一级驿站，主要分布在城市农业观光带的出入口、大型节点、人流集散处，为前来游玩的游客市民服务，设有游客服务中心、公共停车场、自行车租赁点、公共卫生间、休憩餐饮空间、警卫站、医疗点、消防点等。二级驿站，主要分布在公园、体验园、采摘园等人流聚集处，为观赏体验的游客市民服务，设有小型公共停车场、自行车租赁停靠点、新鲜农产品交易市场、公共卫生间、公共电话、用水点、管理室等。三级驿站，沿农业观光带灵活分布，主要服务于骑行与步行游客，设有零售店、休憩点、自行车停靠点、问讯处等。

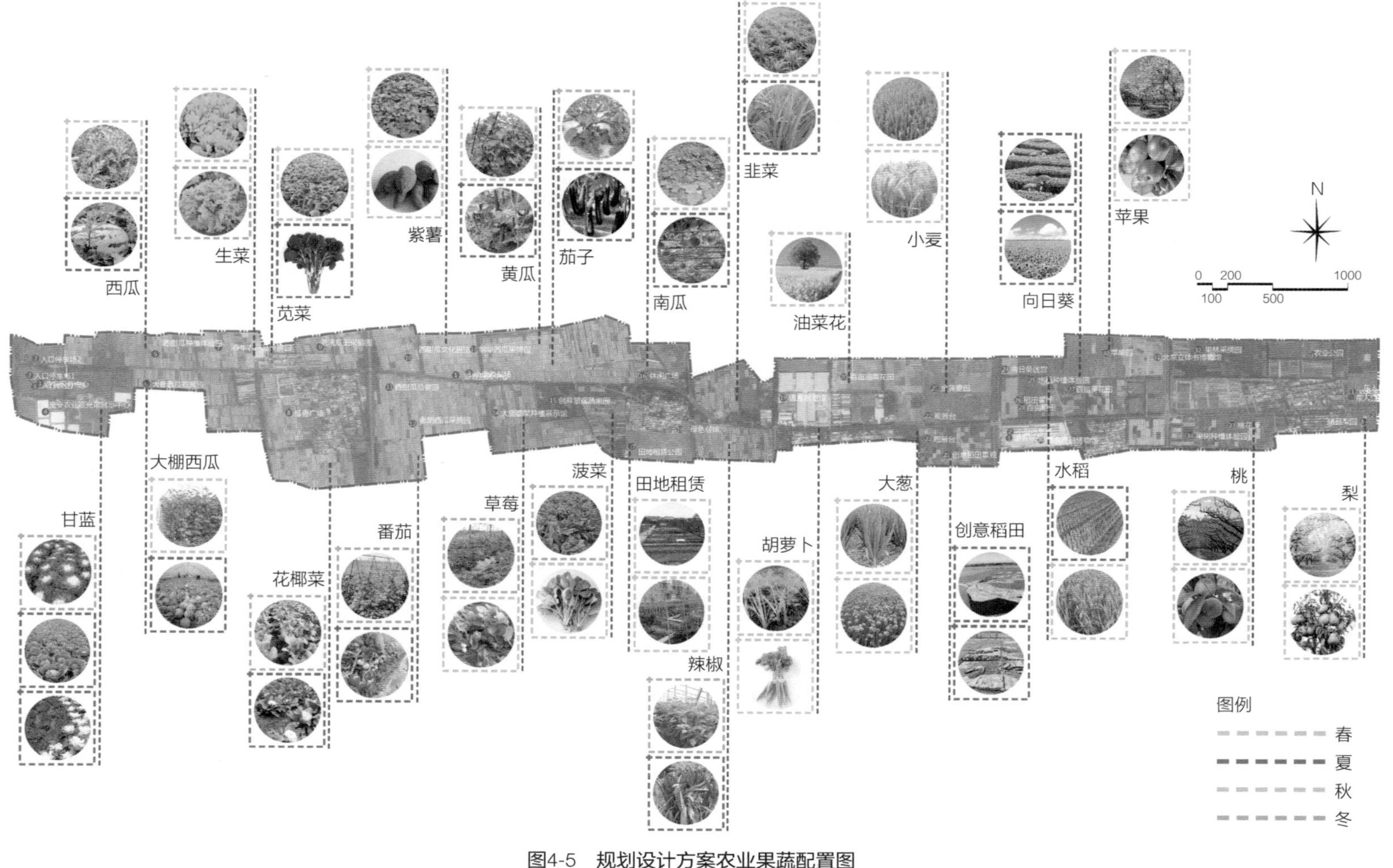

图4-5 规划设计方案农业果蔬配置图

图4-6 篱笆形式——开放视野

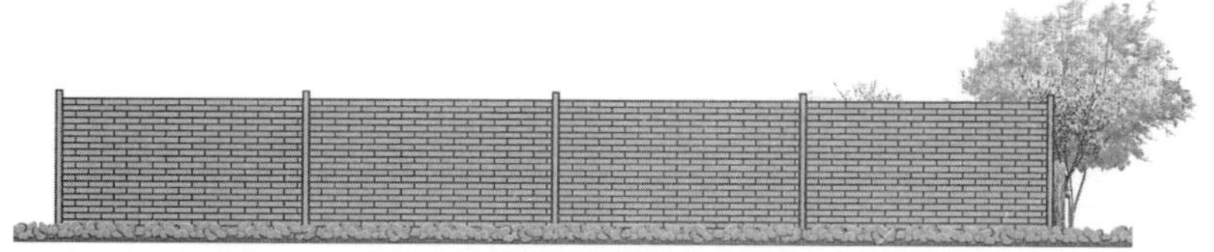

图4-7 墙体形式——封闭视野

图4-8 栅栏形式——开放视野

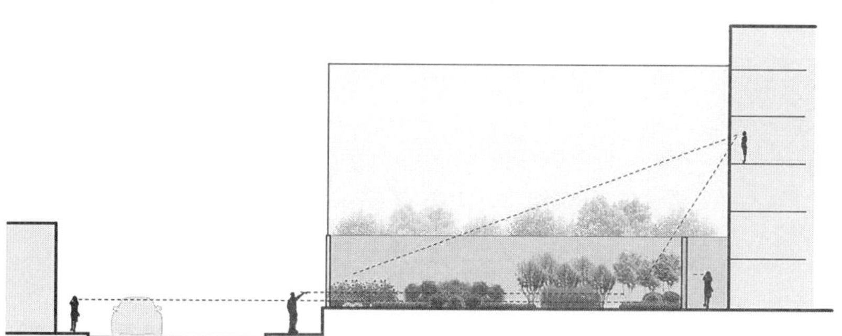

图4-9 视线分析图

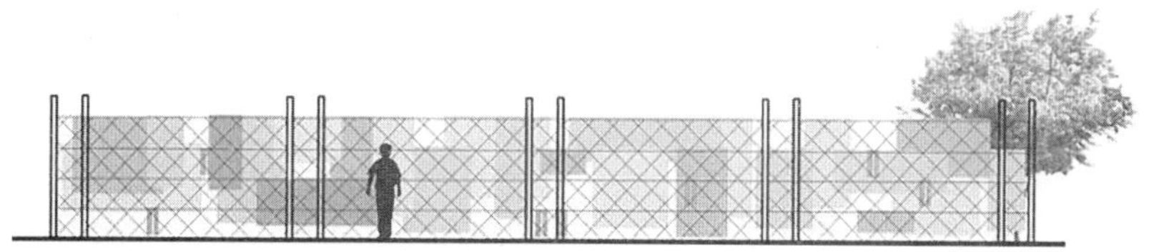

图4-10 立面示意图

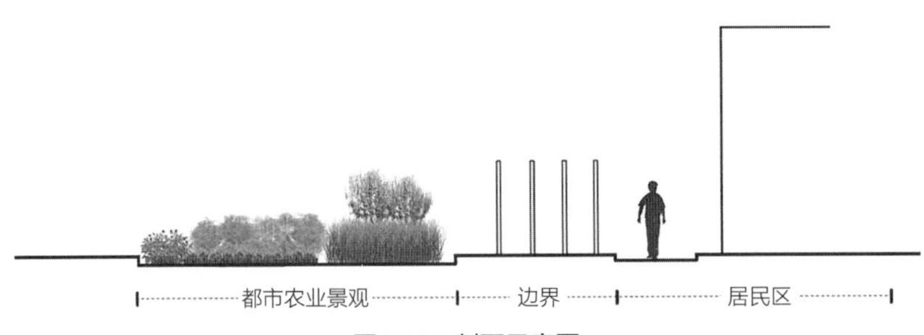

图4-11　剖面示意图

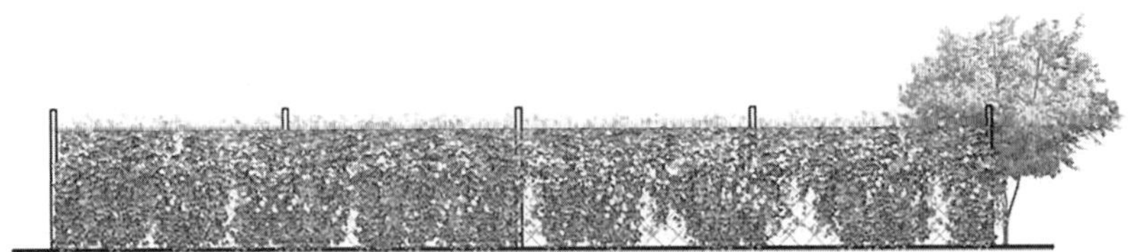

图4-12　藤蔓围合立面示意图

（a）立面

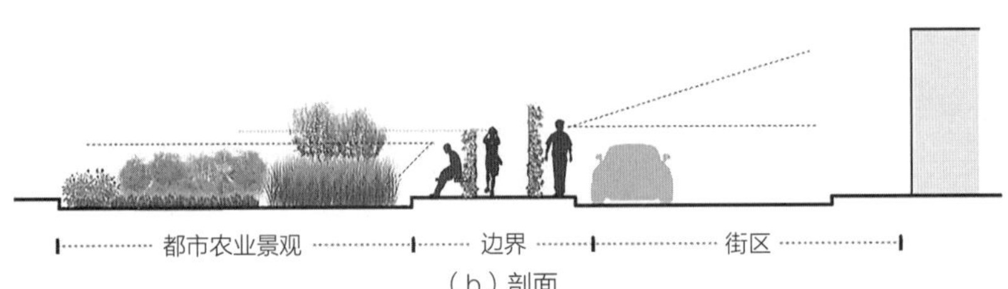

（b）剖面

图4-13　以藤蔓绿篱作边界围合

5 城市立体农场设计竞赛方案

5.1 竞赛概述

Vertical Farming，直译为“垂直农业”，引申为“城市立体农场”，以这一概念作为“Vertical Farming城市立体农场国际大学生建筑设计竞赛”的核心理念，缘起于博德西奥（BDCL）国际建筑设计有限公司（简称博德西奥）合伙人——建筑师Scott Romses先生设计的“收获绿色（Harvest Green）立体农场”方案，该方案因采用多项农业和环保领域的先进技术获得了“挑战温哥华2030设计大赛”一等奖。

2011年，博德西奥（BDCL）国际建筑设计有限公司与北方工业大学共同发起举办了“Vertical Farming城市立体农场国际大学生建筑设计竞赛”。该竞赛以“城市立体农场”为主题，提出了一个关于未来农业与建筑和城市关系的严肃课题，倡导在可耕地不断减少、污染问题日益严重、城市化进程加剧的大环境下，在城市当中探索新型农业生产模式，以解决未来粮食供应、资源优化和人类生存之间的矛盾和问题。竞赛面向世界范围的大学生，不限专业背景，旨在激励年轻一代关注前沿课题，发挥创造才能，思考解决措施。

竞赛评委会由发起单位的设计师和教授组成，特邀农业专家、设计师、专业刊物负责人、相关研究组织代表等参加。该竞赛的最终目的是为现实的社会问题寻求解决方案，因此，评委们在关注创意和艺术表现力的同时也非常注重参赛方案的可实施性。同时，城市立体农场是一个涉及多个领域的综合性课题，评委们希望看到越来越多的跨界合作与尝试。

竞赛每两年举行一届，在单数年发布竞赛题目、征集参赛方案，在双数年进行评选、公布获奖作品并进行展览，迄今已举办4届，吸引了全世界数十所大学的上万名本科生、硕士生、博士生参加。博德西奥作为北方工业大学的实践实训基地，在参赛学生的后续培训方面也发挥了积极的作用，竞赛获奖学生被列入博德西奥校园招聘计划候选人才，为他们提供实习和就业机会。

“城市立体农场”的建设仅靠设计公司和学校的努力是远远不够的，还需要农学、农业经济学、建筑学、经济学和公众健康学等各学科的科研力量协同作战，更需要政府和地产开发企业的政策、资金支持。希望通过这一竞赛引起社会对生态问题和城市化问题的关注，吸引更多有识之士加入到保护环境、拯救地球的行动中来（图5-1）。

第1届竞赛主题为“一起改善城市未来——北京798区的垂直农业”，于2011年8月正式公布竞赛题目并接受报名，截至9月30日收到全国及海外共500个团队的报名资料。11月26日，在北方工业大学举行了设计竞赛交流会，共有5位专家和竞赛评委就城市立体农场在全球的发展动态、中国粮食供给问题、798艺术区的发展规划、工业遗产保护现状等主题进行

图5-1 首届城市立体农场竞赛注重对外宣传和交流

了演讲并与参赛学生进行现场交流。演讲嘉宾有城市立体农场设计专家Scott Romses先生、饲用微生物工程国家重点实验室副主任王安如博士、北京798文化创意产业投资股份公司副总经理刘钢、中国建筑学会工业建筑遗产学术委员会副秘书长李匡、博德西奥亚洲部总裁张玮。成果提交截止日期为12月31日，共收到144份正式成果。2012年3月底至4月初，竞赛评委一起评出了14项入围作品。4月21～28日在竞赛官网上进行了公示，在公示期间有1份作品被举报较大篇幅地引用了国外已有的设计作品，经审核后取消了入围资格。5月4日，在北京798艺术区举行了竞赛颁奖典礼和获奖作品展览。13项入围作品的名次最终揭晓，其中一等奖1项、二等奖1项、三等奖2项、佳作奖9项。北京798艺术区、中国建筑学会工业建筑遗产学术委员会、大北农集团对竞赛给予了大力支持，《工业建筑》《UED城市·环境·设计》《建筑学报》、筑龙网等媒体对本届竞赛进行了报道（图5-2）。

图5-2　首届竞赛颁奖典礼和作品展示

第2届竞赛主题为“城市中心区的立体农场”，2013年9月公布竞赛题目并接受报名，至10月31日报名截止日之前，共有266组、1300多名学生报名，报名学生来自国内外近百所高校。12月3日，在北方工业大学举行了设计竞赛交流会，评委会中的4位评委张玮、Scott Romses、贾东、张勃参加了交流会，与来自各校的参赛师生进行了交流。交流会采取网上微博图文直播的方式对外进行同步播放、进行文字问答互动，包括《风景园林》《世界建筑》等多家专业刊物和媒体进行了现场采访报道。博德西奥（BDCL）国际建筑设计有限公司和北方工业大学（NCUT）建筑工程学院在交流会后签署了联合成立城市立体农场研究中心的合作协议（备忘录）。12月31日为参赛成果提交截止日期，共收到74份作品。经评委会评审，共评出入围作品16项，鼓励奖15项，于2014年5月20～30日进行了公示，在公示期间通过反馈意见和评委会认真比对，取消了2项作品的入围资格，最终入围作品为14项。2014年6月27日，在北方工业大学举行了颁奖典礼和获奖作品展览，14项入围作品的名次逐一揭晓，一等奖2项，二等奖2项，三等奖2项，佳作奖8项，学校时任党委副书记郭玉良等嘉宾为获奖团队颁奖。参赛方案积极探讨了未来农业、养殖业、畜牧业如何与城市发展相适应的问题，充分体现了当代大学生对当今和未来日趋尖锐的人类生存与传统农业之间关系的关注和思考（图5-3）。

第3届竞赛主题为“新生活·新城市·新农业——将农业带回城市新区”，2015年10月公布竞赛题目并接受报名，至12月31日报名截止日，共有514组、2000多名学生报名，报名学生来自国内外近百所高校。11月30日，在北方工业大学举行了设计竞赛交流会，北京农学院李华教授、北京市农业技术推广站朱莉副站长、中国农业科学院杨庆文研究员、博德西奥（BDCL）国际建筑设计有限公司中国区白秦鹏董事长等专家、评委进行了学术演讲，并与参赛师生代表进行了交流。交流会采取网上微博图文直播的方式对外进行同步播放、进行文字问答互动，《风景园林》《建筑技艺》《世界建筑》《UED城市·环境·设计》及世界园林网等多家专业刊物和媒体进行了现场采访报道。2016年4月15日为参赛成果提交截止日期，共收到111份作品。经评委会评审，共评出入围作品23项，鼓励奖44项，于2016年5月20～30日进行了公示，在公示期间通过反馈意见和评委会认真比对，取消了2项作品的入围资格，最终入围作品为21项。2016年10月28日，在北方工业大学举行了颁奖典礼和获奖作品展览，揭晓了入围作品的名次，一等奖1项，二等奖2项，三等奖3项，佳作奖15项。与会嘉宾北方工业大学副校长胡应平、博德西奥（BDCL）国际建筑设计有限公司董事长白秦鹏、中国农业科学院农业专家杨庆文、《建筑技艺》主编魏星、《UED城市·环境·设计》执行主编柳青以及《世界建筑》、《风景园林》、美国伊利诺伊大学芝加哥分校MPA项目等各方的代表，与参赛师生济济一堂。颁奖礼之后，进入学术交流环节，竞赛评委、中国农业科学院农业专家杨庆文先生为与会师生作了学术报告，分析了当前农业与城市的关系问题及今后的发展动态。竞赛评委傅凡为师生们分析了评委会对本届获奖作品的评价。获得佳作奖以上的各竞赛组代表逐一介绍了本组参赛作品的设计理念和要点。下午，全体参赛师生一同前往博德西奥（BDCL）国际建筑设计有限公司办公地点参观和座谈，并正式启动获奖作品建造营活动（图5-4）。

图5-3　第2届城市立体农场竞赛

图5-4 第3届城市立体农场竞赛

第4届竞赛主题为“新农业·新城市·新场景——北京首钢老厂区更新”，2017年5月公布竞赛题目并接受报名，至10月15日报名截止，共有来自国内外59所高校395组、近2000名学生报名。11月1日，在北方工业大学举行了设计竞赛交流会，北京农学院李华教授、北京市农业技术推广站朱莉副站长、中国农业科学院杨庆文研究员、博德西奥（BDCL）国际建筑设计有限公司中国区白秦鹏董事长等专家、评委进行了学术演讲，并与参赛师生代表进行了交流。交流会采取网上微博图文直播的方式对外进行同步播放、进行文字问答互动，《风景园林》《建筑技艺》《世界建筑》《UED城市·环境·设计》及世界园林网等多家专业刊物和媒体进行了现场采访报道。12月15日为参赛成果提交截止日期，共收到127份作品。经评委会评审，共评出入围作品15项，鼓励奖57项，于2018年3月1～10日进行了公示。2018年3月30日，在北方工业大学举行了颁奖典礼和获奖作品展览，揭晓了入围作品的名次，一等奖1项，二等奖1项，三等奖1项，佳作奖12项。由北方工业大学王建稳副校长、中国舞台美术学会曹林会长、博德西奥（BDCL）国际建筑设计有限公司白秦鹏董事长等为获奖团队颁奖。7月31日～8月12日，举行了英国暑期深化设计研修班（图5-5）。

5.1.1 历届评委名单（表5-1～表5-4）

第1届评审委员会（4名） **表5-1**

评委姓名	简介	备注
张玮	BDCL亚洲部总裁	
Scott Romses	BDCL合伙人建筑师、温哥华2030创意挑战赛（Form Shift Vancouver Ideas Competition：2030 Challenge）获奖者	
张勃	北方工业大学教授	
贾东	北方工业大学教授	

第2届评审委员会（5名） **表5-2**

评委姓名	简介	备注
张玮	BDCL亚洲部总裁	
Scott Romses	BDCL合伙人建筑师	
张勃	北方工业大学教授	
贾东	北方工业大学教授	
何昉	《风景园林》杂志社社长、深圳北林苑景观及建筑规划设计院院长	特邀评委

图5-5　第4届城市立体农场竞赛

第3届评审委员会（11名） 表5-3

评委姓名	简介	备注
张玮	BDCL亚洲部总裁	
Scott Romses	BDCL合伙人建筑师	
张勃	北方工业大学教授	
贾东	北方工业大学教授	
何昉	《风景园林》杂志社社长、深圳北林苑景观及建筑规划设计院院长	特邀评委
魏星	《建筑技艺》主编	特邀评委
路易斯·贝里罗（Lius Ribeiro）	葡萄牙里斯本工业大学教授、农学院院长	特邀评委
杨庆文	中国农业科学院研究员	特邀评委
朱莉	北京市农业技术推广站副站长	特邀评委
卜德清	北方工业大学副教授	特邀评委
傅凡	北方工业大学副教授	特邀评委

第4届评审委员会（17名） 表5-4

评委姓名	简介	备注
张玮	BDCL亚洲部总裁	主席
Scott Romses	BDCL合伙人建筑师	主席
张勃	北方工业大学教授	主席
贾东	北方工业大学教授	主席
卜德清	北方工业大学副教授	执行主席
路易斯·贝里罗	葡萄牙里斯本工业大学教授	特邀评委
Phil Jones	英国卡迪夫大学教授	特邀评委
Raoul Bunschoten	德国柏林工业大学教授	特邀评委
何昉	《风景园林》杂志社社长、深圳北林苑景观及建筑规划设计院院长	特邀评委
魏星	《建筑技艺》主编	特邀评委
杨庆文	中国农业科学院研究员	特邀评委
朱莉	北京市农业技术推广站副站长	特邀评委
娄乃琳	中国工程建设标准化协会养老服务设施专业委员会主任	特邀评委
曹林	中国舞台美术学会会长、中国戏曲学院教授	特邀评委
韦一	中国建筑节能协会屋顶绿化与节能专业委员会秘书长	特邀评委
傅凡	北方工业大学教授	特邀评委
白秦鹏	博德西奥（BDCL）国际建筑设计有限公司中国区董事长	特邀评委

5.1.2 历届获奖名单（表5-5 ~ 表5-8）

第1届获奖名单 **表5-5**

序号	获奖等级	作品名称	参赛组成员	指导教师	学校
1	一等	$f[x]=B\cdot A^{X}+M\cdot E$	付凯、景斯阳、谭钰琳、黄智	刘文豹	中央美术学院
2	二等	绿境	徐迓图、葛增鑫、龚娱	苏勇	中央美术学院
3	三等	艺术农场	张旻昊、包望韬	罗卿平	浙江大学
4	三等	立体管道	戴淼、石鹏、李裴心、郑悦	王小斌	北方工业大学
5	佳作	拼装农场	宋丽、尹逊之	罗卿平	浙江大学
6	佳作	生长的模块	郭皇甫、吴越	无	天津大学
7	佳作	NEW PLANT CITY	刘亮、张弛、包天	何崴	中央美术学院
8	佳作	绿之伞	梁添、骆乐、史萌、徐文娜、余小枫	肖毅强	华南理工大学
9	佳作	记忆·缝合	饶斯萌、田延芳	刘伟毅	武汉科技大学
10	佳作	A Colorful Tomorrow	焦尔桐、郝静婷、王丰慧、王耀超、周嫱	无	山东建筑大学
11	佳作	向北跑15秒	吴安之、冯晓晨、左翀、赵卓然、崔书维	崔鹏飞	中央美术学院
12	佳作	城市水平农场	吕亚辉、王宇昂、张扬	刘斯雍	中央美术学院
13	佳作	流动农场	贾钰涵、刘梦旭、谢楠、王鑫	卜德清、王小斌	北方工业大学

第2届获奖名单（另有鼓励奖15项，名单略） **表5-6**

序号	获奖等级	作品名称	参赛组成员	指导教师	学校
1	一等	水田共生复合养殖摩天楼	杨建、Minh-Khoi Nguyen-Thanh（德国）	Christine Nickl-Weller	德国柏林工业大学（Technische Universität Berlin）
2	一等	净之塔	梁艺权、邢嘉威（中国澳门）、陈锐桦	温颖华	广州美术学院
3	二等	城市之肺	赵涛、闫红曦	贾慧献、李纪伟、李崴	河北大学

续表

序号	获奖等级	作品名称	参赛组成员	指导教师	学校
4	二等	浮游	林倩、李瑞婧、张宇、许晨阳	姚钢、刘雪梅	天津城建大学
5	三等	The Green Wall	李雪、吴加愈、马赛、夏颖	王小斌	北方工业大学
6	三等	水上移动农场	陈启泉、黄丹、徐丹、李继中	王雪强	南昌大学
7	佳作	Circling City	庄弘毅、宋怀远、李昊、崔晓龙	柳红明	吉林建筑大学
8	佳作	半亩	张娉婷	无	同济大学
9	佳作	漂浮的森林——海上立体农场	郝颖琨、张佳琦、赖晨蕾、谢雨汐、许琪	王小斌	北方工业大学
10	佳作	Link & Moving	王昱、谢羽瑶、任璞、魏文倩	无	北方工业大学
11	佳作	山·泉·城·田	綦岳、张英、杜瞳瞳	赵继龙	山东建筑大学
12	佳作	私人定制	毕全欣、姜帅、张珣、付北平	卜德清、王小斌、李庆丽	北方工业大学
13	佳作	No Fixing & Flexibility	许月岭、张晨雪、王志新、张茁	卜德清、王小斌	北方工业大学
14	佳作	湖泊生态转换器	张硕、杨超、姬瑞河、唐小浩、肖诗宇	刘伟毅	武汉科技大学

第3届获奖名单（另有鼓励奖46项，名单略） **表5-7**

序号	获奖等级	作品名称	参赛组成员	指导教师	学校
1	一等	归·园	刘雅文、陈学彬、温睿、杨潇	周家鹏、扈逸群	福建工程学院
2	二等	Vert Adsorber	陈婉钰、瞿钰、赵骄阳、和斯佳、赵岩	杨绪波、王振昌、王又佳	北方工业大学
3	二等	创客空间	窦微、谢毓婧、吕殷宇	杨建华	福州大学建筑学院

续表

序号	获奖等级	作品名称	参赛组成员	指导教师	学校
4	三等	山水农境	邢晔、杨啟乾、马静芸、陆柏屹	卜冲	哈尔滨工业大学
5	三等	进城·净城	王婕、孟思、马家兴	邱德华	苏州科技学院（今苏州科技大学）
6	三等	蜂巢农场	闫振强、王学浩、李昊天	荆子洋、王绚	天津大学建筑工程学院
7	佳作	被解放的土地	沈博	无	中国矿业大学（北京）
8	佳作	Cn：Circle by Circle	韩宇婷、杨洋、肖薇、吴彦强、陈思佳	吴正旺、张伟一、马欣	北方工业大学、北京交通大学
9	佳作	WORTEX NEURE	冯禹乔、孔令宇、张迪、苏婧烨、赵笑笑	王新征、王又佳	北方工业大学
10	佳作	耕·云	杨帆、王凯圣、王萌、徐晨旭	邓元媛、刘茜	中国矿业大学
11	佳作	Mirage of Green	陈一山、彭宁、李偲淼	周宇舫	中国科学院大学
12	佳作	遗失的村落	彭涛、张琦、李梦华	李刘蓓、杨子胜	中原工学院
13	佳作	广亩之上·榫卯之间	杨达、尚春雨、罗培恺（苏州科技学院）	邱德华	福建农林大学园艺学院、苏州科技学院（今苏州科技大学）
14	佳作	移动箱体	万华楠、王欣、张菲菲	赵继龙	山东建筑大学
15	佳作	链	罗力铭、甘珊、穆艺、李伟平	董莉莉、任鹏宇	重庆交通大学
16	佳作	记忆·生活	王长鹏、杨健鹏、王敏	赵继龙	山东建筑大学
17	佳作	漏绿坞	韩俊、王悦彤、李发美、张希、李慧文	无	北方工业大学
18	佳作	微绿意·蔓生长	张锐娜、付艳、黄薪颖、黄雪雁、王盼	梁爽、刘虹	西南科技大学
19	佳作	大地之井	关蓓婷、任道怡、黄贞珍	无	昆明理工大学
20	佳作	阶梯生长	李文亮、汤海涛、李舒阳、田耕郡、刘隽一	孙良	中国矿业大学
21	佳作	农“公”厂	张姝琳、徐礼江、苏奕铭、陈珺婷	朱冬冬	中国矿业大学

第4届获奖名单（另有鼓励奖57项，名单略） 表5-8

序号	获奖等级	作品名称	参赛组成员	指导教师	学校
1	一等	重生：景观农场（管道脉络生命体）	李家加、于洋、王琪	郝赤彪、谢旭东、王润生	青岛理工大学
2	二等	生长的创客农场	林志杰、冯嘉豪、吴小雯	李丽、刘源	广州大学
3	三等	APP全城共享	绳彤、田媛、曾琳岚	李珺杰	北京交通大学
4	佳作	乌托邦下的自然城	李翌阳、王星、白姝超	杨春虹	内蒙古工业大学
5	佳作	Landscape	范云龙、田玉坤	任中龙	内蒙古工业大学
6	佳作	阴生·阳生	刘艺蓉、吴剑超、邵滨荟	刘抚英	东北大学
7	佳作	Line OF Life	王艳、高杉、岳梦迪	俞天琦	北京建筑大学
8	佳作	荒土之城	万林潇谊、李柚澄	胡映东	北京交通大学
9	佳作	Dynamic Nature Architecture	温乐娣、郭书培、赵晨伊	无	北京交通大学
10	佳作	隐旧于新 融绿于景	冯亚茜、任宇慧、韩晓迪	周同	山东科技大学
11	佳作	首钢厂区钢炉重塑	张宏宇、范晴、李新飞	高德宏	大连理工大学、天津大学、内蒙古工业大学
12	佳作	城市补给站	颜冬、韩学伦、张建树	王亮	吉林建筑大学
13	佳作	向往的生活	吴佳露、于鑫、黄凯	戴冬晖、刘堃	哈尔滨工业大学（深圳）
14	佳作	立体细胞农场综合体	杨通、张静、朱栩君、宫明晖、颜怡萍	李显秋	云南农业大学
15	佳作	浮点绿城	何宾滨、付久扬	刘塨、洪毅	华侨大学

5.1.3　历届竞赛海报（图5-6～图5-9）

图5-6　第1届城市立体农场设计竞赛海报（2011年）

城市立体农场（Vertical Farming）即是将农产品、畜牧养殖等农业环节放入到可模拟农作物生长环境的多层建筑物中，通过能源加工处理系统，实现城市食粮与能源的自给自足，这将极大改善城市食粮供应并有可能改变城市的面貌。

竞赛内容

将农业带回城市中心区
以你所在的城市为设计对象
参赛者自行拟定任务书
参赛者应为在校大学生（本科生、研究生），不限专业，鼓励各个不同专业的同学合作，携手提出设计方案

赛程安排

2013年10月31日 报名截止
201[illegible]11月 竞赛交流会（与评委见面）
20[illegible]12月31日 成果提交截止
20[illegible] 评选结果公示
2014[illegible] 颁奖典礼

奖项设置

一等奖，奖金[illegible]0000元及获奖证书
二等奖，奖金[illegible]000元及获奖证书
三等奖，奖金￥2000元及获奖证书
入围佳作奖，奖金￥1000元及获奖证书
向获奖方案的指导教师颁发荣誉证书

竞赛评委会成员

张 玮 BDCL亚洲部总裁
贾 东 北方工业大学教授
Scott Romses 加拿大BDCL首席建筑师
挑战温哥华2030城市立体农场[illegible]
张 勃 北方工业大学教授
何 昉 北林苑景观及建筑规划设计院院长
风景园林杂志社社长

竞赛主办单位

博德西奥国际建筑设计有限公司（BDCL）
北方工业大学（NCUT）

我们期待与您一起共创城市未来！

竞赛信息发布主页：http://www.bdcl.net/vf/
竞赛官方博客：http://blog.sina.com.cn/litinongchang
竞赛官方微博：http://weibo.com/u/2345445390
竞赛官方联络邮箱（报名邮箱）：vf@bdcl.net
2011年城市立体农场设计竞赛获奖作品查询：http://www.bdcl.net/vf/list.aspx?owen=3

BDCL

海报底图原作：王润

图5-7 第2届城市立体农场设计竞赛海报（2013年）

图5-8 第3届城市立体农场设计竞赛海报（2015年）

VERTICAL FARMING

2017城市立体农场国际大学生建筑设计竞赛

城市立体农场（Vertical Farming）是将农产品、畜牧养殖等农业环节放入到可模拟农作物生长环境的多层建筑物中，通过能源加工处理系统，实现城市食粮与能源自给自足，这将极大改善城市食粮供应并有可能改变城市面貌。

本届竞赛旨在探讨新农业、新城市、新场景的三者之间的互相作用下，未来人类生存环境的一种可能的状态。

本届城市立体农场选址：已经废弃的首钢工业厂区内部。

本届城市立体农场设计竞赛主题思想：新农业、新城市、新场景。

第一、新农业：在世界范围内，土地越来越少，房子越来越多，农民所耕种的土地，产量没有增加，全世界粮食紧缺。在种植土地短缺的情况下，寻求一种“多层的土地”，即把土地一层一层地放在楼房上，以扩大种植面积。城市立体农场是对阳光、空气、水以及土地高效利用的生态建筑。

第二、新城市：首钢搬迁之后留下的大片老旧工业厂区，其独特的工业风貌具有特殊的城市景观意义。在后工业文明大背景下，在北京西山脚下永定河畔，首钢工业园区的内的立体农场建筑要形成具有独特城市风貌的北京城市名片。

第三、新场景：在城市大舞台视角下，生活戏剧持续上演生生不息。城市立体农场是无声的戏剧，也是人类造物的戏剧。城市舞台必将呈现出鲜活的不同寻常的新场景。

参赛要求

◇ 任何在校学生（本科生、硕士生、博士生）均可参加，专业不限。
◇ 可以以个人或小组形式参加，每个小组成员构成要求 ①不得超过5名 ②同一学校学生不超过3名 ③成员不限同一专业。
◇ 需在报名截止日期前向组委会报名，以取得参赛编号，获得后续的参赛指导和服务。1人或1组可提交多个参赛方案，需为每一个方案申请1个参赛编号，即1个参赛编号只能用于提交一个参赛方案。
◇ 本赛事无需缴纳任何参赛费用。

竞赛日程

2017年5月竞赛开幕，公布竞赛题目，开始接受报名
2017年10月15日报名截止
2017年11月1日竞赛交流会（专家讲座、竞赛答疑和辅导）
2017年12月15日提交竞赛成果截止
2018年3月1日公布评审结果
2018年3月1日-3月10日公示入围作品
2018年3月30日 颁奖典礼，正式公布入围作品的获奖名次
2018年4月15日之前，办理英国暑期深化设计研修班相关手续
2018年7月31日-8月12日参加英国暑期深化设计研修班

奖励

◇ 一等奖：全额资助当年英国暑期深化设计研修班（相当于￥30000/名）
◇ 二等奖：部分资助当年英国暑期深化设计研修班（相当于￥20000/名）
◇ 三等奖：部分资助当年英国暑期深化设计研修班（相当于￥10000/名）
◇ 佳作奖：获得入选当年英国暑期深化设计研修班资格
◇ 所有入围组（含一等奖、二等奖、三等奖和佳作奖）均获得精美获奖证书及奖金￥1000/组
◇ 入围各组指导教师均获得优秀指导教师证书
◇ 鼓励奖：获得鼓励奖纪念证书
◇ 各奖项数量以参赛作品质量由评委会裁定，资助研修名额每组1名
◇ 向本竞赛提交的成果，在评审结果公布之前不得在任何刊物、媒体、网络或类似渠道公开发布；所有报名参赛组一经报名，即视为将作品署名权以外的所有权益无偿授予竞赛主办单位；竞赛主办单位对竞赛事项保留最终解释权

评委会（共17人）

主席

张　玮　博德西奥国际建筑设计有限公司（BDCL）总裁
Scott Romses　博德西奥（BDCL）首席建筑师，挑战温哥华2030竞赛第一名
贾　东　北方工业大学教授
张　勃　北方工业大学教授

执行主席

卜德清　北方工业大学城市立体农场研究中心主任

特邀评委

Luis Ribeiro　葡萄牙里斯本大学教授
Phil Jones　英国卡迪夫大学教授
Raoul Bunschoten　德国柏林工业大学教授
何　昉　国家勘察设计大师，北京林业大学教授
魏　星　《建筑技艺》主编
杨庆文　中国农业科学院研究员
朱　莉　北京农业技术推广站副站长
娄乃琳　中国工程建设标准化协会养老服务设施专业委员会主任委员
曹　林　中国舞台美术学会会长，中国戏曲学院教授
韦　一　中国建筑节能协会屋顶绿化与节能专业委员会秘书长
傅　凡　北方工业大学教授
白秦鹏　博德西奥国际建筑设计有限公司（BDCL）中国区董事长

竞赛主办单位

博德西奥国际建筑设计有限公司（BDCL）
北方工业大学　（NCUT）

协办单位

中国舞台美术学会
中国工程建设标准化协会养老服务设施专业委员会
中国建筑节能协会屋顶绿化与节能专业委员会

承办单位

北方工业大学建筑与艺术学院

网络推广

ikuku.cn|在库言库

新农业・新城市・新场景

竞赛信息发布（下载参考资料，历届获奖作品展示）主页：http://www.bdcl.net/vf/
竞赛官方博客：http://blog.sina.com.cn/litinongchang
竞赛官方微博：http://weibo.com/u/2345445390
竞赛官方报名邮箱：vf@bdcl.net（仅接受报名资料）
答疑邮箱：verticalfarming@sina.com
答疑QQ群：513228272或240643226

图5-9　第4届城市立体农场设计竞赛海报（2017年）

5.2　竞赛任务书

5.2.1　北京798+城市立体农场（2011年）

1．项目概况

（1）用地历史背景

位于朝阳区酒仙桥街道大山子地区，原为国营798厂等电子工业的老厂区所在地。

（2）用地范围、概况

竞赛用地西邻酒仙桥路，东至京包铁路，北起酒仙桥北路，南至万红路。以798厂区为核心，也包括751厂（现751设计艺术区）等。也就是说，现在广为人知的798艺术区，所包含的老厂房不仅仅是原798厂的，还有751厂等。用地较为平坦。

“城市立体农场”作为具有巨大创意的概念，如果出现在798艺术区，必将巩固该区已经树立起来的形象，并更大程度地提升该区的品质和内涵。

建议参赛者尽可能对798区的现状进行调研，以确定城市立体农场与798艺术区的最佳契合点。

（3）用地地形图

见城市立体农场竞赛用地地形图（图5-10）。

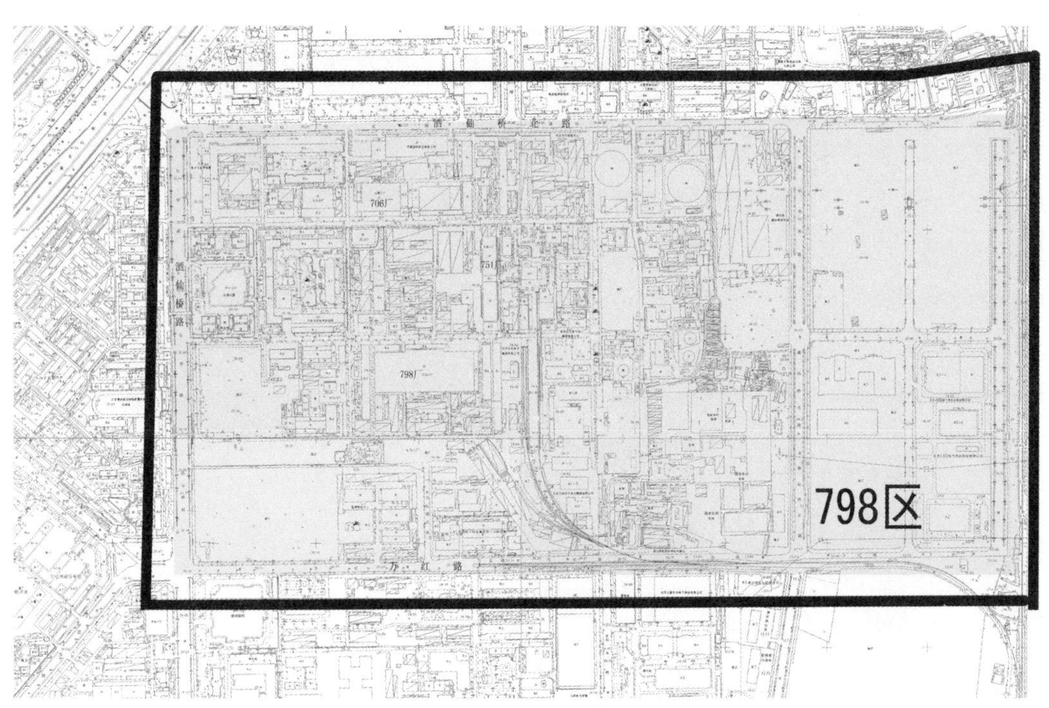

图5-10　竞赛用地地形图（2011年第1届）

2．设计要求

（1）设计方案紧扣“城市立体农场”概念，探索立体农场与建筑结合的策略与方法

城市立体农场就是将农产品、牲畜养殖等农业环节置入可模拟农作物生长环境的多层和高层建筑中，通过能源加工处理系统，实现城市粮食与能源的自给自足。城市立体农场拓宽了我们的视野，可能带来以下好处：

①扩大农作物生产面积和产量，可全年持续不断地供应农产品，不受季节限制；

②避免对传统农业产生不良影响的自然因素，如旱灾、水灾等；

③节约耕地以退耕还林，促进生态系统的平衡；

④免去了拖拉机、货车等长途运输环节，有效减少二氧化碳的排放量；

⑤节约农业用水量；

⑥降低粮食生产成本；

⑦为社会创造新的就业与教育机会。

（2）设计方案应将798艺术区与周边现状紧密结合，强调场所氛围与情景塑造

转变成当代艺术创意区之后，这片老厂区获得了新生，形成了鲜明的特色。但是，这里原有的核心——798厂区也面临着诸多发展问题，其东侧的751设计艺术区（也在本案地块内）的拓展是对798区发展方向的一种尝试，而该区中尚有其他地块等待发展。798厂核心地块也同样需要再更新和再发展。

（3）设计方案应有效解决各功能模块的组织关系，并妥善处理建筑与环境的关系

本案所要求的城市立体农场建筑面积应控制在20000m^{2}以内。

①将城市立体农场作为独立的单元嵌于798区之内，与现状中的诸多因素形成有机联系。此种情况下，需在提交的设计方案中对与城市立体农场相关的规划设计内容作出一定的展示和说明（规划设计内容不在20000m^{2}规模控制以内）。

②或者将居住、工作、商业、餐饮、休憩等若干功能整合于城市立体农场建筑之中。

以上两类情况的设计方案都要对城市立体农场的产业类型、生产模式、生产能力和建筑技术措施作出说明、分析和展示。

3．经济技术指标

①总用地面积；

②总建筑面积；

③建筑层数；

④建筑功能面积分配；

⑤其他必要的经济技术指标。

4．设计成果

（1）参赛人员资料（请在报名截止日前发至报名邮箱以获取参赛编号）

（2）具体要求：

A1尺寸（841mm×594mm）展板2～4张，用KT板做背衬，不要卷曲。展板正面不得出现参赛者的任何信息。每块展板背面的一角粘贴参赛编号，并加以密封（编号尺寸和密封范围不要大于50mm×50mm）。

展板内容：

①设计说明；

②区位图、总平面图；

③主要平、立、剖面图；

④透视效果图；

⑤功能布局分析图；

⑥概念示意图、手工模型照片等；

⑦以上所有内容中的文字都应以中英文对照的形式呈现。

（3）光盘

上面第（1）项、第（2）项的所有内容刻录光盘1张同时提交。

5.2.2　北京CBD+城市立体农场（2013年）

1．项目概况

（1）用地历史背景

1992年，基于对市场经济发展和参与全球经济活动的预测，为容纳迅速增多的国际性商务办公设施，北京市政府在《北京城市总体规划（1991年至2010年）》中提出了建设北京商务中心区的战略构想。在综合考虑了北京城市特点、古都传统风貌保护要求、地域环境和交通市政设施等条件的基础上，明确提出“在建国门至朝阳门、东二环路至东三环路之间，开辟具有金融、保险、信息、咨询、商业、文化和商务办公等多种服务功能的商务中心区”，初步形成了北京商务中心区的概念，确定了北京商务中心区的建设地点在朝阳门外大街至建国门外大街、东二环路至东三环路一带。

1998年编制完成的《北京市区中心地区控制性详细规划》，将北京商务中心区范围确定为朝阳区内西起东大桥路、东至西大望路，南起通惠河、北至朝阳路之间约3.99km^{2}的区域。

规划中的北京商务中心区由一个核心区、一个辐射区和一个混合区组成，并由建国门外大街和东三环路两条大街构成“金十字”，将这几个区连成一体。

（2）用地范围、概况

竞赛用地西起东大桥路、东至针织路，南起通惠河、北至光华路，大致以建国门外大街和东三环路交叉点（国贸桥）为中心，地块内有国际贸易中心、CCTV大厦等已有高层综合体、办公及居住建筑。用地较为平坦。

城市立体农场作为具有巨大创意的概念，如果出现在CBD区，必将巩固该区已经树立起来的形象，并更大程度地提升该区的品质和内涵。

建议参赛者尽可能对CBD区的现状进行调研，以确定城市立体农场与CBD区的最佳契合点。

（3）用地地形图

见城市立体农场竞赛用地地形图（图5-11）。

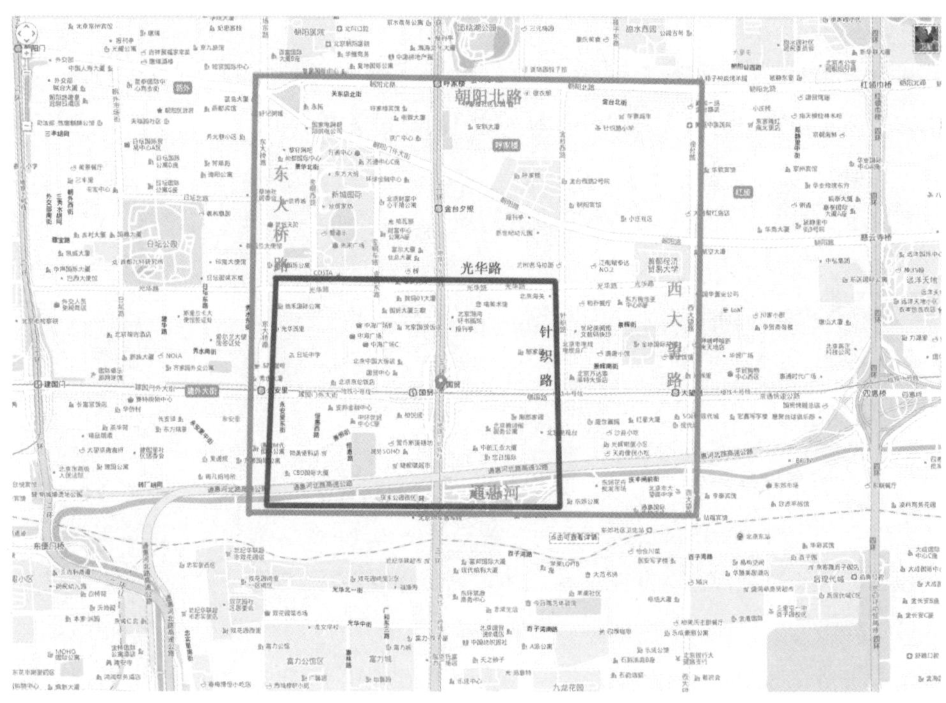

图5-11　竞赛用地地形图（2013年第2届）

2．设计要求

（1）设计方案紧扣“城市立体农场”概念，探索立体农场与建筑结合的策略与方法

城市立体农场就是将农产品、牲畜养殖等农业环节置入可模拟农作物生长环境的多层和高层建筑中，通过能源加工处理系统，实现城市粮食与能源的自给自足。城市立体农场拓宽了我们的视野，可能带来以下好处：

①扩大农作物生产面积和产量，可全年持续不断地供应农产品，不受季节限制；

②避免对传统农业产生不良影响的自然因素，如旱灾、水灾等；

③节约耕地以退耕还林，促进生态系统的平衡；

④免去了拖拉机、货车等长途运输环节，有效减少二氧化碳的排放量；

⑤节约农业用水量；

⑥降低粮食生产成本；

⑦为社会创造新的就业与教育机会。

（2）设计方案应将CBD区与周边现状紧密结合，强调场所氛围与情景塑造

转变为CBD区之后，这片老工厂区获得了新的发展机遇，形成了鲜明的特色。但是，当代城市的诸多问题也在这里呈现。本设计竞赛倡导将农业引入城市、引入高层建筑。

（3）设计方案应有效解决各功能模块的组织关系，并妥善处理建筑与环境的关系

本案所要求的城市立体农场建筑面积应控制在20000m^2以内。

①改建现有建筑，使之在原有功能基础上，增加农场部分。

②新建立体农场大楼，嵌于CBD区之内，与现状中的诸多因素形成有机联系。此种情况下，需在提交的设计方案中对与城市立体农场相关的规划设计内容作出一定的展示和说明（规划设计内容不在20000m^2规模控制以内）。

以上两类情况的设计方案都要对城市立体农场的产业类型、生产模式、生产能力和建筑技术措施作出说明、分析和展示。

3．经济技术指标

①总用地面积；

②总建筑面积；

③建筑层数；

④建筑功能面积分配；

⑤其他必要的经济技术指标。

5.2.3　河南郑州科技园+城市立体农场（2015年）

1．项目概况

（1）背景：相生·相济——城镇化中传统农业的出路

中国自古以来都是农业大国，十几亿人的衣食温饱历来都是关系国计民生的头等大事。

然而，大规模的城镇化正以惊人的速度吞噬着本已稀缺的农业用地，传统的农耕文明遭遇着前所未有的冲击。城市要发展，民以食为天，是矛盾？是机遇？也许，我们需要换个角度应对挑战。

此次竞赛我们把设计场地选在中国郑州，一个拥有悠久历史，又是典型的城镇化进程发展迅速的现代城市，而且结合了一个高科技产业园区的实际项目，希望重点探讨如何解决土地开发与原有农田流失的矛盾，历史及传统文化如何与现代建筑协调，传统农耕如何与现代高科技建筑结合并服务于其发展。

（2）设计场地情况及设计范围

①设计场地所在的科技城项目介绍。

②设计场地范围图。

2．设计要求

（1）选址

要求参赛方在总平面图标识出的可选择地块中（详见竞赛用地地形图5-12）任选一块进行方案设计，并满足每个地块的控制性指标。

（2）设计方案需重点关注的问题

①科技城项目所在地块原为农业用地，转变为城市发展用地后，如何积极应对农田流失的问题?

②由农田变为科技城，是从传统产业向现代高科技产业的转变；而项目所在地又承载了中原文化的历史积淀，因此，从人文角度又代表了由传统文化向现代生活方式的转变。如何协调传承与创新之间的关系?

③希望能探讨一种模式，在保证一定农业产量的同时促进科技城的发展。

（3）设计方案紧扣“城市立体农场”概念，探索立体农场与建筑结合的策略与方法

城市立体农场是将农产品、牲畜养殖等农业环节置入可模拟农作物生长环境的多层和高层建筑中，通过能源加工处理系统，实现城市粮食与能源的自给自足。城市立体农场拓宽了我们的视野，并将带来以下好处：

①扩大农作物生产面积和产量，可全年持续不断地供应农产品，不受季节限制；

②避免对传统农业产生不良影响的自然因素，如旱灾、水灾等；

③节约耕地以退耕还林，促进生态系统的平衡；

④免去了拖拉机、货车等长途运输环节，有效减少二氧化碳的排放量；

⑤节约农业用水量；

⑥降低粮食生产成本；

⑦为社会创造新的就业与教育机会。

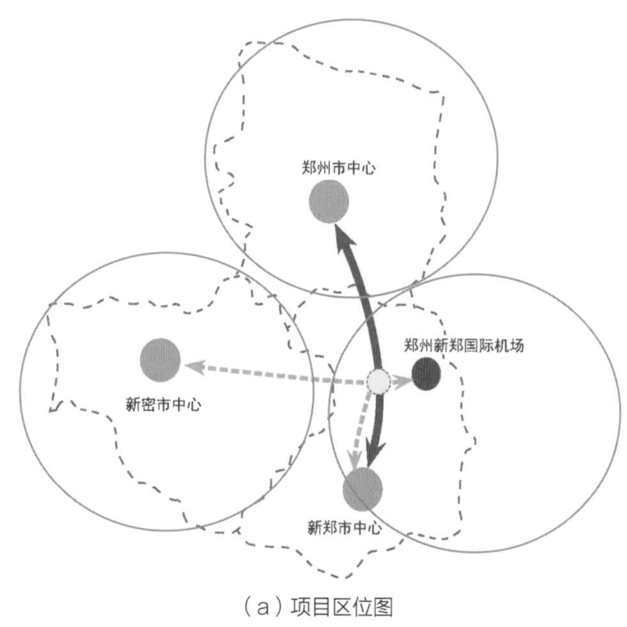

（a）项目区位图

地块编号	用地面积（m²）	容积率（上限）
01#	8872	3.0
02#	12146	3.0
03#	5531	3.5
04#	6178	3.0
05#	8597	3.5
06#	8412	3.5
07#	5597	3.5
08#	8246	3.0
09#	12853	2.5
10#	9132	2.5
11#	7483	3.0
12#	17093	3.0
13#	6866	2.5
14#	12339	2.5
15#	12439	2.5
16#	7893	3.0
17#	3645	3.5
18#	4388	3.0
19#	5524	2.5
20#	4169	3.0
21#	4226	3.0
22#	3812	3.0
23#	3746	3.0
24#	3397	3.5
25#	4446	3.0
26#	4358	3.0
27#	4269	3.0
28#	3831	3.0
29#	3729	3.0
30#	3586	3.5
31#	3383	3.5
32#	4790	3.0
33#	4306	3.5
34#	5494	3.0
备注	1）建筑限高均为50米。 2）建筑退用地红线5米。	

（b）地块图

图5-12　竞赛用地（2015年第3届）

（c）用地现状图

图5-12　竞赛用地（2015年第3届）（续）

（d）项目整体鸟瞰图

（e）总平面功能分区图

图5-12　竞赛用地（2015年第3届）（续）

（4）**设计方案应有效解决各功能模块的组织关系，并妥善处理建筑与环境的关系**

本次竞赛所提交的方案中，城市立体农场的建筑面积应控制在20000m^{2}以内，选定的设计场地的总建筑面积不应低于该地块给定的面积要求。

①在选择的街区场地内保留一部分原有规划的街区建筑功能，增加立体农场。增加的立体农场可以是插建，也可以是与原有建筑功能相结合，形式不限。

②在选择的街区内全部新建立体农场建筑。

上述两种情况下，均需在提交的设计方案中对城市立体农场的产业类型、生产模式、生产能力和建筑技术措施作出说明、分析和展示。

3. 经济技术指标

①总用地面积；

②总建筑面积；

③建筑层数；

④建筑功能面积分配；

⑤其他必要的经济技术指标。

5.2.4 北京首钢园区+城市立体农场（2017年）

1. 项目概况

（1）用地历史背景

为全面贯彻科学发展观，优化首都环境，首钢在2010年搬迁至曹妃甸，老厂区停产闲置。首钢厂区及其内部的工业建筑遗产在全国以及全球范围内都是一笔宝贵财富。其老工业厂区的更新再利用成为新的社会课题。在国家绿色建筑方针指导下，2014年9月北京市政府出台相关政策文件，将首钢未来发展定位与北京市的整体发展态势有机结合起来，定位为新高端产业综合服务区，结合冬季奥运会广场、首钢工业遗址公园、公共服务配套设施等功能重新激活首钢的活力。首钢老工业厂区进入改造调整和转型升级阶段。首钢片区将发展工业遗产展览、旅游、文化产业，形成首钢文化创意产业园区。

（2）用地范围、概况

本届设计竞赛选址于原首钢厂区所在地，位于长安街沿线最西端，距离天安门仅18km，占地面积8.63km^2。竞赛用地西邻永定河和北京西六环，东至北新安路、古城西街，北起广宁路、阜石路，南至莲石西路，用地较为平坦。竞赛选址用地范围内包含大量首钢工业遗产厂房、工业设备、设施、构筑物等，参赛设计者可在用地红线范围内自选一片比较小

图5-13 竞赛用地地形图（2017年第4届）

的区域作为设计用地段，可包括部分工业遗产在内。用地规划图详见城市立体农场竞赛用地地形图（图5-13）。

建议参赛者尽可能对首钢工业遗址区的现状进行调研，以确定城市立体农场与首钢片区的最佳契合点。

（3）用地地形图

见城市立体农场竞赛用地地形图。

2．设计要求

（1）设计主题要义

城市立体农场是将农产品、畜牧养殖等农业环节置入可模拟农作物生长环境的多层建筑物中，通过能源加工处理系统，实现城市食粮与能源自给自足，这将极大改善城市食粮供应并有可能改变城市面貌。

本届竞赛旨在探讨新农业、新城市、新场景三者之间的互相作用下，未来人类生存环境的一种可能的状态。

第一，新农业。设计方案紧扣“城市立体农场”概念，探索立体农场与建筑结合的策略与方法。在世界范围内，土地越来越少，房子越来越多，全世界面临粮食紧缺的难题。在种植土地不够的情况下可寻求一种多层的农场，即将农场置入楼房，以扩大种植面积。城市立体农场是对阳光、空气、水、土地高效利用的生态建筑。

第二，新城市。首钢搬迁之后留下的大片老旧工业厂区，其独特的工业风貌具有特殊的城市景观意义。在后工业文明的大背景下，历史的呼声要求留存北京的“工业记忆”。在首钢工业园区建设的立体农场建筑将形成具有独特城市风貌的北京城市名片。

未来，在建成文化创意产业园区之后，首钢厂区将获得新生。旧厂房、工业设备、设施、构筑物以及整体厂区工业将形成鲜明的城市特色。本方案设计应紧密结合首钢工业遗产形式特征与风貌。另外还可以考虑对过去钢铁生产所造成的环境破坏进行修复。

第三，新场景。在城市大舞台视角下，生活戏剧持续上演，生生不息。城市立体农场是无声的戏剧，也是人类造物的戏剧。城市舞台必将呈现出鲜活的不同寻常的新场景。设计方案应强调场所氛围与场景塑造。

（2）具体要求

本案所要求的城市立体农场建筑面积应控制在20000m^{2}以内。

第一，可在原有首钢工业遗产旧厂房、工业设备、设施、构筑物等基础上进行改建或加建形成立体农场。

第二，可将城市立体农场作为新的元素镶嵌于首钢老厂区之内，与现状中的诸多因素形成有机联系。此种情况下，需在提交的设计方案中对与城市立体农场相关的规划设计内容作出一定的展示和说明（规划设计内容不在20000m^{2}规模控制以内）。

第三，可将居住、工作、商业、餐饮、休憩等若干功能整合于城市立体农场建筑之中。例如艺术家工作坊、动漫创作工作室、设计与体验型酒店、艺术品展览馆等。

以上三类情况设计方案都要对城市立体农场的产业类型、生产模式、生产能力和建筑技术措施作出说明、分析和展示。上述思路仅供参考。

设计竞赛倡导自由创作思想，无一定之规。

3．经济技术指标

①总用地面积；

②总建筑面积；

③建筑层数；

④建筑功能面积分配；

⑤其他必要的经济技术指标。

5.3 获奖作品

2011年第1届 一等奖作品:《f[x]=B·A^x+M·E》(4-1)

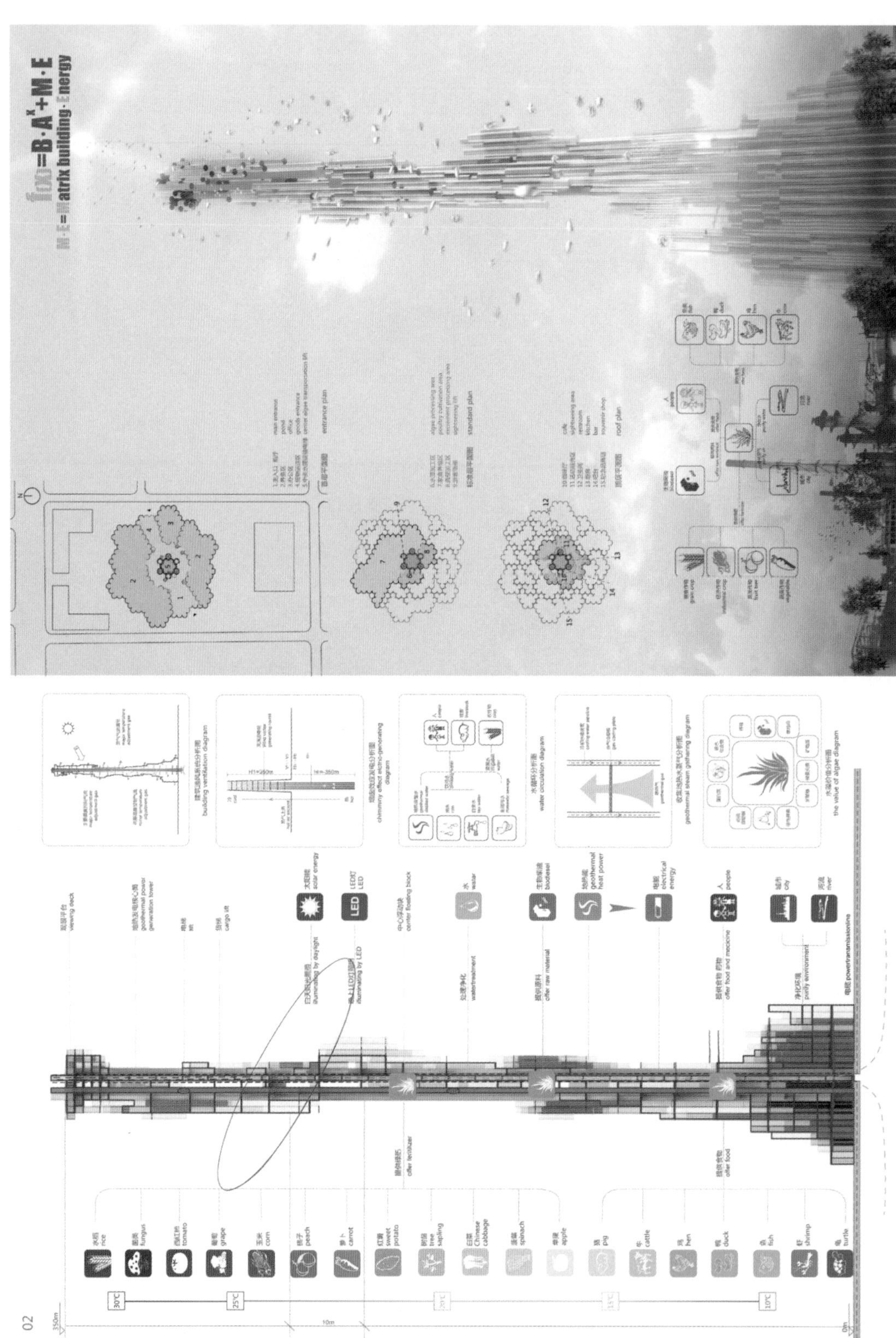

2011年第1届 一等奖作品：《f[x]=B · A^x+M · E》(4-2)

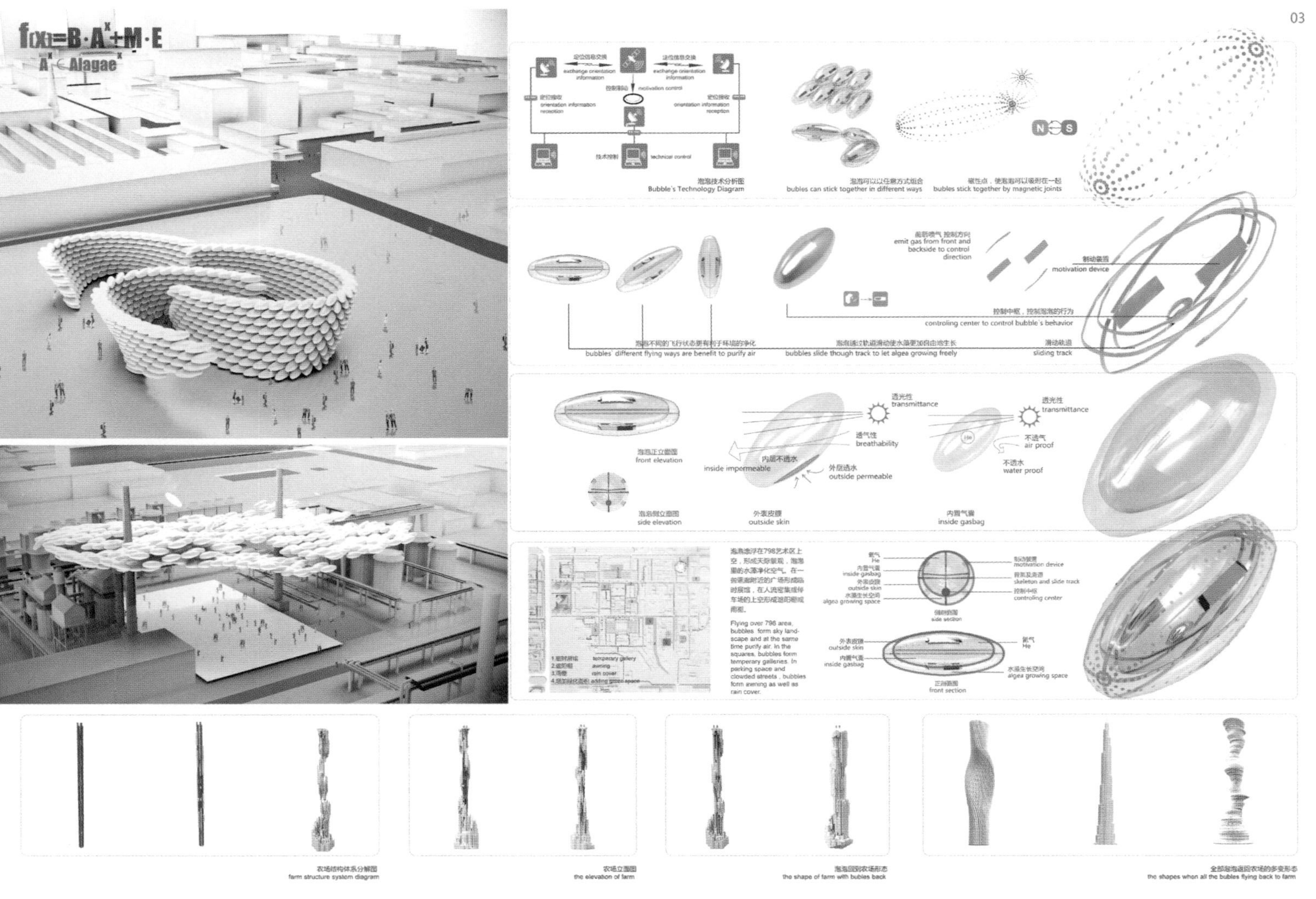

2011年第1届 一等奖作品：《f[x]=B・A^x+M・E》(4-3)

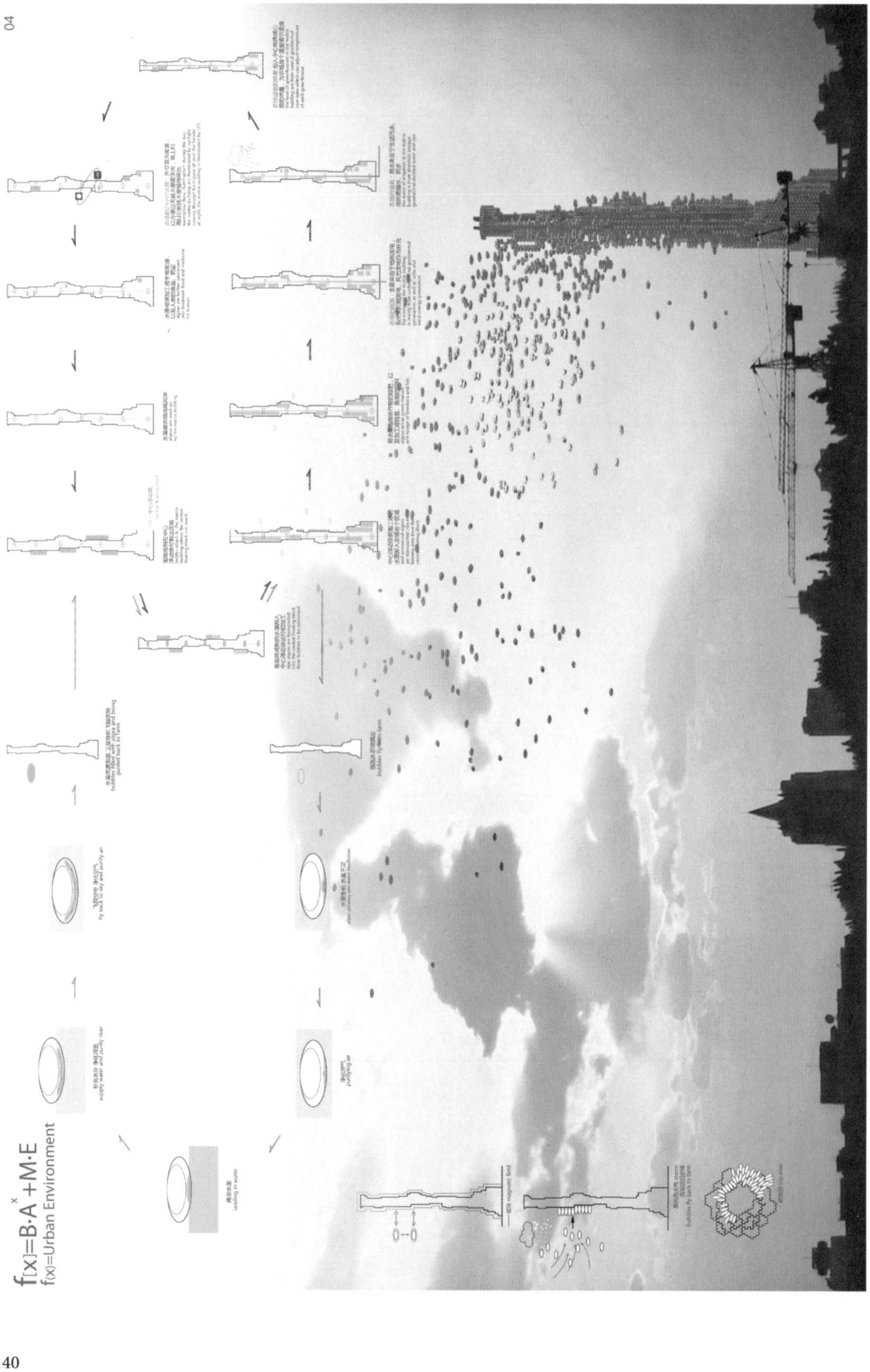

2011年第1届 一等奖作品:《f[x]=B · A^{x}+M · E》(4-4)

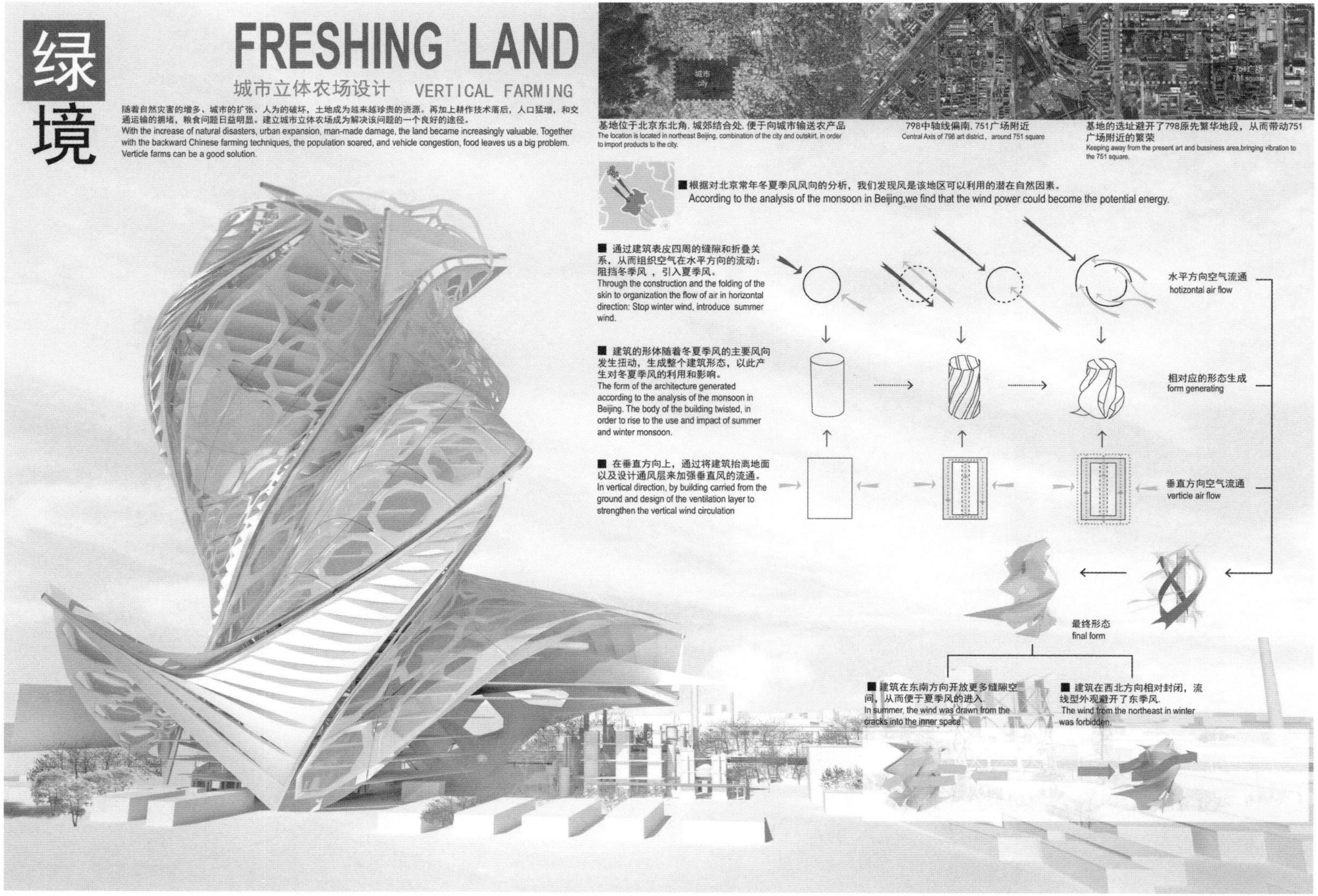

绿境 FRESHING LAND

城市立体农场设计 VERTICAL FARMING

随着自然灾害的增多、城市的扩张、人为的破坏，土地成为越来越珍贵的资源。再加上耕作技术落后，人口猛增，和交通运输的拥堵，粮食问题日益明显。建立城市立体农场成为解决该问题的一个良好的途径。
With the increase of natural disasters, urban expansion, man-made damage, the land became increasingly valuable. Together with the backward Chinese farming techniques, the population soared, and vehicle congestion, food leaves us a big problem. Verticle farms can be a good solution.

基地位于北京东北角，城郊结合处，便于向城市输送农产品
The location is located in northeast Beijing, combination of the city and outskirt, in order to import products to the city.

798中轴线偏南，751广场附近
Central Axis of 798 art district, around 751 square

基地的选址避开了798原先繁华地段，从而带动751广场附近的繁荣
Keeping away from the present art and bussiness area,bringing vibration to the 751 square.

■根据对北京常年冬夏季风风向的分析，我们发现风是该地区可以利用的潜在自然因素。
According to the analysis of the monsoon in Beijing,we find that the wind power could become the potential energy.

■ 通过建筑表皮四周的缝隙和折叠关系，从而组织空气在水平方向的流动：阻挡冬季风，引入夏季风。
Through the construction and the folding of the skin to organization the flow of air in horizontal direction: Stop winter wind, introduce summer wind.

■ 建筑的形体随着冬夏季风的主要风向发生扭动，生成整个建筑形态，以此产生对冬夏季风的利用和影响。
The form of the architecture generated according to the analysis of the monsoon in Beijing. The body of the building twisted, in order to rise to the use and impact of summer and winter monsoon.

■ 在垂直方向上，通过将建筑抬离地面以及设计通风层来加强垂直风的流通。
In vertical direction, by building carried from the ground and design of the ventilation layer to strengthen the vertical wind circulation

水平方向空气流通
hotizontal air flow

相对应的形态生成
form generating

垂直方向空气流通
verticle air flow

最终形态
final form

■建筑在东南方向开放更多缝隙空间，从而便于夏季风的进入。
In summer, the wind was drawn from the cracks into the inner space.

■ 建筑在西北方向相对封闭，流线型外观避开了东季风。
The wind from the northeast in winter was forbidden.

2011年第1届 二等奖作品：《绿境》(4-1)

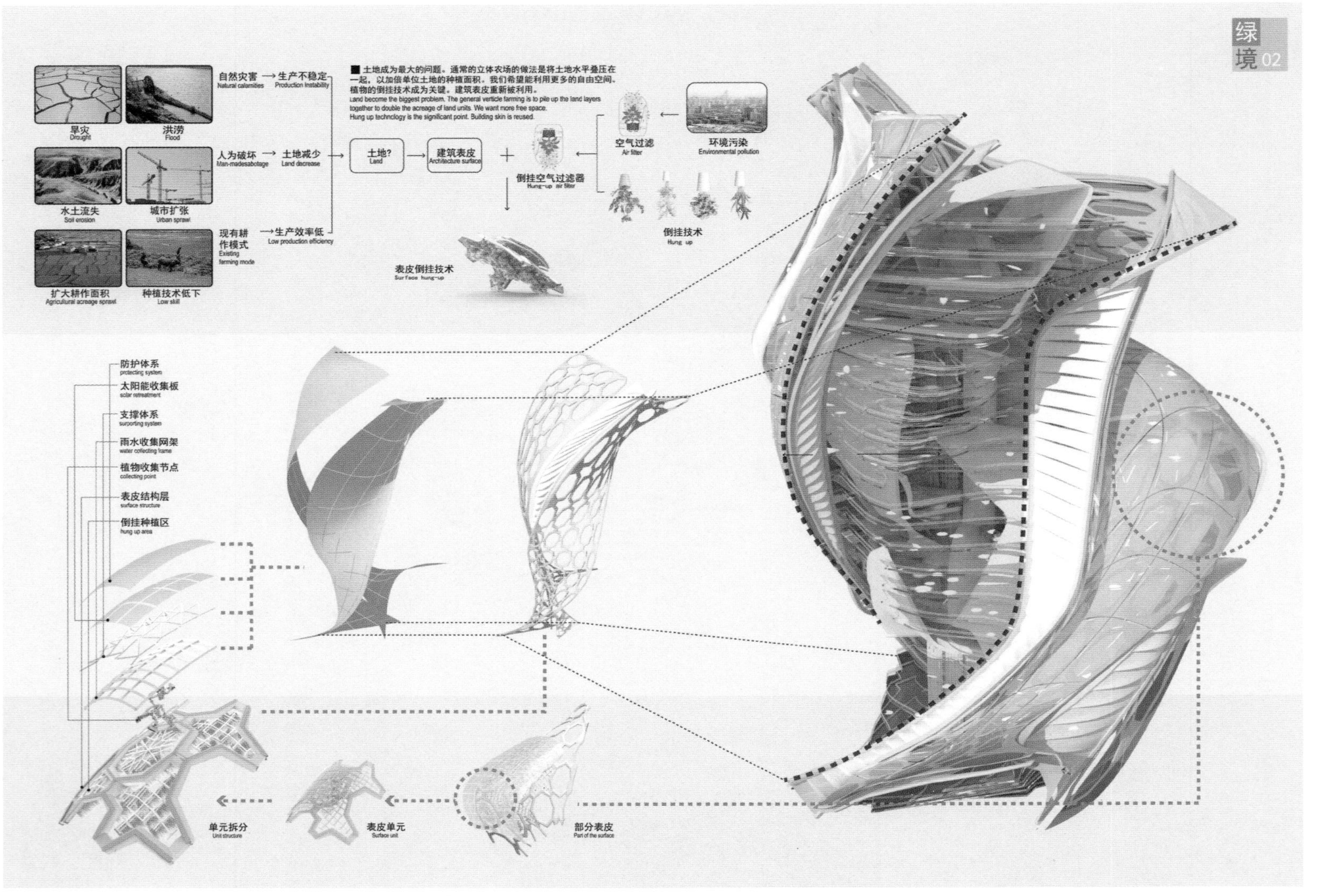

2011年第1届 二等奖作品:《绿境》(4-2)

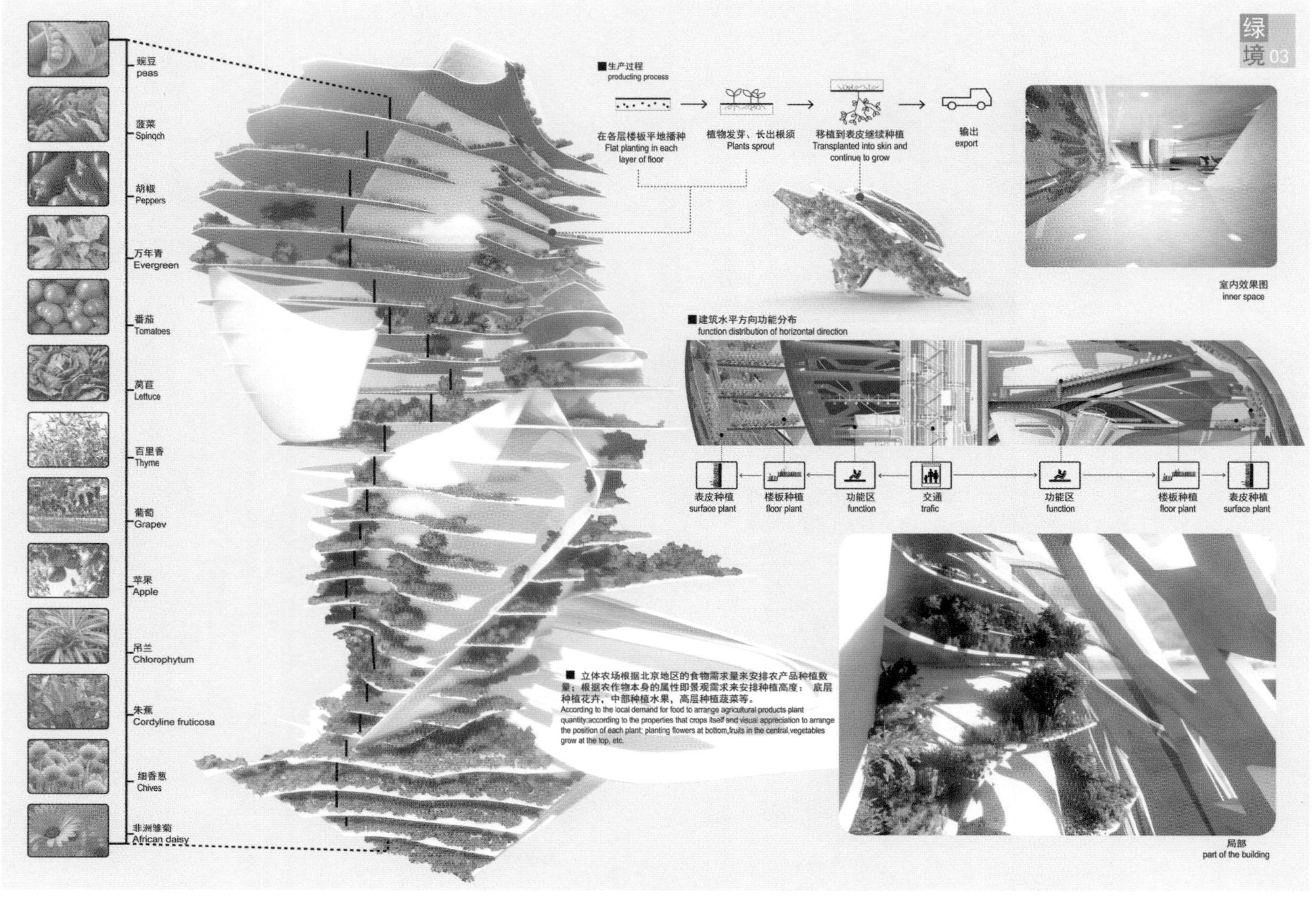

绿境03
豌豆 peas
菠菜 Spinqch
胡椒 Peppers
万年青 Evergreen
番茄 Tomatoes
莴苣 Lettuce
百里香 Thyme
葡萄 Grapev
苹果 Apple
吊兰 Chlorophytum
朱蕉 Cordyline fruticosa
细香葱 Chives
非洲雏菊 African daisy
生产过程
producing process
在各层楼板平地播种
Flat planting in each layer of floor
植物发芽、长出根须
Plants sprout
移植到表皮继续种植
Transplanted into skin and continue to grow
输出
export
室内效果图
inner space
建筑水平方向功能分布
function distribution of horizontal direction
表皮种植
surface plant
楼板种植
floor plant
功能区
function
交通
trafic
功能区
function
楼板种植
floor plant
表皮种植
surface plant
立体农场根据北京地区的食物需求量来安排农产品种植数量；根据农作物本身的属性即景观需求来安排种植高度：底层种植花卉，中部种植水果，高层种植蔬菜等。
According to the local demand for food to arrange agricultural products plant quantity;according to the properties that crops itself and visual appreciation to arrange the position of each plant: planting flowers at bottom,fruits in the central,vegetables grow at the top, etc.
局部
part of the building

2011年第1届 二等奖作品:《绿境》(4-3)

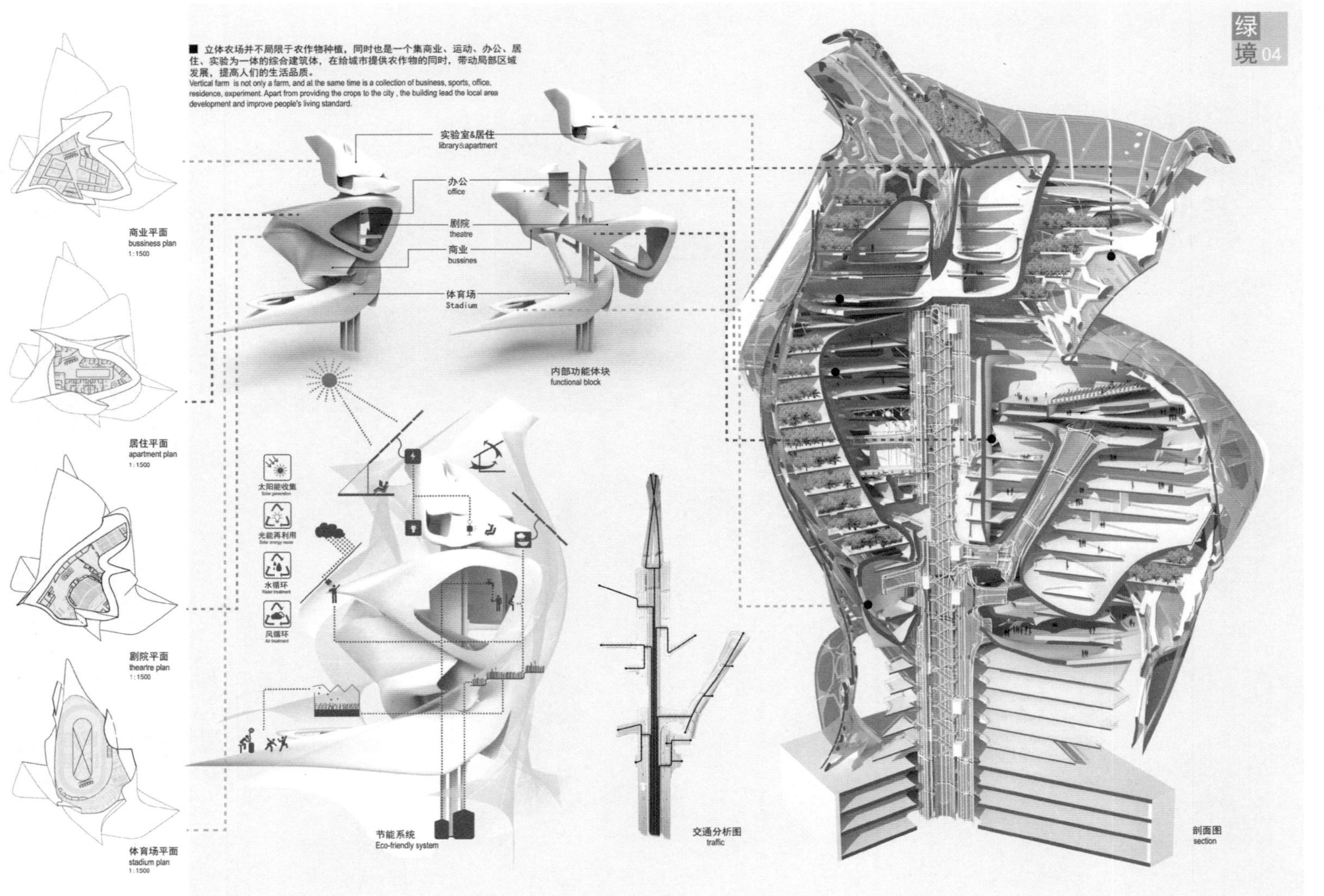

绿境 04
立体农场并不局限于农作物种植，同时也是一个集商业、运动、办公、居住、实验为一体的综合建筑体，在给城市提供农作物的同时，带动局部区域发展，提高人们的生活品质。
Vertical farm is not only a farm, and at the same time is a collection of business, sports, office, residence, experiment. Apart from providing the crops to the city , the building lead the local area development and improve people's living standard.
实验室&居住
library&apartment
办公
office
剧院
theatre
商业
bussines
体育场
Stadium
内部功能体块
functional block
商业平面
bussiness plan
1:1500
居住平面
apartment plan
1:1500
剧院平面
theartre plan
1:1500
体育场平面
stadium plan
1:1500
太阳能收集
光能再利用
水循环
风循环
节能系统
Eco-friendly system
交通分析图
traffic
剖面图
section

2011年第1届 二等奖作品:《绿境》(4-4)

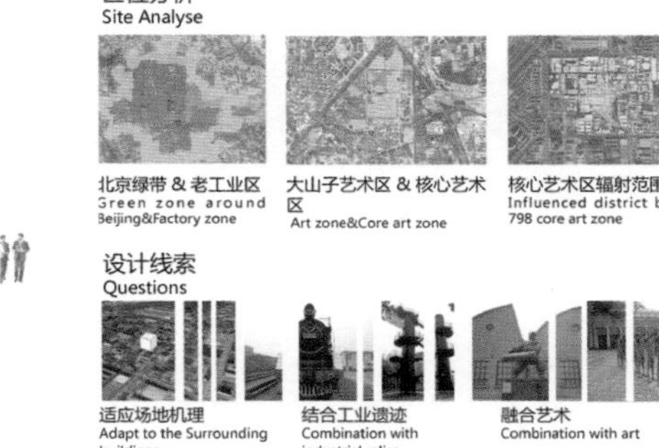

艺术农场 -- 基于 798 的立体农场
Vertical Farming in 798

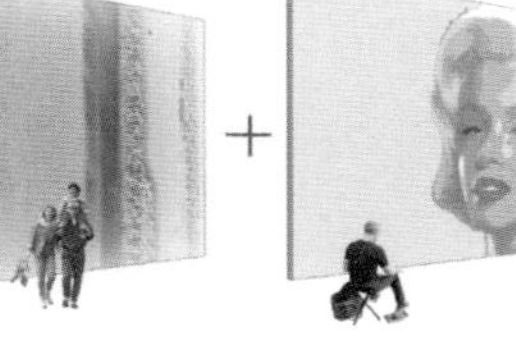

人们想要 798 在哪些方面进行改进？
what do people want in 798 art zone?

Mr.J	性 Gender	新对 798 的期望 Demand for 798
老 J（艺术家）（Artist）		不在画廊作画 Place to draw outside
老刘（艺术家）Liu Er（Artist）		不要太纯艺术化 combine art with life
小孙（游客）Sunny（Tourist）		大众都能参与进来 Everybody take part in art creation
小 B（艺术家）Mr. B（Artist）		更多展览 More exhibit places
老范（艺术家）Fan Wei（Artist）		生活而非生存 live happily
安妮（工作人员）Annie（Staff Member）		有更多绿色 More green space
丽丽（游客）Lily（Tourist）		有一个大公园 Big park to stay
小 L（艺术家）Big L.（Artist）		自由交流 Free Communication
小美（游客）Wang（Tourist）		有更加多样的艺术 Diversity of arts

区位分析
Site Analyse

设计线索
Questions

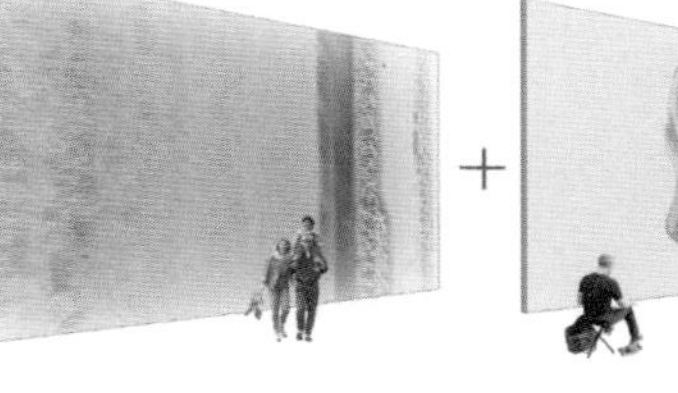

在这个土地缺乏的年代传统的农业方式占据了太多土地。所以发展一种新的种植方式非常重要。
In this age the orininal style of farming needs more space that our earth can not afford. So thinking of a new way of farming becomes an emergency.
我们可以将农田翻转到垂直方向，这样我们可以将庄稼种在墙上，留出空地给公众。
What if we rotate the field to a vertical direction, so that we can plant on the wall. In this way we can leave the ground for public uses.
通常艺术家在室内独自创作
Usually artists work inside the house.
我们创造开放场地，让他们用植物创作艺术品，让公众参与进来。
we create an open place for artists to draw with plants,making a chance for others to join in.

2011年第1届 三等奖作品：《艺术农场》(4-1)

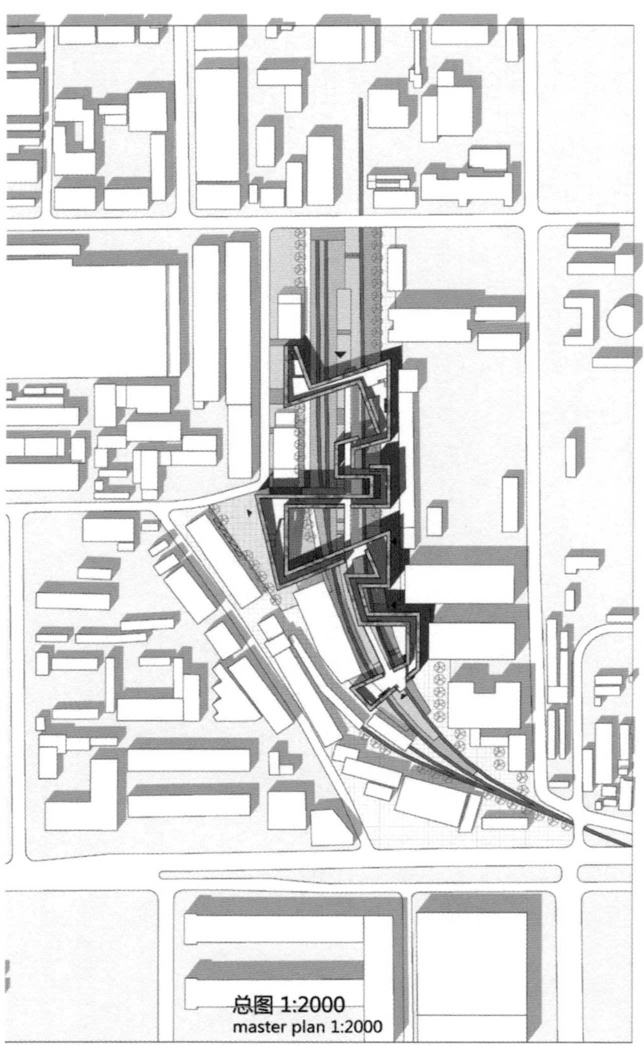

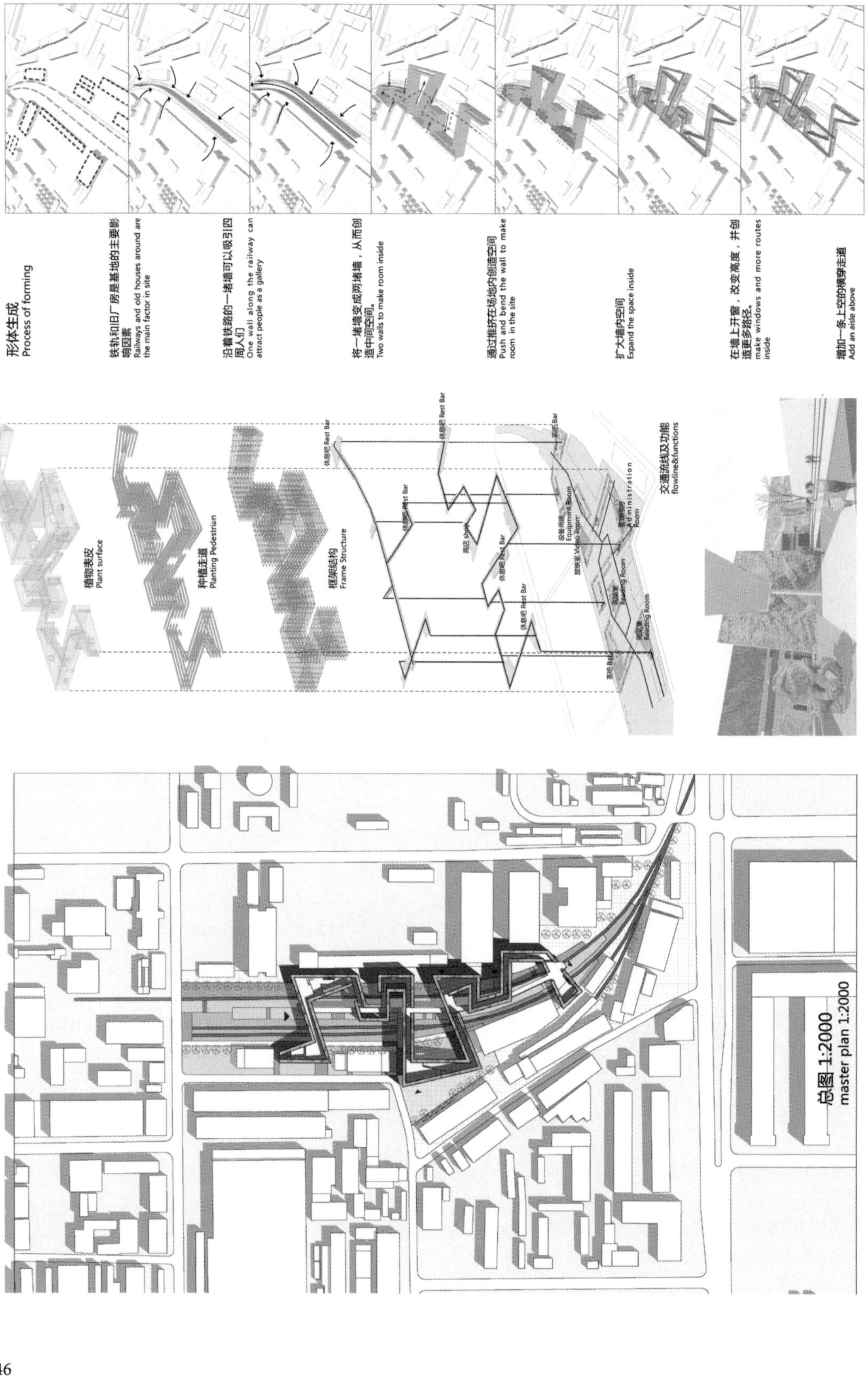

植物表皮
Plant surface

种植走道
Planting Pedestrian

框架结构
Frame Structure

休息吧 Rest Bar

商店 shop

设备用房
Equipment Room

放映室 Video Room

茶吧 Bar

阅读室
Reading Room

管理用房
Administration Room

交通流线及功能
flowline&functions

形体生成
Process of forming

铁轨和旧厂房是基地的主要影响因素
Railways and old houses around are the main factor in site

沿着铁路的一堵墙可以吸引四周人们
One wall along the railway can attract people as a gallery

将一堵墙变成两堵墙，从而创造中间空间。
Two walls to make room inside

通过推挤在场地内创造空间
Push and bend the wall to make room in the site

扩大墙内空间
Expand the space inside

在墙上开窗，改变高度，并创造更多路径。
make windows and more routes inside

增加一条上空的横穿走道
Add an aisle above

2011年第1届 三等奖作品：《艺术农场》(4-2)

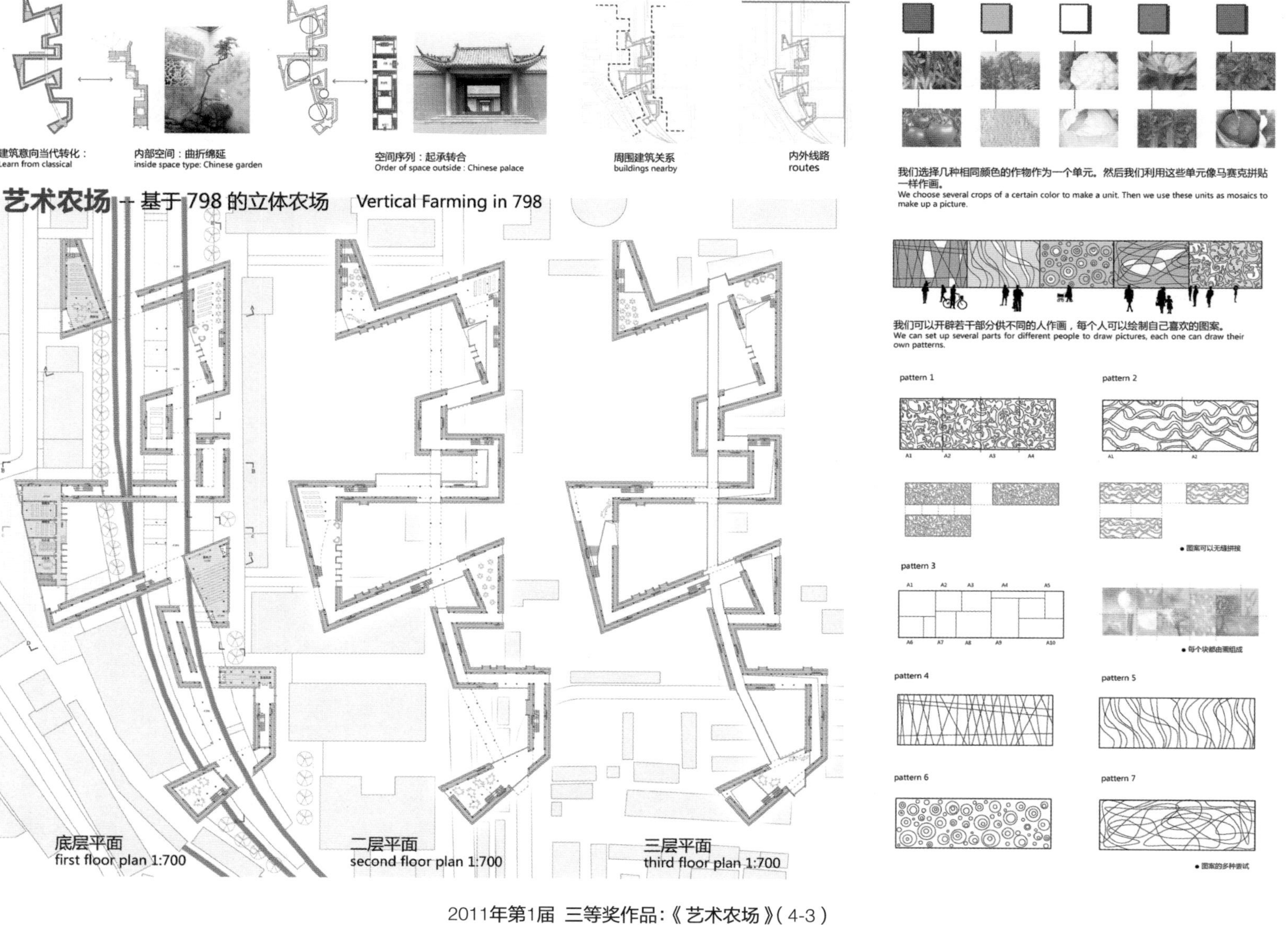

建筑意向当代转化：
Learn from classical
内部空间：曲折绵延
inside space type: Chinese garden
空间序列：起承转合
Order of space outside : Chinese palace
周围建筑关系
buildings nearby
内外线路
routes
艺术农场——基于798的立体农场
Vertical Farming in 798
我们选择几种相同颜色的作物作为一个单元。然后我们利用这些单元像马赛克拼贴一样作画。
We choose several crops of a certain color to make a unit. Then we use these units as mosaics to make up a picture.
我们可以开辟若干部分供不同的人作画，每个人可以绘制自己喜欢的图案。
We can set up several parts for different people to draw pictures, each one can draw their own patterns.
pattern 1
pattern 2
图案可以无缝拼接
pattern 3
pattern 4
pattern 5
pattern 6
pattern 7
图案的多种尝试
底层平面
first floor plan 1:700
二层平面
second floor plan 1:700
三层平面
third floor plan 1:700

2011年第1届　三等奖作品：《艺术农场》（4-3）

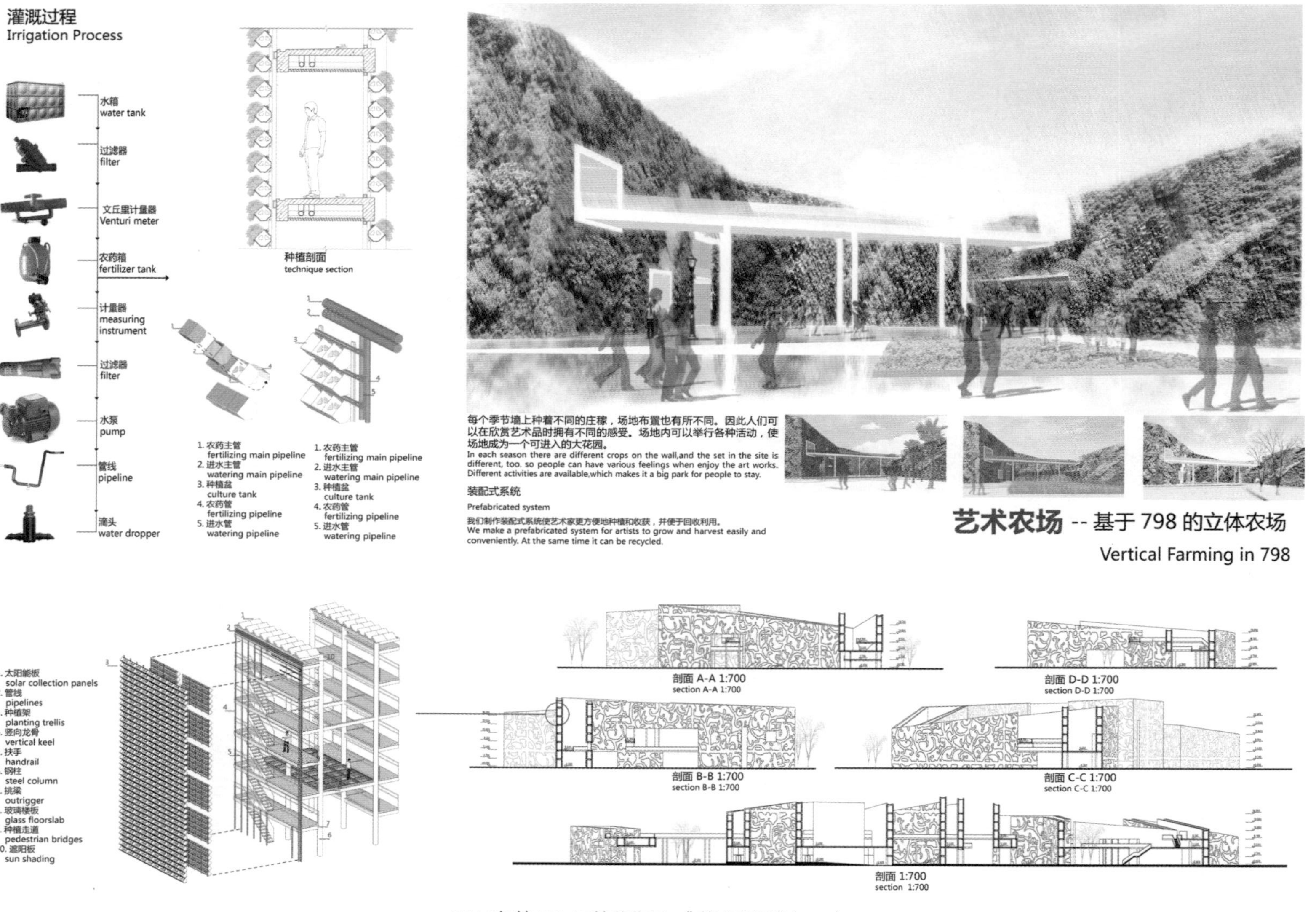

灌溉过程
Irrigation Process
水箱
water tank
过滤器
filter
文丘里计量器
Venturi meter
农药箱
fertilizer tank
计量器
measuring instrument
过滤器
filter
水泵
pump
管线
pipeline
滴头
water dropper
种植剖面
technique section
1. 农药主管 fertilizing main pipeline
2. 进水主管 watering main pipeline
3. 种植盆 culture tank
4. 农药管 fertilizing pipeline
5. 进水管 watering pipeline
1. 农药主管 fertilizing main pipeline
2. 进水主管 watering main pipeline
3. 种植盆 culture tank
4. 农药管 fertilizing pipeline
5. 进水管 watering pipeline
每个季节墙上种着不同的庄稼，场地布置也有所不同。因此人们可以在欣赏艺术品时拥有不同的感受。场地内可以举行各种活动，使场地成为一个可进入的大花园。
In each season there are different crops on the wall,and the set in the site is different, too. so people can have various feelings when enjoy the art works. Different activities are available,which makes it a big park for people to stay.
装配式系统
Prefabricated system
我们制作装配式系统使艺术家更方便地种植和收获，并便于回收利用。
We make a prefabricated system for artists to grow and harvest easily and conveniently. At the same time it can be recycled.
艺术农场 -- 基于 798 的立体农场
Vertical Farming in 798
1. 太阳能板 solar collection panels
2. 管线 pipelines
3. 种植架 planting trellis
4. 竖向龙骨 vertical keel
5. 扶手 handrail
6. 钢柱 steel column
7. 挑梁 outrigger
8. 玻璃楼板 glass floorslab
9. 种植走道 pedestrian bridges
10. 遮阳板 sun shading
剖面 A-A 1:700
section A-A 1:700
剖面 D-D 1:700
section D-D 1:700
剖面 B-B 1:700
section B-B 1:700
剖面 C-C 1:700
section C-C 1:700
剖面 1:700
section 1:700

2011年第1届 三等奖作品：《艺术农场》(4-4)

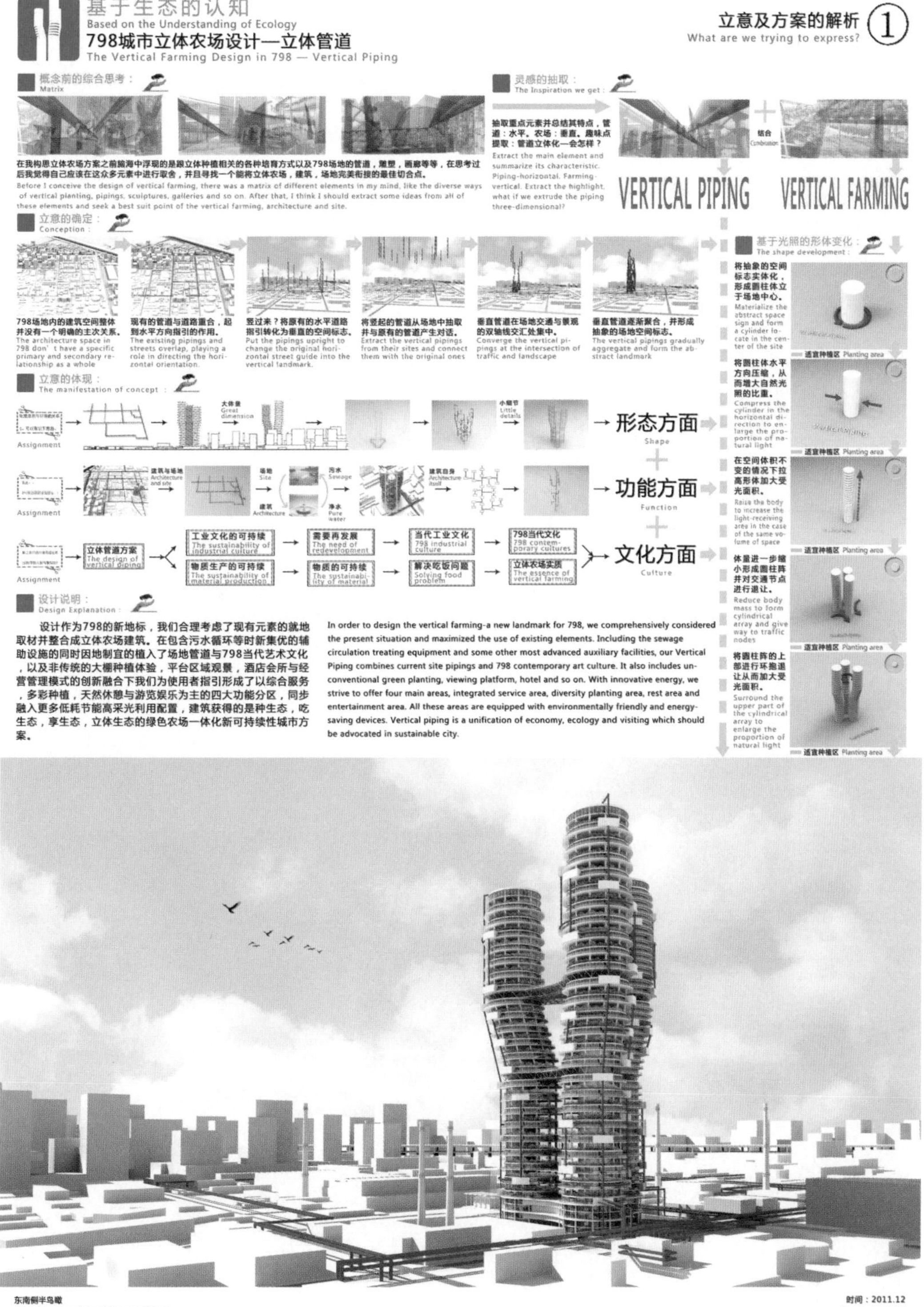

2011年第1届 三等奖作品：《立体管道》(4-1)

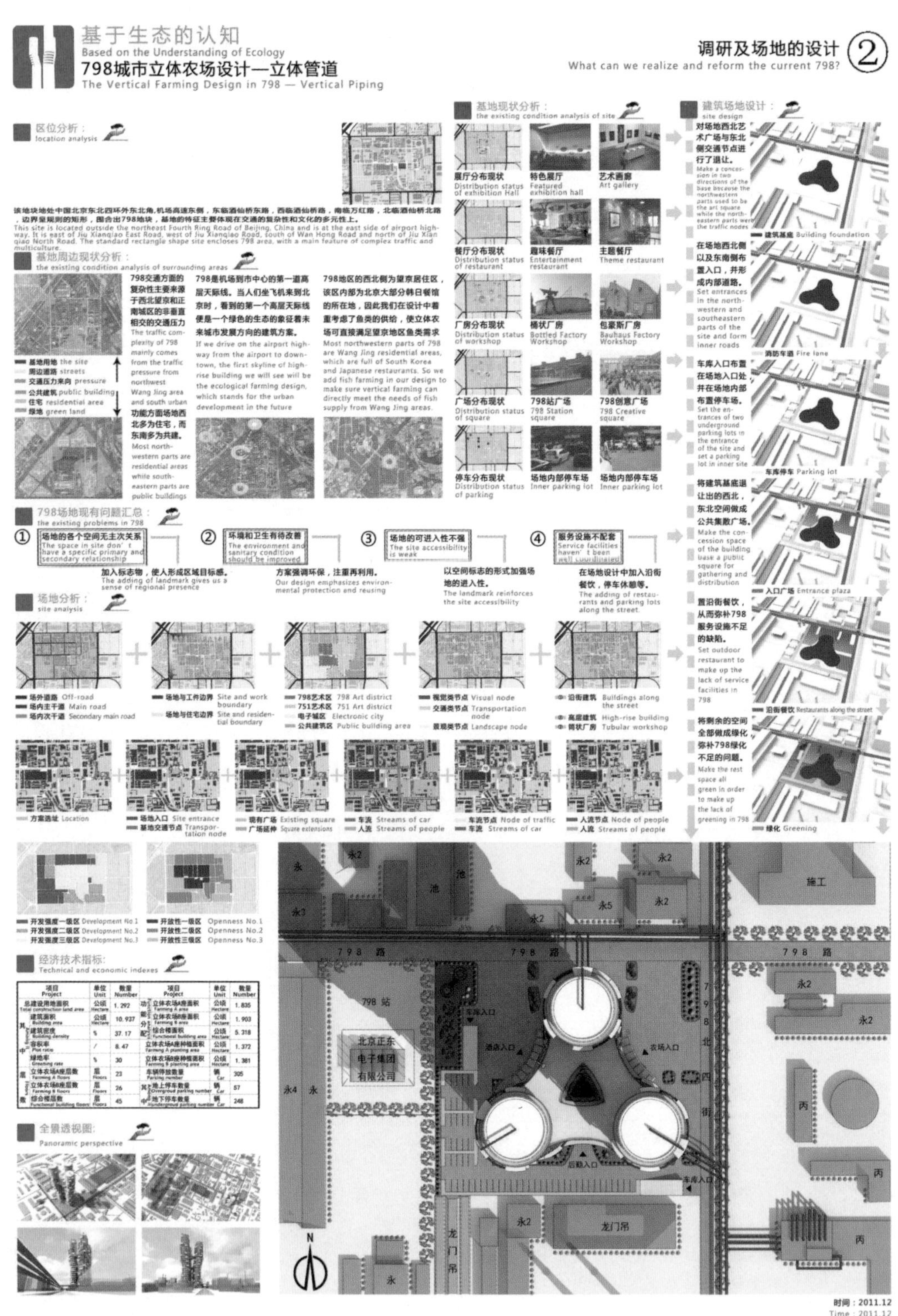

2011年第1届 三等奖作品:《立体管道》(4-2)

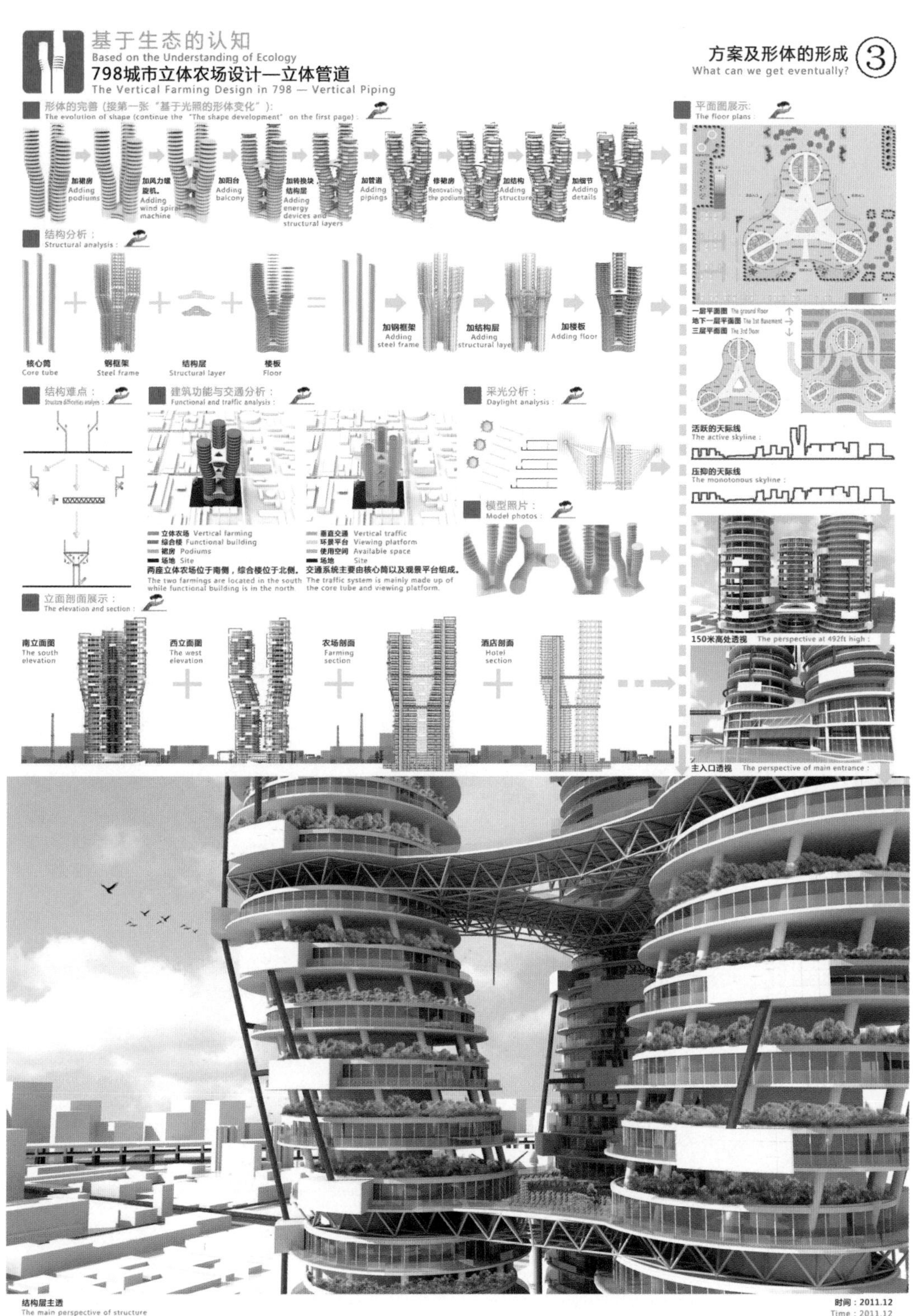

2011年第1届 三等奖作品：《立体管道》(4-3)

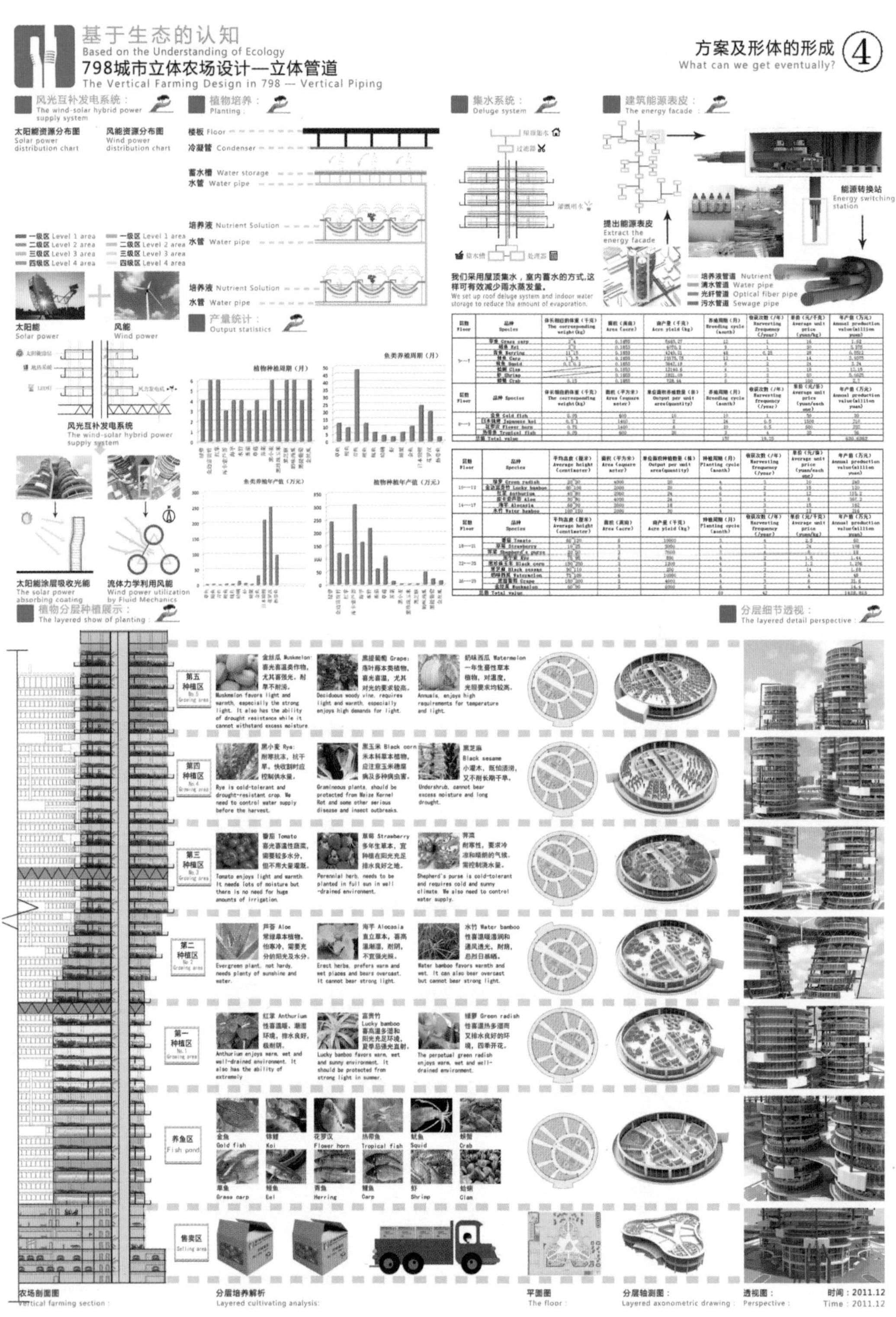

2011年第1届 三等奖作品:《立体管道》(4-4)

2013年第2届 一等奖作品:《水田共生复合养殖摩天楼》(4-1)

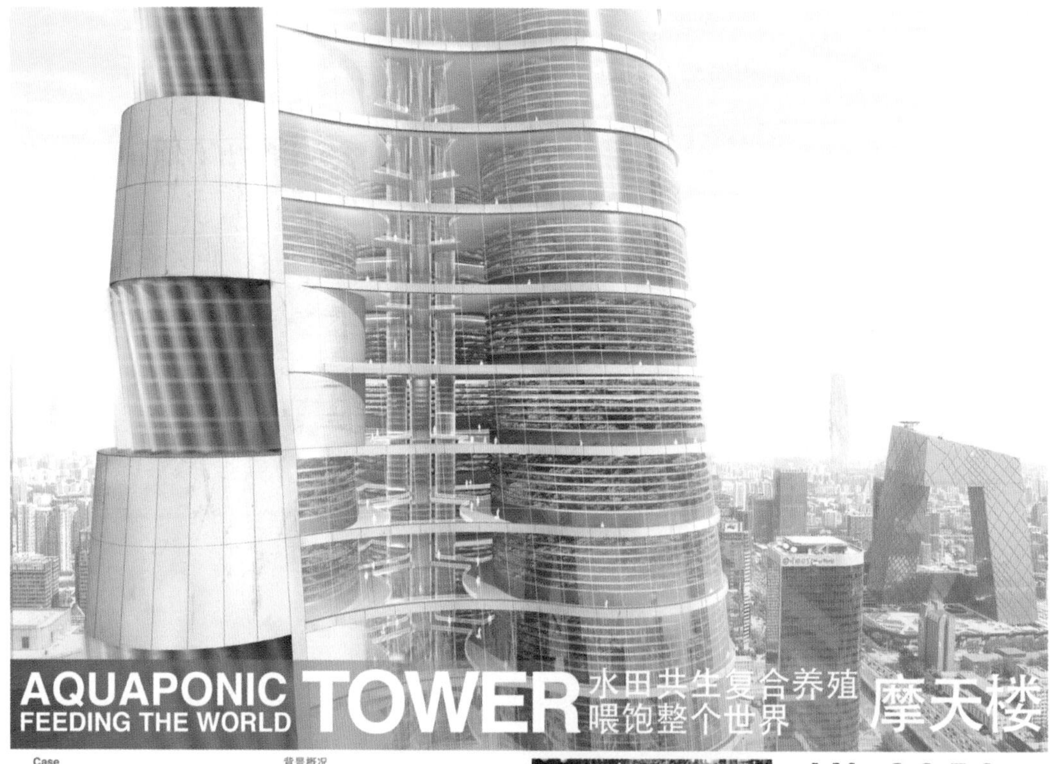

Case

This is not a Farming Tower - this is a concept for an idea, a solution to a problem that can be solved with the utilization of the technology we have readily at hand. We have chosen to address the fore casted rise in population and demand for food and clean air, to avoid the sharp rise in use of transport and to somehow provide our most basic needs.

Growth of Population

UN world population statistics indicate we have a 6.8 billion person population on the planet. This number is set to increase by 34% by 2050, giving us the massive task of providing for 9.1 Billion people. The statistics show that this increase will happen predominantly in developing countries. With malnutrition across the board with a population of 6.8 billion people an increase of 70% (minimum) in world food production is required, new techniques to provide to the bulging population will have to be incorporated.

Urbanization

The United Nations states that 50% of the total world population inhabit urban areas and this number is set to increase to 70% by 2050. Currently the level of food imported into the urban areas requires huge amounts of energy, fossil fuel energy that as of today is a pollutant harming the environment and those living beings that have to inhabit within it. As the city spreads out and the inhabitants become accustomed to a higher standard of living. The free space allowed for farming fish, fruit and meat will become more rare and a vertical approach to food growth will have to be undertaken.

Current

We require a paradigm shift in the concept of food production. Most developed cities import their food from across the planet, wasting countless amounts of energy in processing and transporting food. The means of production uses many chemicals and poisons to treat the plants and are harmful to the environment.

Concept

We require a paradigm shift in the concept of food production. Most developed cities import their food from across the planet, wasting countless amounts of energy in processing and transporting food. The means of production uses many chemicals and poisons to treat the plants and are harmful to the environment.

A common feature in all large metropolitan cities are large transport hubs hat connect the various circulation systems of the city. Beijing is no different. Currently the city has 25 major transport hubs and our plan is to place 25 towers on and around these transport hubs. This will use land that is not desirable for housing or office space and convert it into use for the population.

The tower has three components to it. Two of which are located on the southern side of the tower. There are assigned the to the concept of growing food and fish in an aquaponic system of growth. The floors are packaged up in groups of 6 and can rotate so that they catch the sun evenly as shown in diagram. These two towers bend and contract in size to create a slope in the facade. This slope allows more sunlight to flood into the grow areas.On the north tower is located the 'wind machines' that catch the major winds. In Beijing for example the major winds blow from North West to South East. The 'Wind Machines' not only produce power but they also filter air from the surrounding, transferring carbon dioxide into the . Also located in these towers are grow areas for produce such as mushrooms that do not require much sunlight to grow.These towers can work anywhere, in any city on any continent. They are quick to produce and are highly efficient at producing large amounts of food fort he population.

背景概况

水田共生复合养殖摩天楼－这是我们提出的一个概念，通过我们现有的科技，解决世界上最严重的问题－过渡甚至失控的人口增长造成的粮食危机，并且由于城市化与交通运输造成的环境与空气质量的恶化。

人口增长

根据联合国的报告显示，现今世界人口为六十八亿人，这个数字在2050年将增长34%，也就是说，届时地球上居住着九十一亿人。根据统计预测，大部分的新增人口在发展中国家。我们的粮食产量必须在现有的基础上增产70%，才能使未来的九十一亿人口不会挨饿。

城市化

联合国的数据库的相关报告同时显示，现今世界50%的人口居住在城市，到2050年将有70%的人口居住在城市。为了满足全球50%的城市人口，每天粮食，瓜果蔬菜都从各个运送到各大城市，其消耗的资源是巨大的，同时也是全球变暖的一个重要原因之一。同时城市又在不断的扩张着自己已满足增长的城市人口以及他们对城市生活质量的需求。可以生产瓜果蔬菜，以及角类的土地和淡水资源变的越来越稀缺。所以一个竖向的生态系统看似是很必要的。

生产现状

我们认为现有的粮食生产模式需要革新与转变。绝大部分的发达城市都从整个地球运输食品。同时大部分原材料在种植，生产以及加工途径中运用了大量的化学和有毒物质，不仅仅对我们自身身体，同时对整个地球环境产生了巨大的破坏，尤其是珍惜的土地资源。

设计说明

我们认为现有的粮食生产模式需要革新与转变，绝大部分的发达城市都从整个地球运输食品。同时大部分原材料在种植，生产以及加工途径中运用了大量的化学和有毒物质，不仅仅对我们自身身体，同时对整个地球环境产生了巨大的破坏，尤其是珍惜的土地资源。

如果将城市看作一个人造自然系统的话，那么会发现世界各大超级城市的系统是极其相似的，同时，庞大的交通运输维持着整个系统的运行。北京也是一样的，现今北京城区拥有25个重要的交通枢纽，当然，对于一个两千万人口的城市，这还是不够的，同时这些庞大的交通枢纽占用了很大的地皮。

摩天楼有三个纵向空间组成，其中朝向南侧的两个放置水田共生复合养殖系统。每六层为一个系统结构，每个结构可以自行旋转，达到让巨大系统内的每个植株可以得到必要的日照。两个空间通过自身的旋转与缩进组成一个曲面表皮，六层的系统结构允许足够的日照进入到巨大的空间内。北侧的纵向空间放置的是最新的电磁风力发电机组，并且根据北京一年主要风向，西北风和东南风定义了朝向。电磁风力发电机组不仅仅产生了供给生产的能量，同时要付起净化周围空气的功能，并且将净化好的二氧化碳运送到作物生产区，同时在机组夹层，我们设置了菌类繁殖空间，分解。

我们希望设计的摩天楼可以设置在各个城市，经过参数化处理符合城市特色，同时可以最有效率的手段生产作物以满足人口增长。

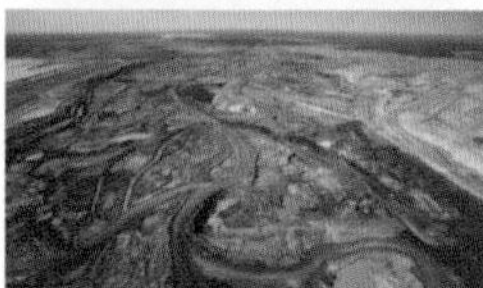

IN 2050

WE NEED TO PRODUCE MORE FOOD THAN WE DO NOW

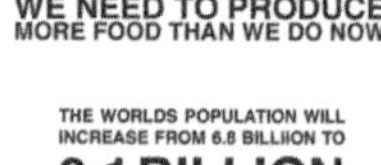

70%
LIVING IN CITY

OURARABLELAND WILL DECREASE DRAMATICALLY
0%

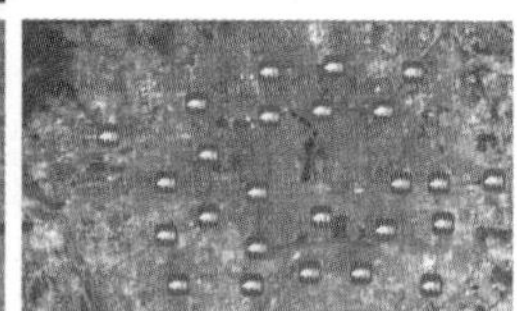

25 TOWER
35% FOOD PRODUCE IN 2050
100%
MORE THAN NOW

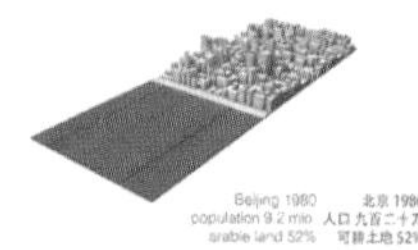

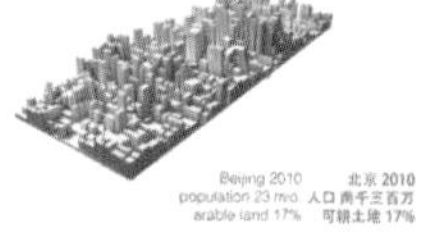

2013年第2届 一等奖作品:《水田共生复合养殖摩天楼》(4-2)

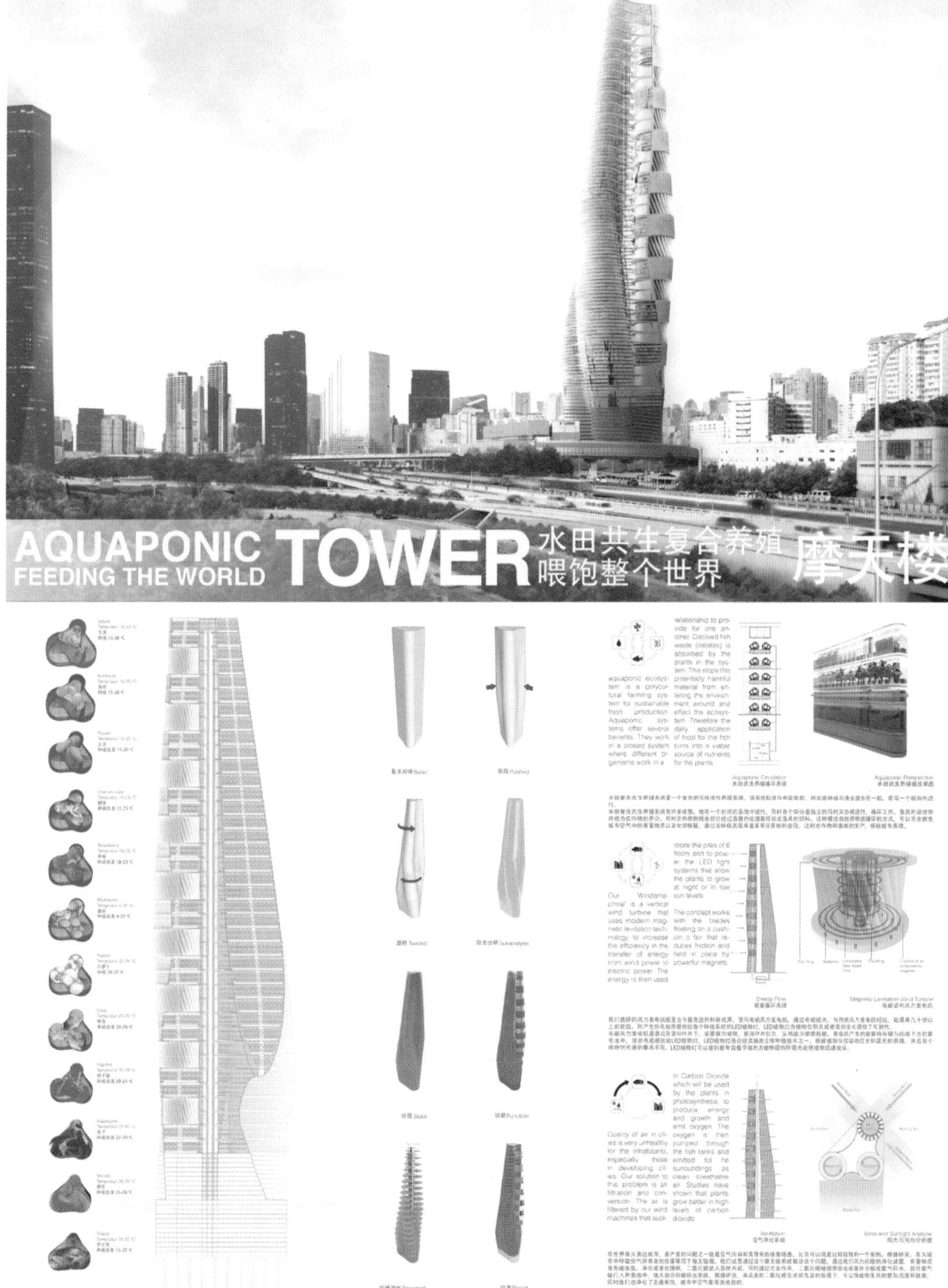

2013年第2届 一等奖作品:《水田共生复合养殖摩天楼》(4-3)

2013年第2届 一等奖作品:《水田共生复合养殖摩天楼》(4-4)

2013年第2届 一等奖作品：《净之塔》(3-1)

2013年第2届 一等奖作品：《净之塔》（3-2）

2013年第2届 一等奖作品:《净之塔》(3-3)

1
PIERCE THE HAZE
城市之肺——CITY LUNG
1、雾霾——2013 年 1 月 9 日以来，全国中东部地区
陷入严重的雾霾和污染天中。从东北到西北，从华北到中部导致黄淮、江南地区，
都出现了大范围的重度和严重污染。
雾霾天气持续。雾霾对公众生活和健康造成极大威胁，专家分析，霾很可能取代吸烟成为肺癌病“杀手”。
大范围雾霾天气持续影响着南京。受雾霾天气的严重影响，南京的中小学和幼儿园已经停课。
防治雾霾，势在必行。
2、农业——至 2050 年，世界人口将达到 92 亿，其中 71% 将居住在城市地区。
为维持粮食需求，将需要 10 亿亩农田，而目前在全世界范围内，80% 适宜耕种的地面已被使用，其中 15% 由于管理问题存在着严重的浪费。如今人口增长的现象影响着绝大多数国家和大型城市。
农业立体化发展，是未来的必然趋势。
3、交通——城市交通拥堵作为一个社会问题对人们的影响越来越大。
交通拥堵不仅造成时间上的延误、经济上的损失，还给整个社会造成了巨大的无谓损失。
城市立体化发展，刻不容缓。
1, Haze -- Since January 9, 2013, the central and eastern regions draw in serious smog .
From the northeast to the northwest,there is a wide range of severe pollution.
In fact, the haze weather continued. Air quality is not new phenomenon in this year.
Haze is not generally air pollution. It could pose a great threat to the public life and health. Environmental expert analysis that gray haze is likely to replace smoking in lung cancer"killer".
A wide range of fog haze weather continued influence nanjing. Affected by severe haze weather, many schools and kindergartens in nanjing has stopped their classes.
The prevention of haze is imperative.
2.Agriculture--To 2050, the world's population will reach 9.2 billion, 71% of them will be living in urban areas. In order to maintain the demand for food, will need 1 billion mu of farmland, and the current worldwide, the ground of 80% is suitable for farming has been used, of which 15% because there are serious waste management problems. Now the phenomenon of population growth affects the vast majority of countries and big cities.
Vertical development of agriculture is the inevitable trend of the future.
3.Transportation-- As a social problem,urban traffic congestion has more and more influence on people. Traffic congestion caused great deadweight loss and waste of reaources and environment pollution.
Vertical development of transportation is urgent
血脉经络
肌肉组织
肺泡
呼吸肌（起气泵作用）
城市之肺

2013年第2届 二等奖作品：《城市之肺》(3-1)

看不见的城市
看不见的南京
日出后，
所有人都出来寻找这座城市。
你被浓雾所包围，
你们
近在咫尺，远在天边。
这不是梦境，这是魔障……

我们要刺透这迷雾。
去看夜空里的星星，
看你深爱的城清晰的天际线，
看你的爱人自远方向你飞奔而来。

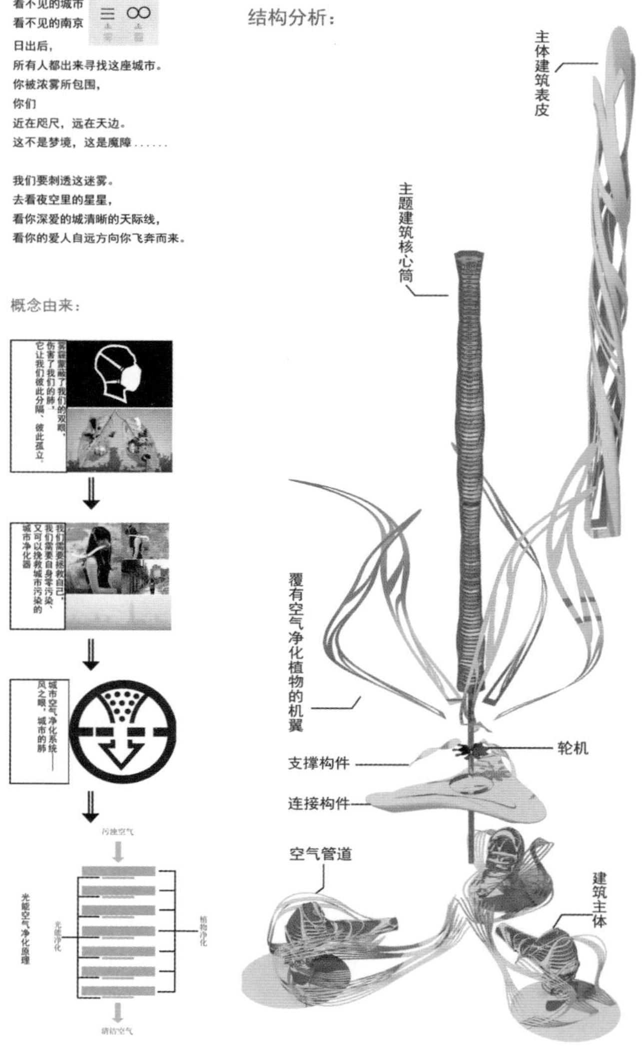

概念由来：

雾霾蒙蔽了我们的双眼，伤害了我们的肺，它让我们彼此分隔、彼此孤立。
我们需要拯救自己，我们需要自身零污染，又可以挽救城市污染的城市净化器
城市空气净化系统——风之眼，城市的肺
污浊空气
光能净化
植物净化
清洁空气
光能空气净化原理

结构分析：

主体建筑表皮
主题建筑核心筒
覆有空气净化植物的机翼
轮机
支撑构件
连接构件
空气管道
建筑主体

2
Parks
粮食种植区
菊花 吸收苯
石榴 降低铅含量
太阳能接受板
石竹、美人蕉
吸收二氧化硫
初效过滤网
芦荟、景天
吸收二氧化碳
释放氧气
等离子发生器
海桐、龟背竹
吸收光化学烟雾防尘隔音
静电集尘过滤网
雏菊 吸收三氟乙烯
光催化过滤网
吊兰
吸收一氧化碳和甲醛
空气清新剂

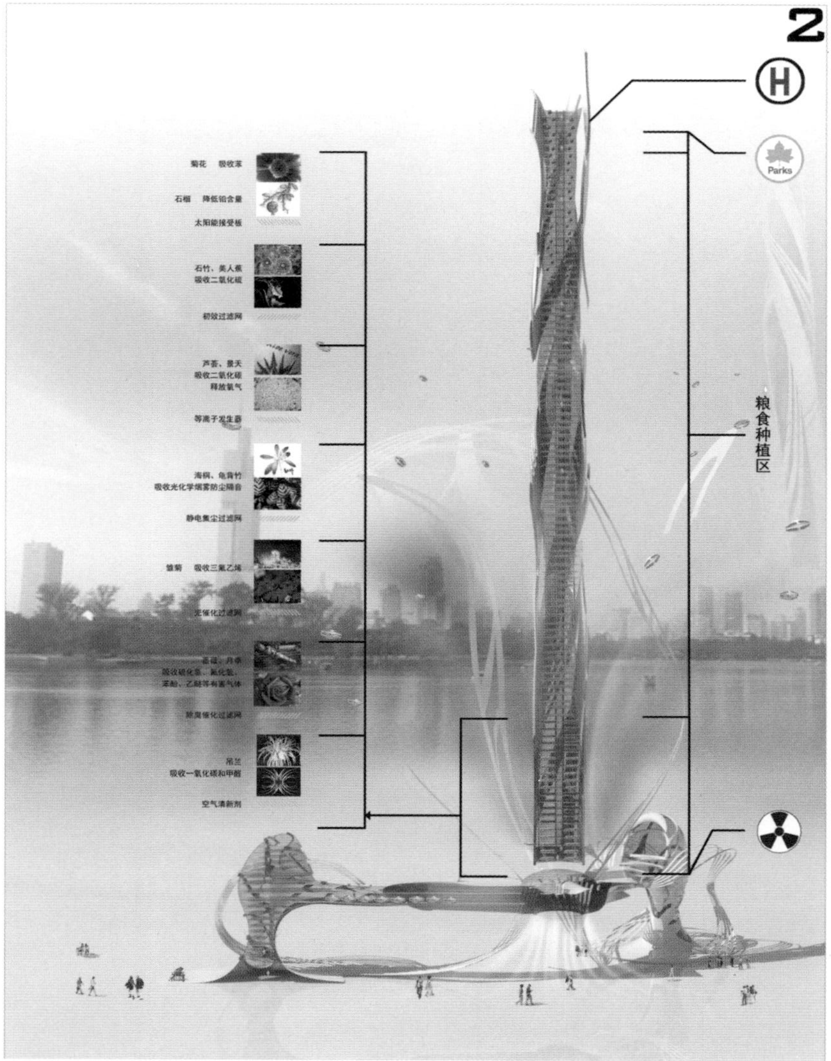

2013年第2届 二等奖作品：《城市之肺》（3-2）

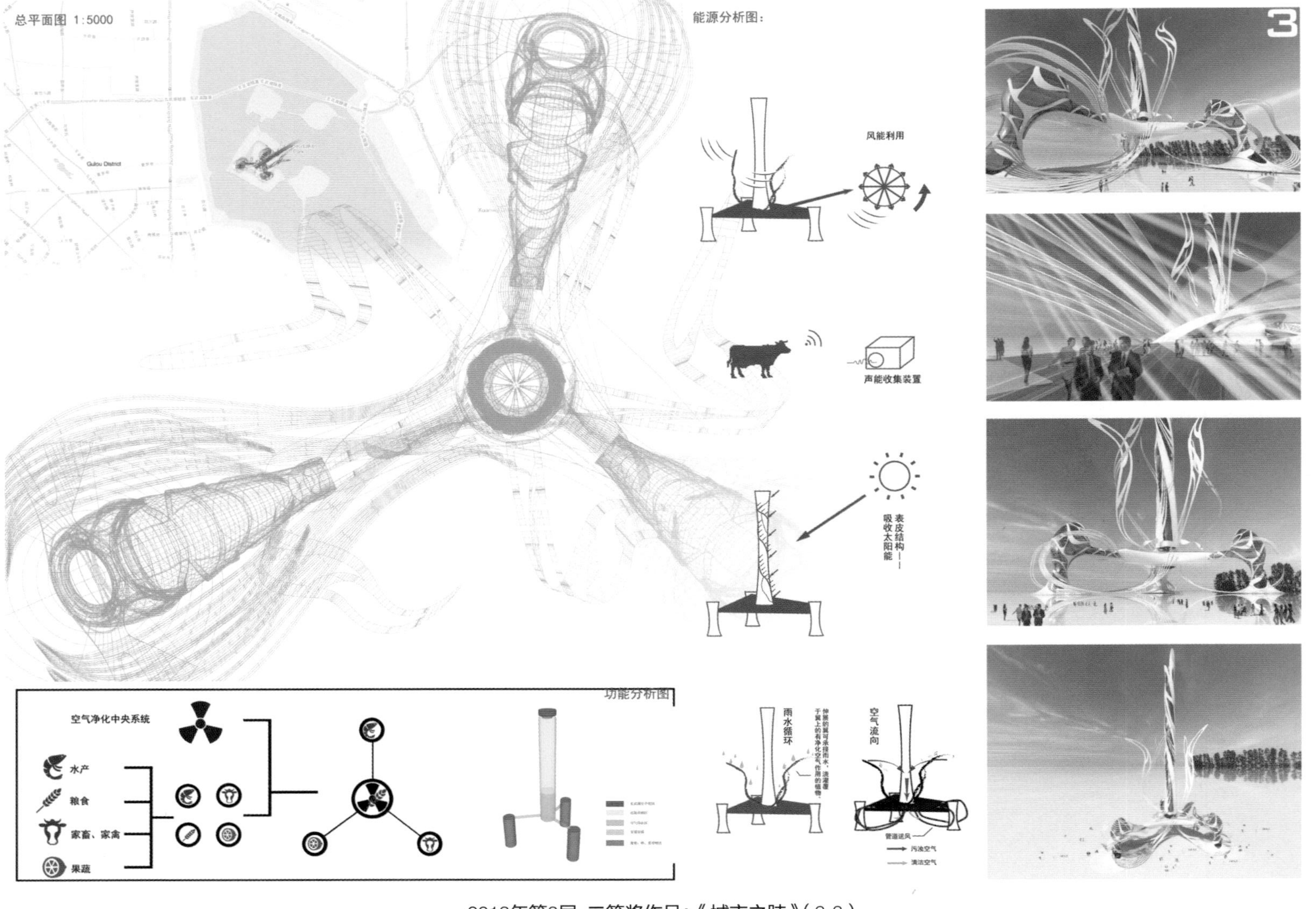

2013年第2届 二等奖作品：《城市之肺》(3-3)

2013年第2届 二等奖作品：《浮游》(3-1)

2013年第2届 二等奖作品：《浮游》(3-2)

2013年第2届 二等奖作品:《浮游》(3-3)

2013年第2届 三等奖作品:《The Green Wall》(4-1)

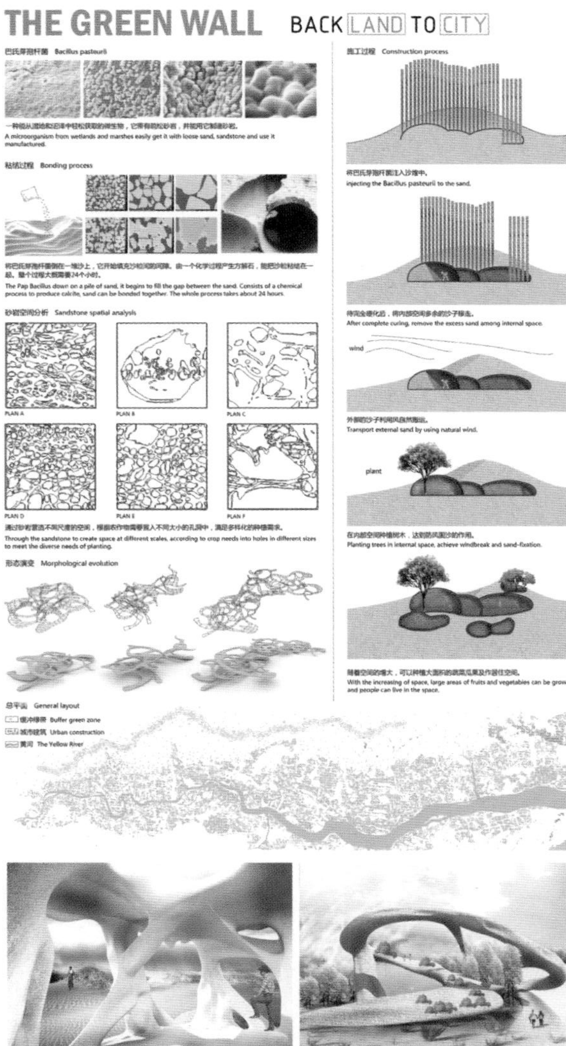

2013年第2届 三等奖作品:《The Green Wall》(4-2)

2013年第2届 三等奖作品：《The Green Wall》(4-3)

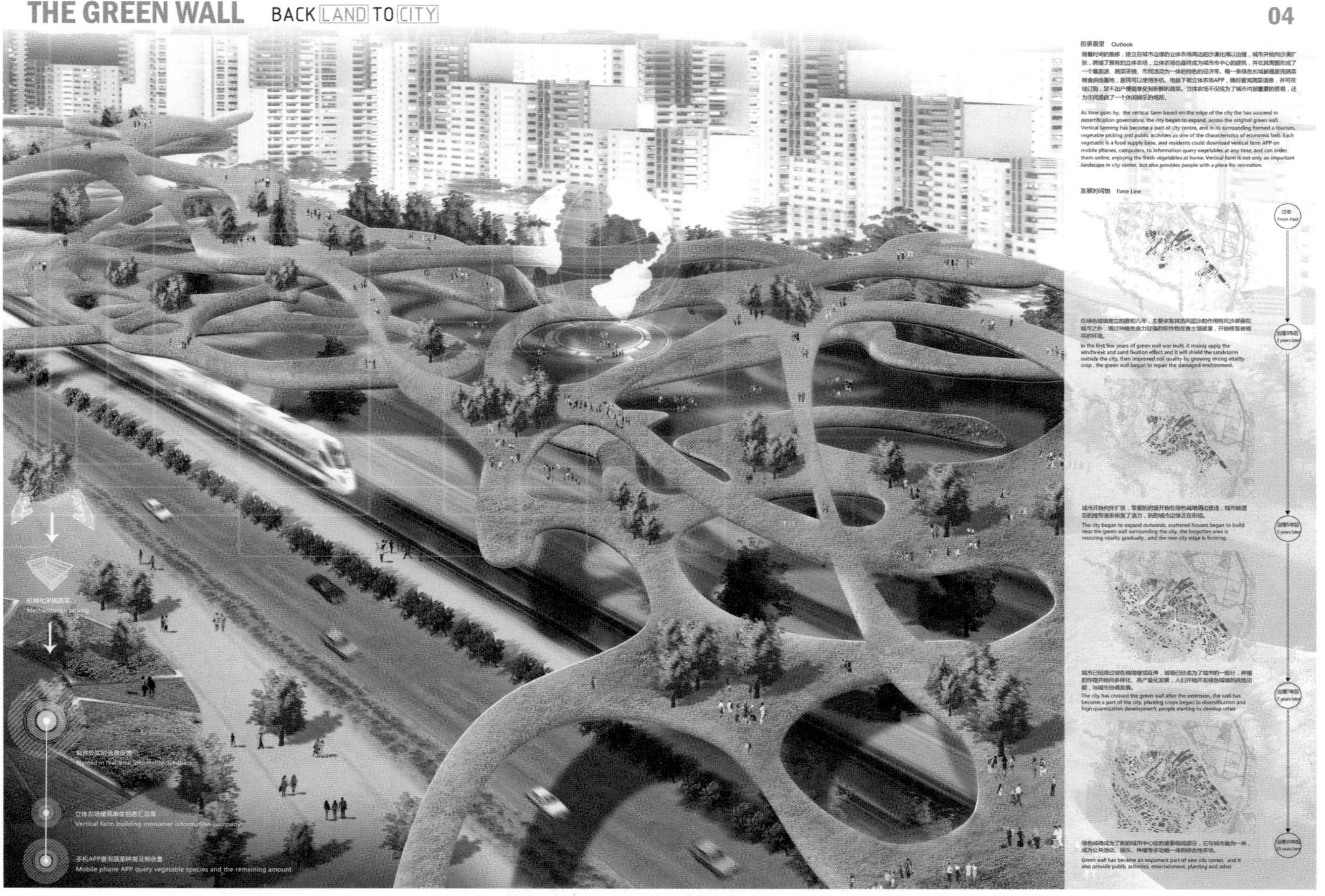

2013年第2届 三等奖作品：《The Green Wall》(4-4)

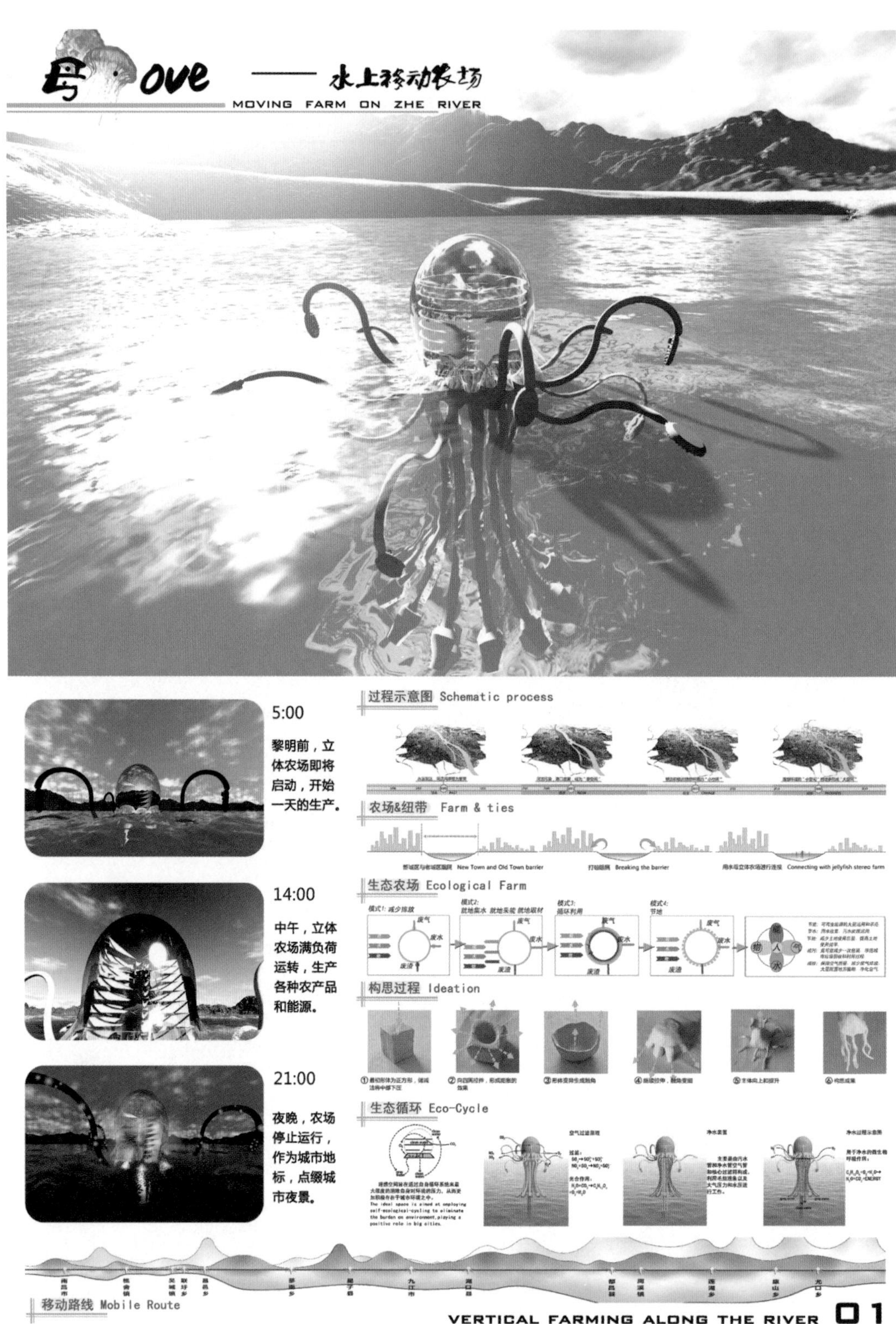

2013年第2届 三等奖作品:《水上移动农场》(3-1)

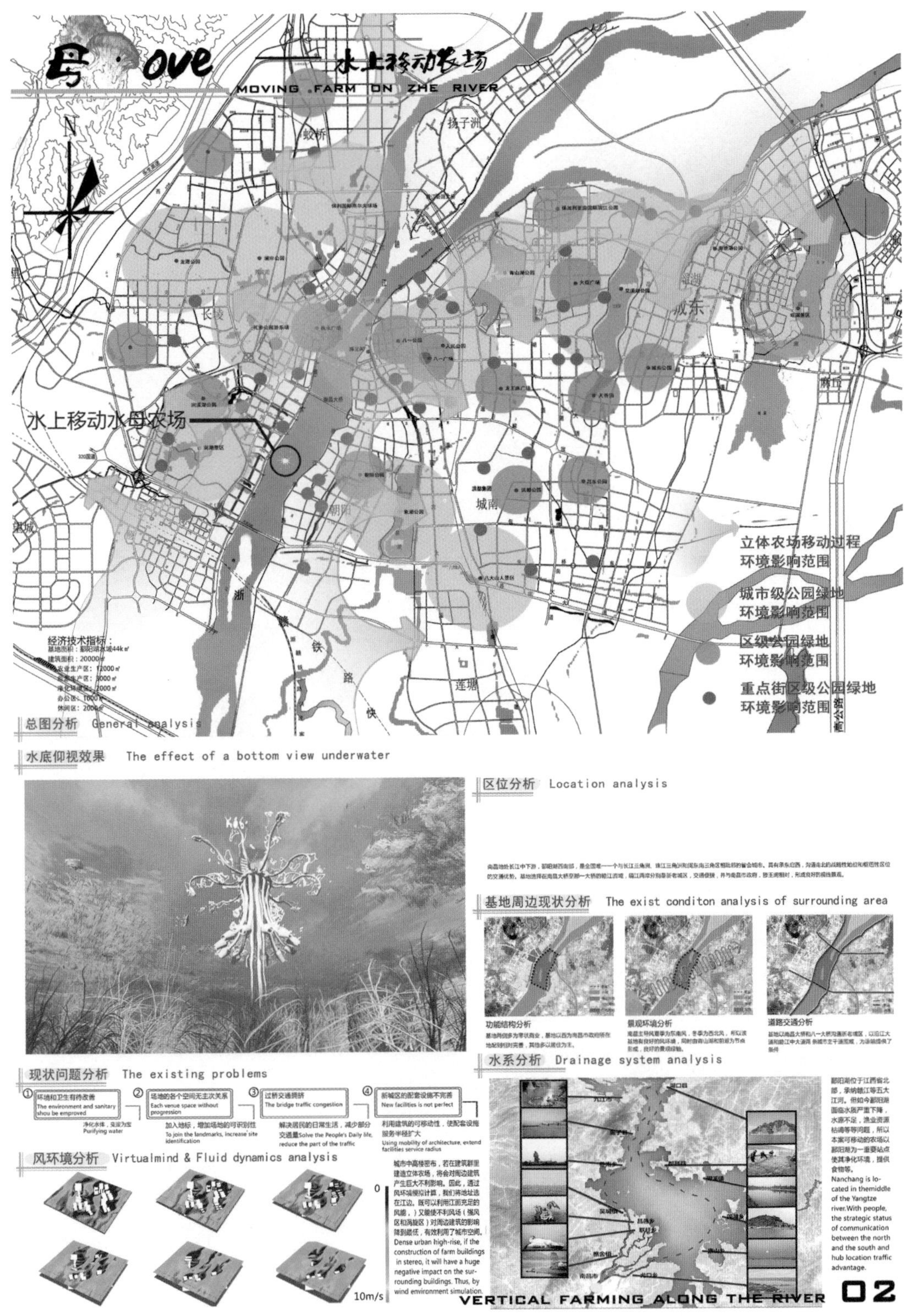

2013年第2届 三等奖作品:《水上移动农场》(3-2)

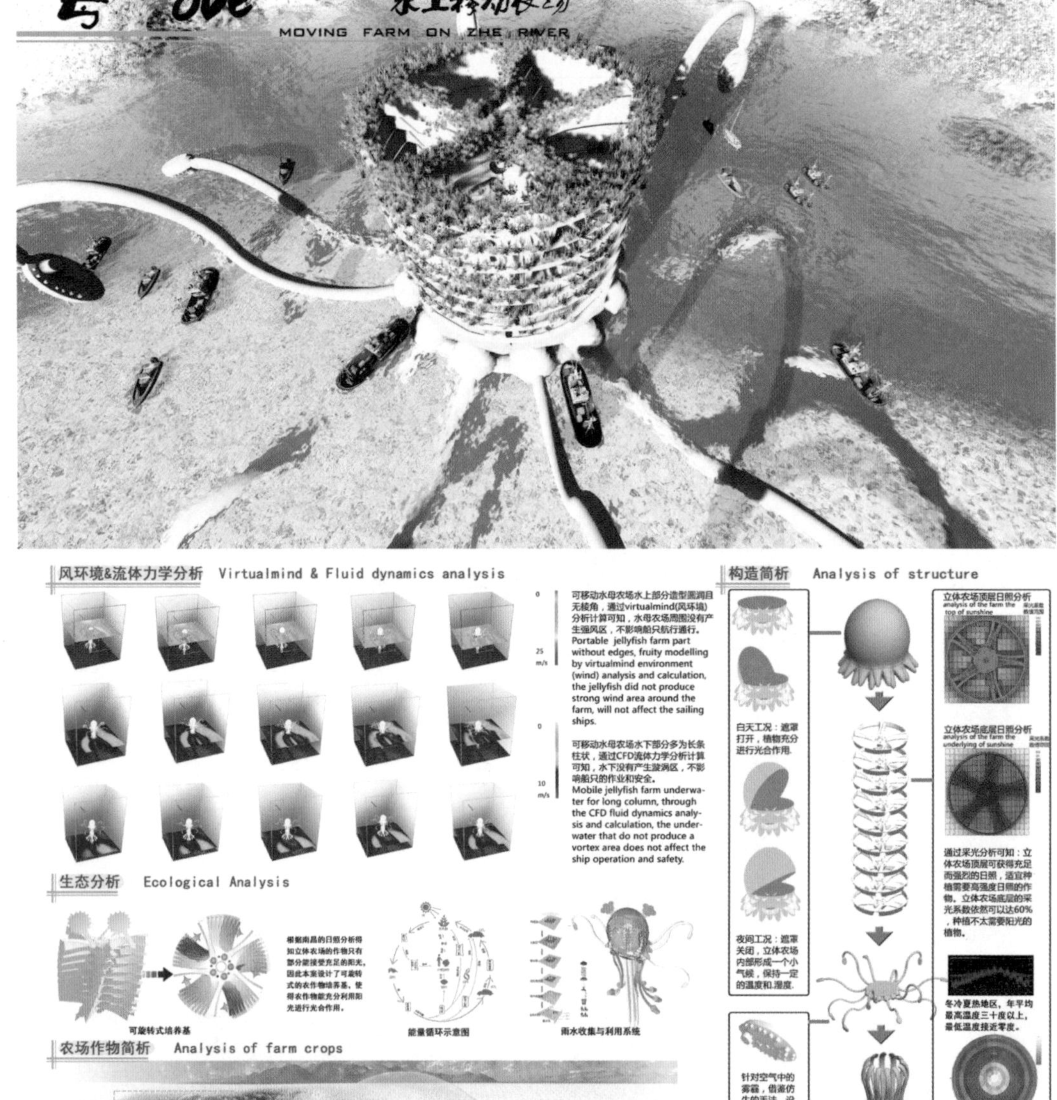

2013年第2届 三等奖作品：《水上移动农场》(3-3)

2015年第3届 一等奖作品:《归·园》(4-1)

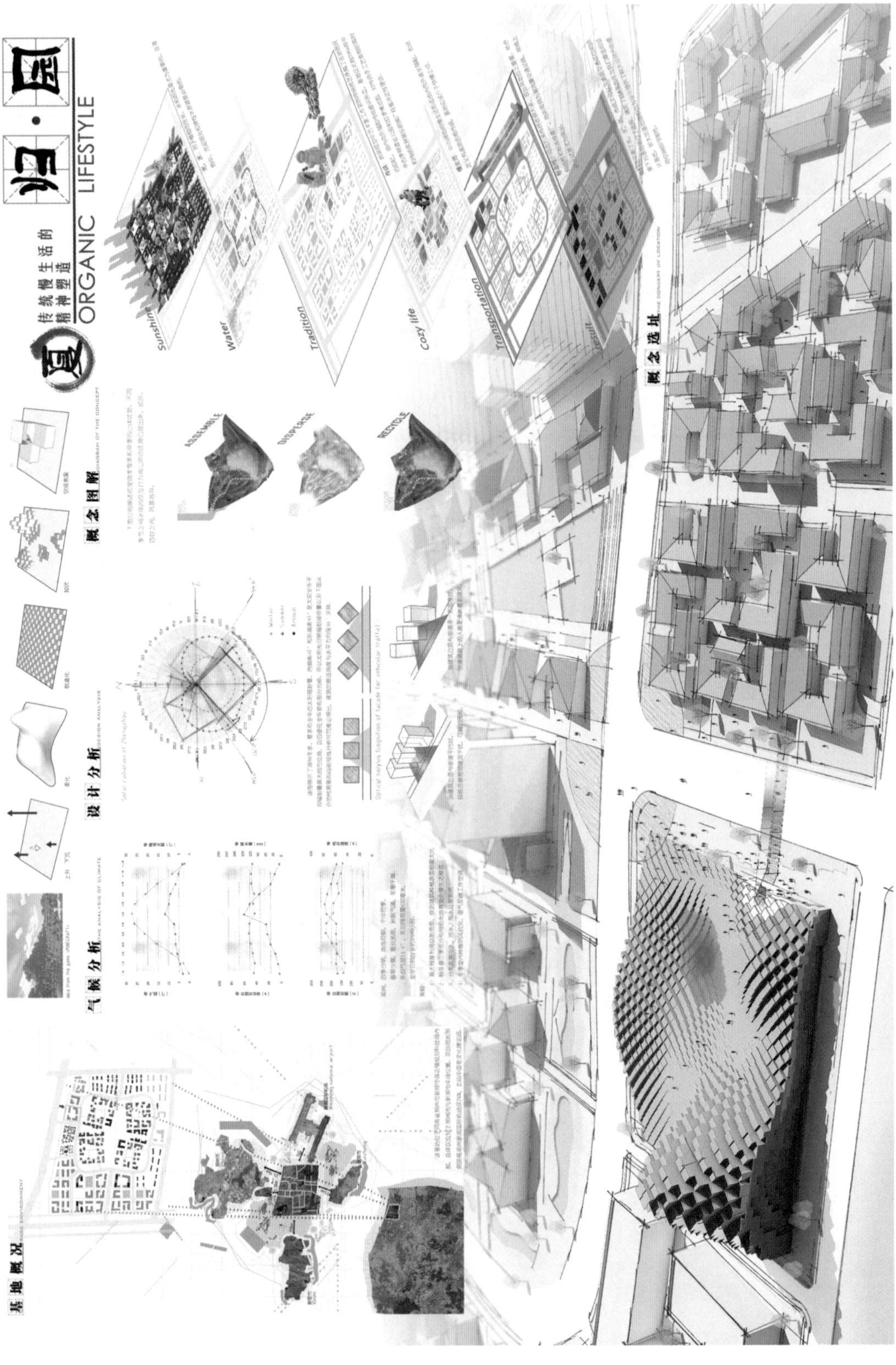

2015年第3届 一等奖作品：《归·园》(4-2)

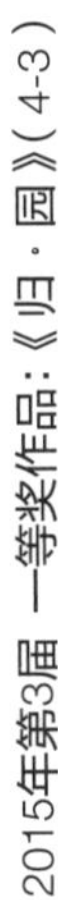

2015年第3届 一等奖作品：《归·园》(4-3)

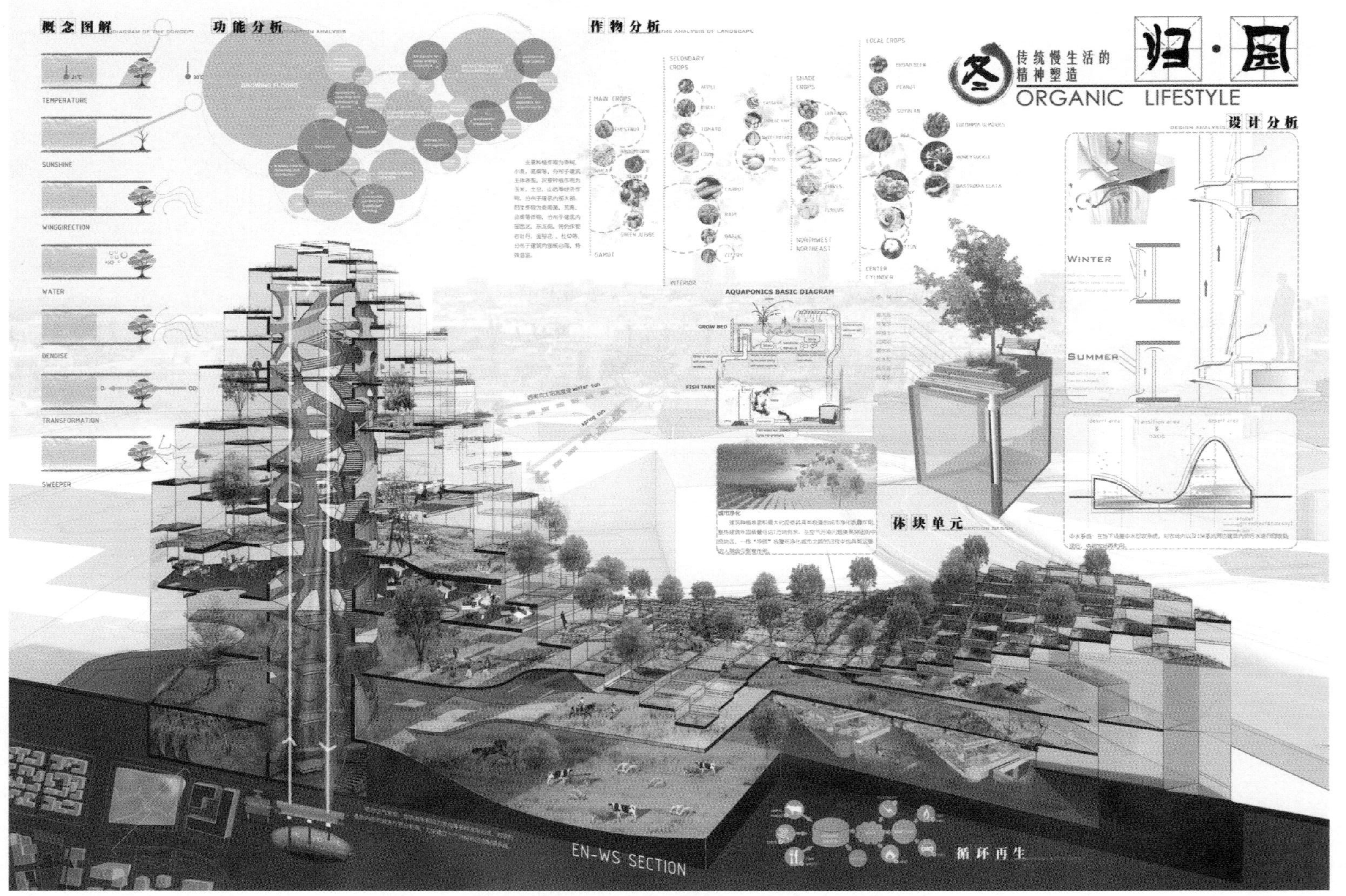

2015年第3届 一等奖作品：《归·园》（4-4）

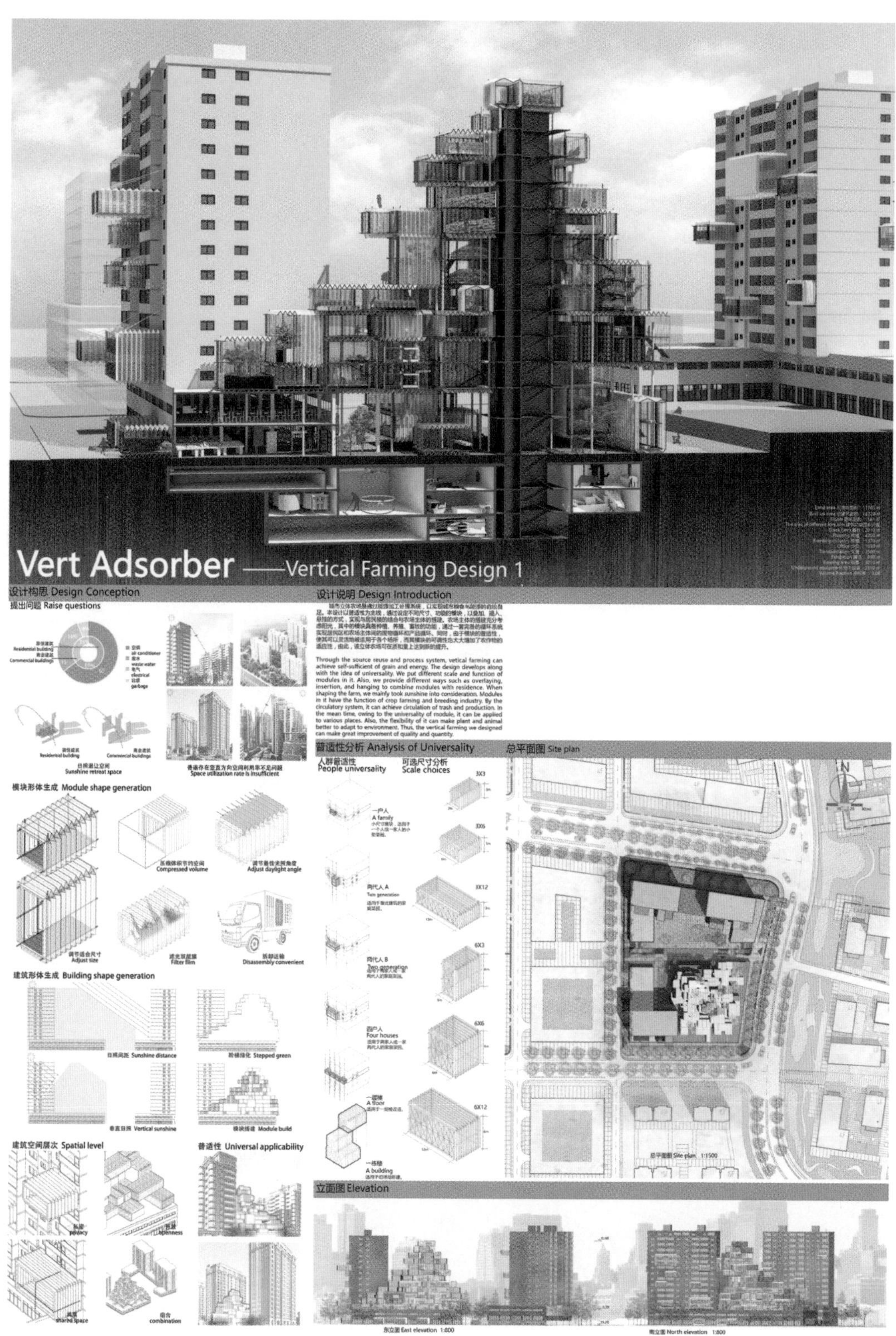

2015年第3届 二等奖作品:《Vert Adsorber》(3-1)

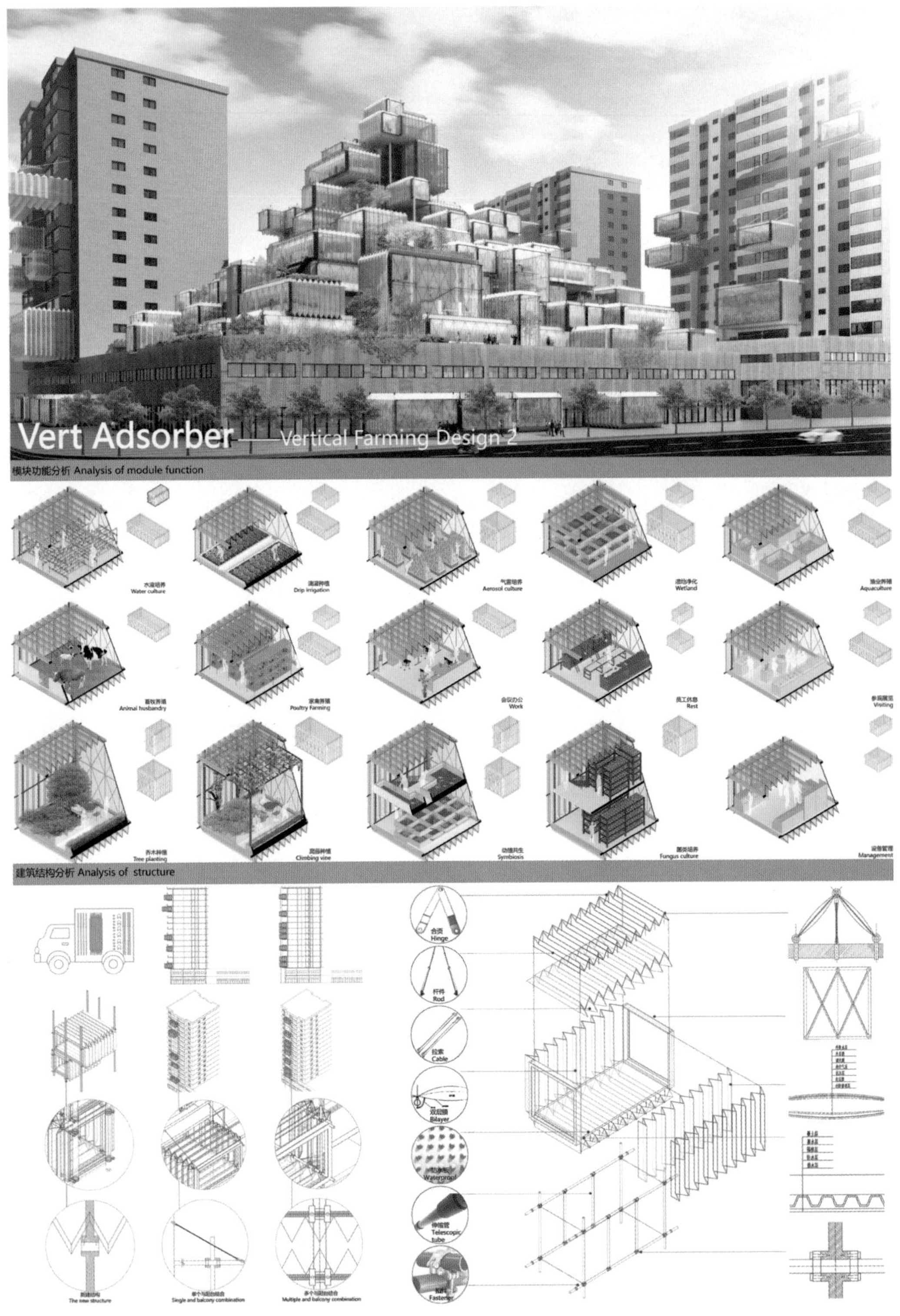

2015年第3届 二等奖作品：《Vert Adsorber》(3-2)

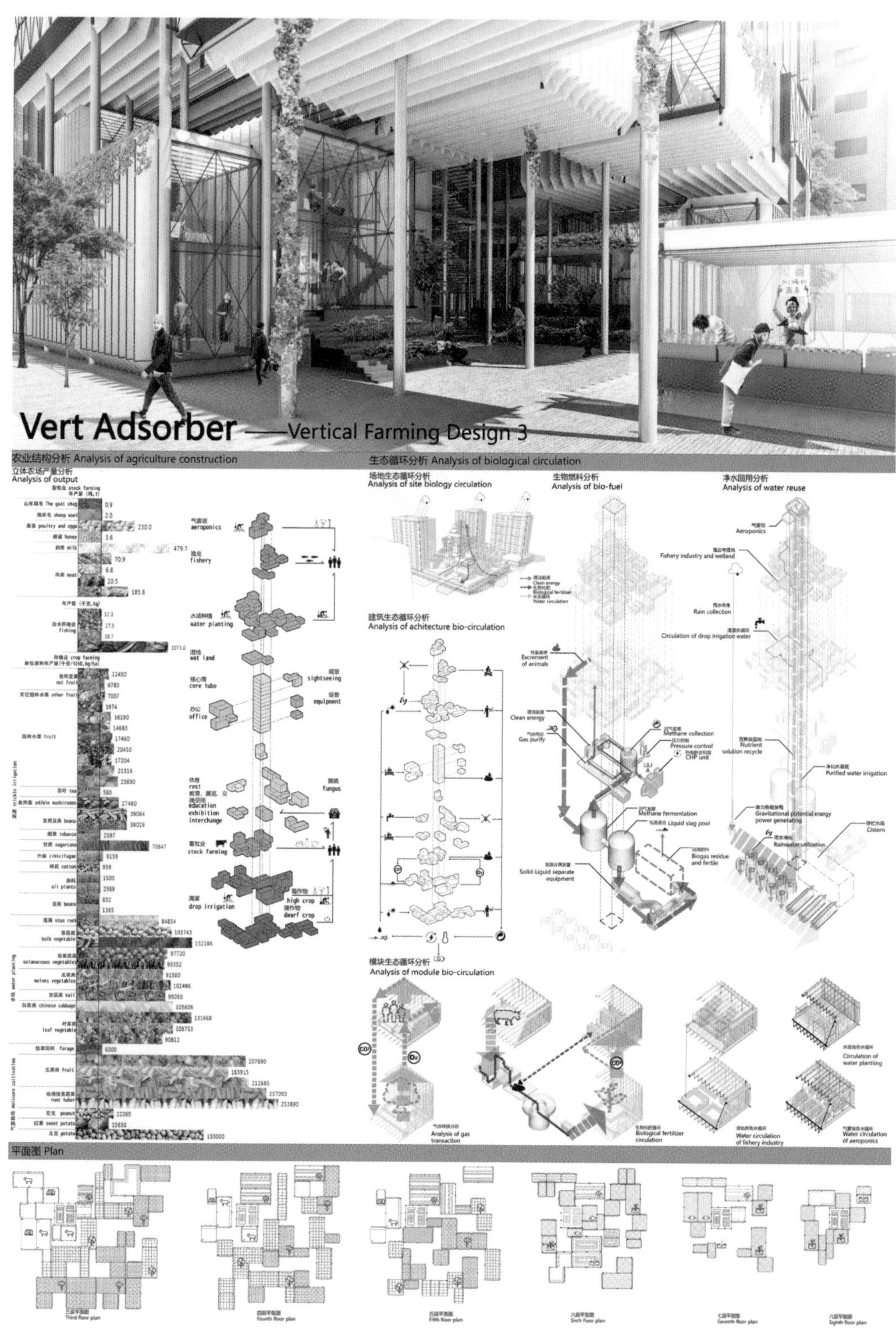

2015年第3届 二等奖作品：《Vert Adsorber》(3-3)

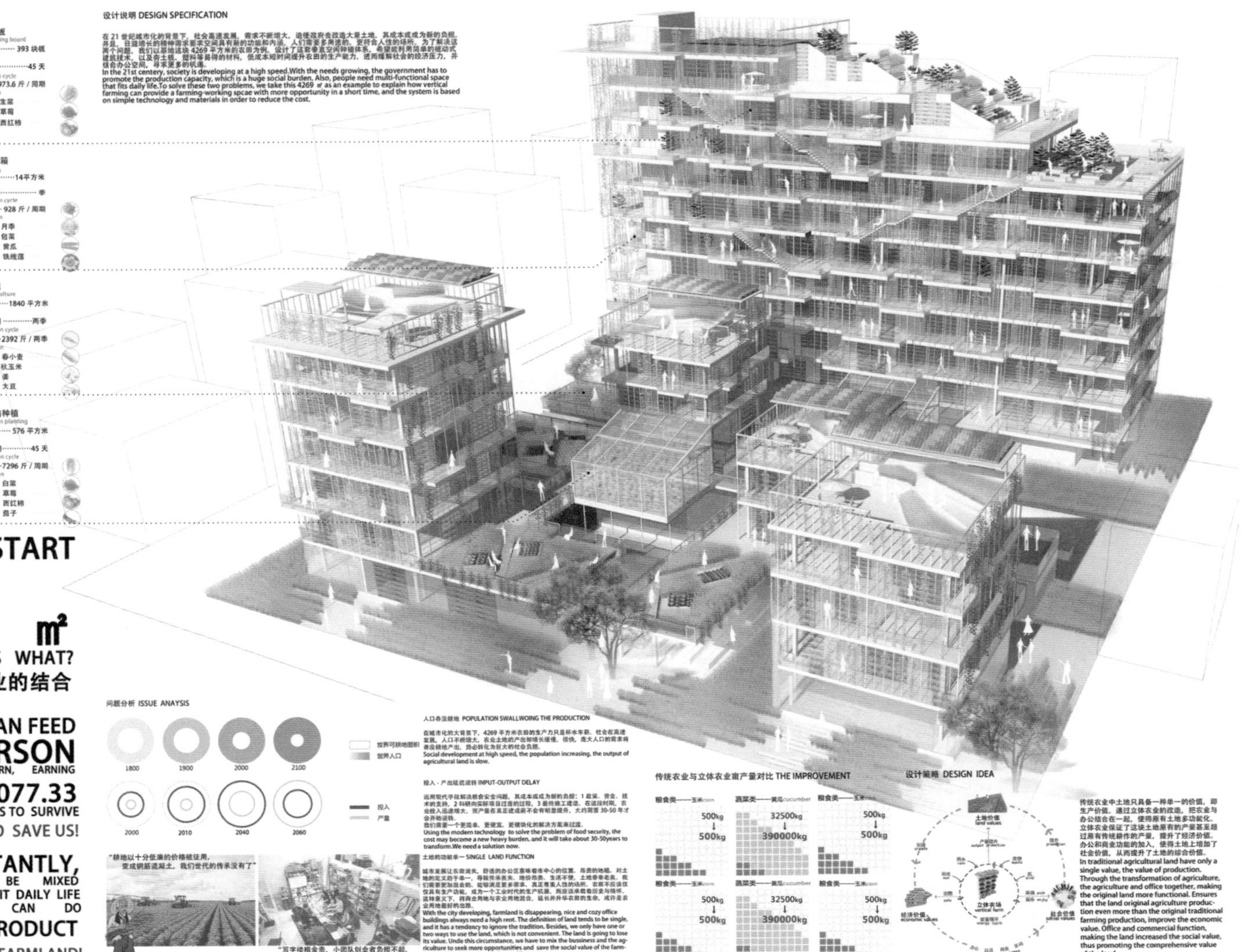

2015年第3届 二等奖作品：《创客空间》(2-1)

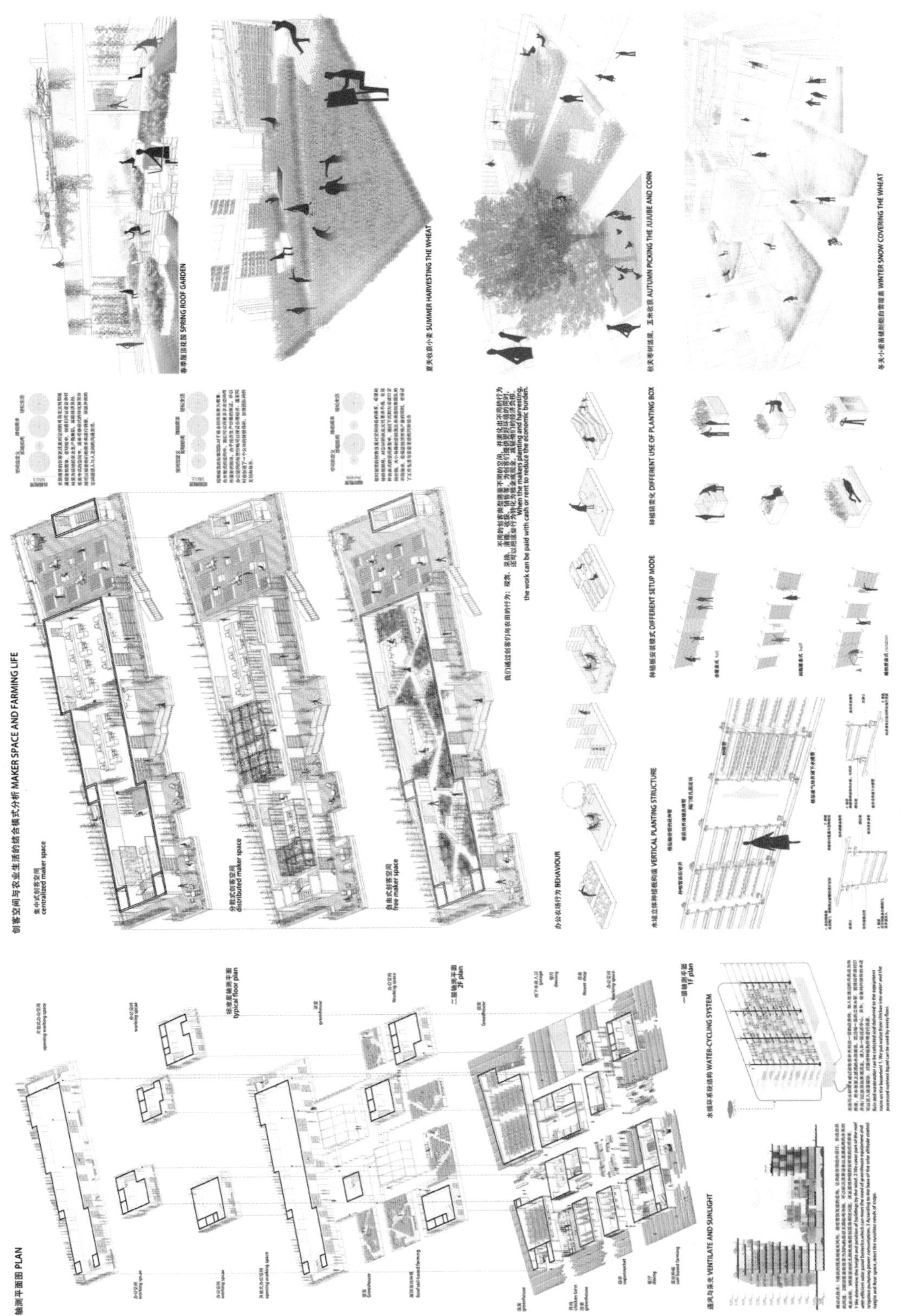

2015年第3届　二等奖作品:《创客空间》(2-2)

蜂巢农场 The Green Honeycomb 1

设计背景 Design Background

设计说明 Design Notes

2015年第3届 三等奖作品：《蜂巢农场》（4-1）

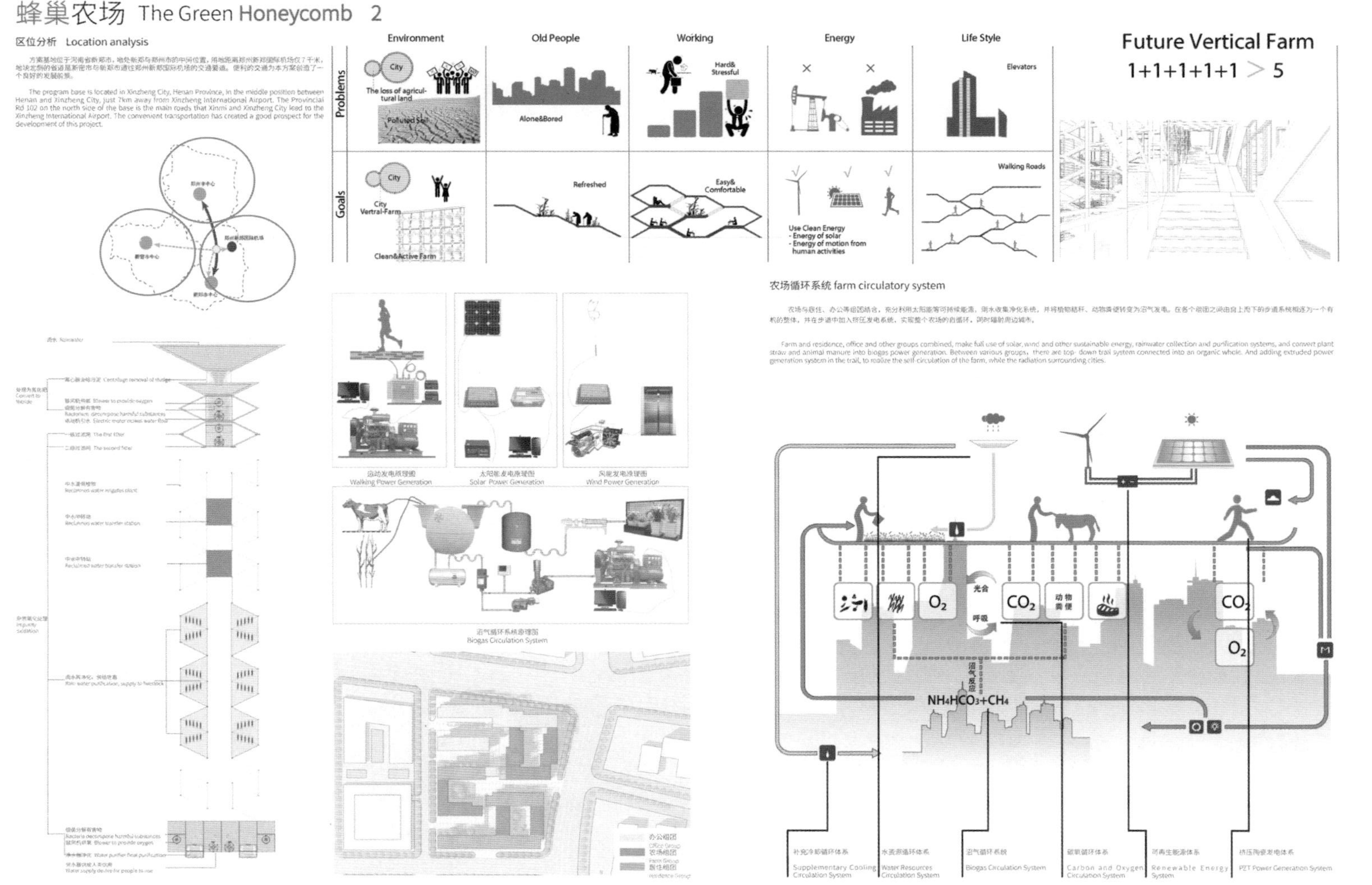
蜂巢农场 The Green Honeycomb 2
区位分析 Location analysis
The program base is located in Xinzheng City, Henan Province, in the middle position between Henan and Xinzheng City, just 7km away from Xinzheng International Airport. The Provincial Rd 102 on the north side of the base is the main roads that Xinmi and Xinzheng City lead to the Xinzheng International Airport. The convenient transportation has created a good prospect for the development of this project.
Problems
Goals
Environment
Old People
Working
Energy
Life Style
City
The loss of agricultural land
Polluted Soil
Alone&Bored
Hard&Stressful
Elevators
City Vertical-Farm
Clean&Active Farm
Refreshed
Easy&Comfortable
Use Clean Energy
- Energy of solar
- Energy of motion from human activities
Walking Roads
Future Vertical Farm
1+1+1+1+1 > 5
农场循环系统 farm circulatory system
Farm and residence, office and other groups combined, make full use of solar, wind and other sustainable energy, rainwater collection and purification systems, and convert plant straw and animal manure into biogas power generation. Between various groups, there are top- down trail system connected into an organic whole. And adding extruded power generation system in the trail, to realize the self-circulation of the farm, while the radiation surrounding cities.
运动发电原理图
Walking Power Generation
太阳能发电原理图
Solar Power Generation
风能发电原理图
Wind Power Generation
沼气循环系统原理图
Biogas Circulation System
光合
呼吸
动物粪便
NH4HCO3+CH4
CO2
O2
补充冷却循环体系
Supplementary Cooling Circulation System
水资源循环体系
Water Resources Circulation System
沼气循环系统
Biogas Circulation System
碳氧循环体系
Carbon and Oxygen Circulation System
可再生能源体系
Renewable Energy System
PZT Power Generation System

2015年第3届 三等奖作品:《蜂巢农场》(4-2)

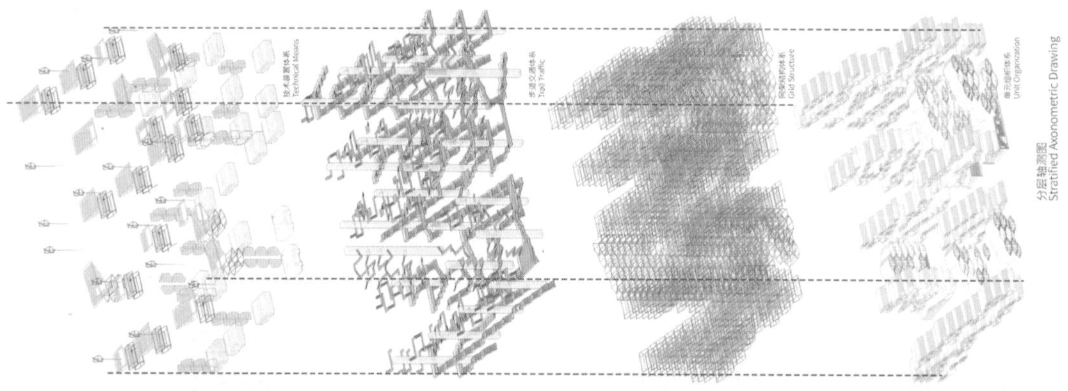

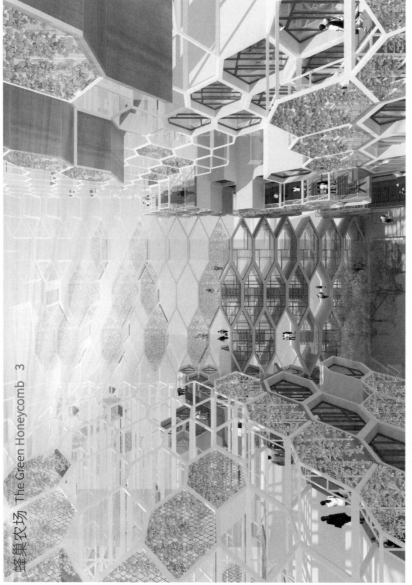

蜂巢农场 The Green Honeycomb 3

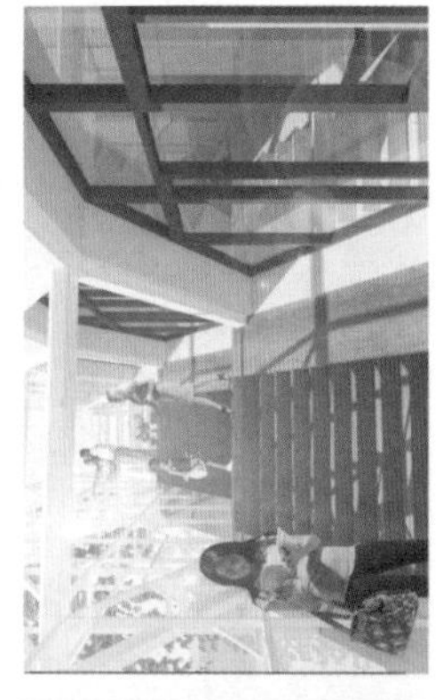

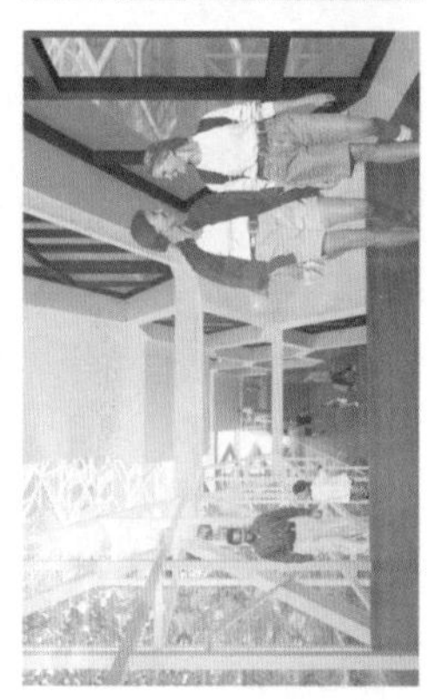

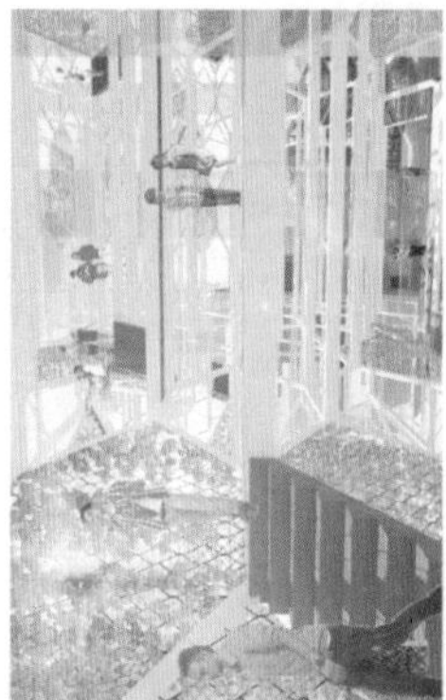

2015年第3届 三等奖作品：《蜂巢农场》（4-3）

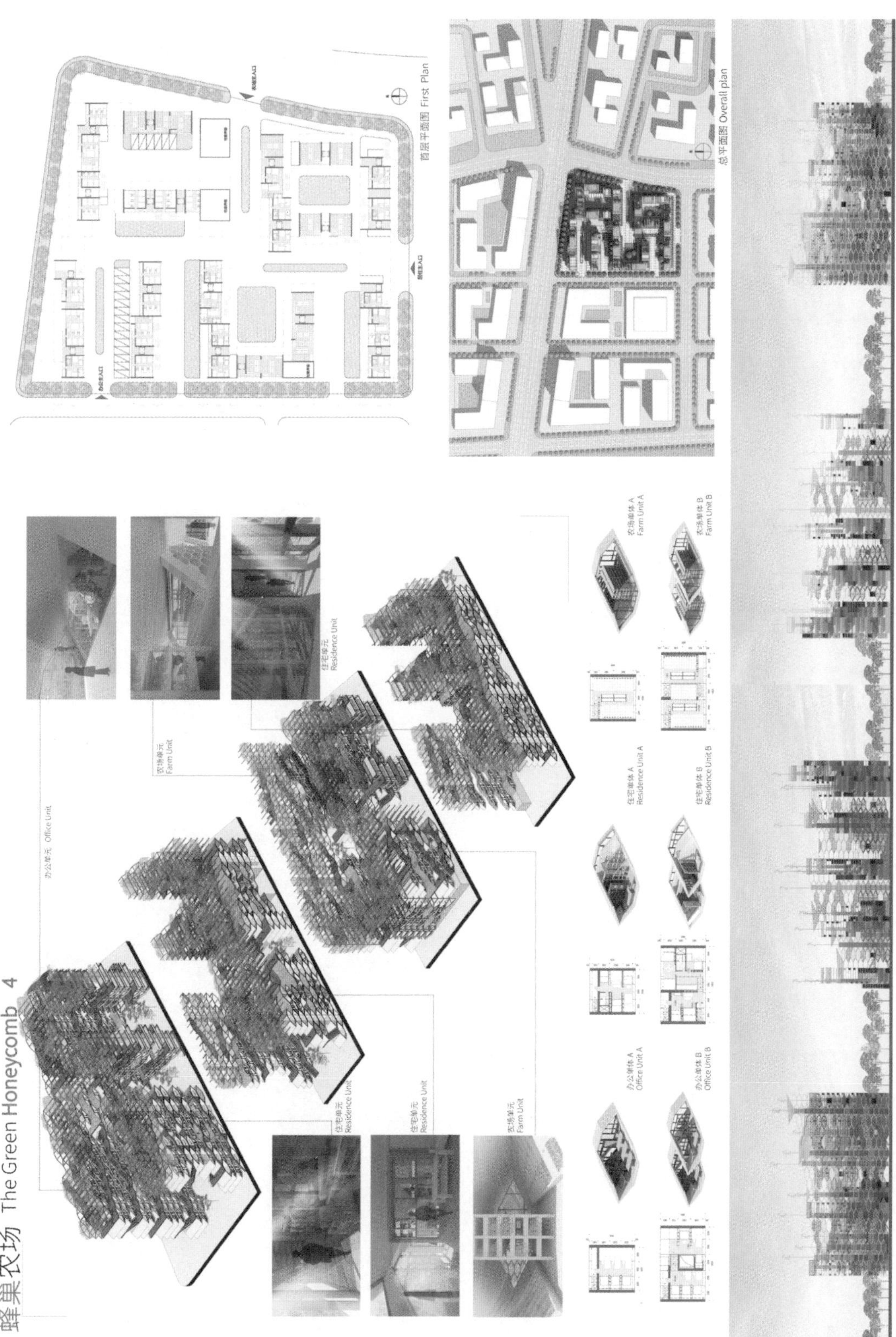
蜂巢农场 The Green Honeycomb 4
办公单元 Office Unit
住宅单元 Residence Unit
农场单元 Farm Unit
首层平面图 First Plan
总平面图 Overall plan
办公单体 A Office Unit A
办公单体 B Office Unit B
住宅单体 A Residence Unit A
住宅单体 B Residence Unit B
农场单体 A Farm Unit A
农场单体 B Farm Unit B

2015年第3届 三等奖作品：《蜂巢农场》(4-4)

2015年第3届 三等奖作品：《进城·净城》(3-1)

2015年第3届 三等奖作品:《进城 · 净城》(3-2)

进城 · 净城

Migrate and Purify the City

基于农民失地问题的城市立体农场设计

the Design of Urban Vertical Farms Based on the Problem That Farmers Lost Land

2015年第3届 三等奖作品：《进城 · 净城》（3-3）

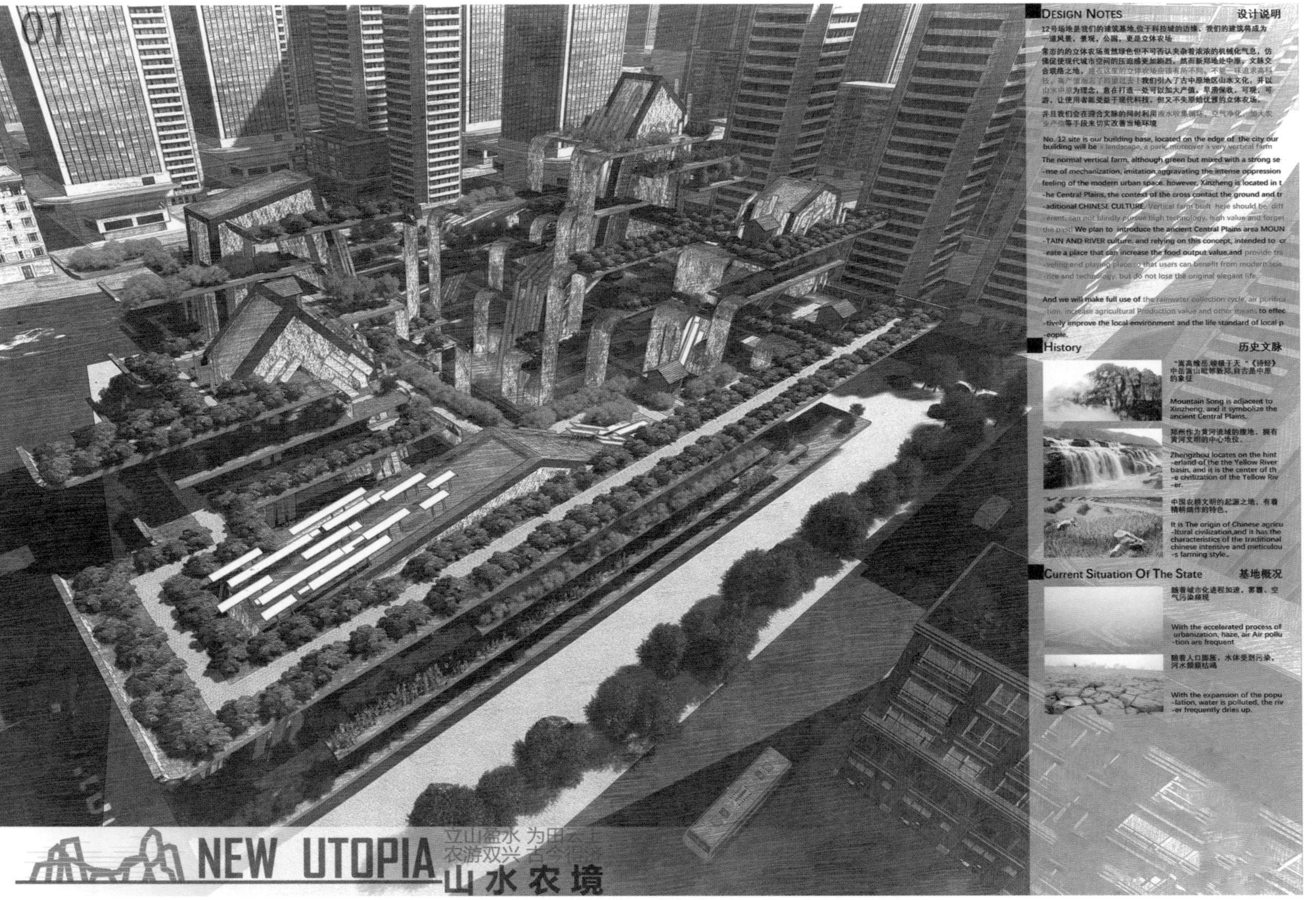

2015年第3届 三等奖作品:《山水农境》(3-1)

MOUNTAIN CREATING
WATER WATERING
CLOUD FARM BUILDING
立山 盈水 为云田
1.TRANSITION 转换
传统的立体农场就如同城市中的摩天高楼一样，以其巨大的体量给予周围环境和原有空间形成压迫感，这样的空间形成是冷漠的，消极的，非有好的
The traditional vertical farm is just like a sk-yscraper in the city.. because of its extrem-ely huge body,mass,shape,it always gives the surrounding environment and the origi-nal space a sense of oppression, so that t-he formation of that space is indifferent, p-assive, and unfriendly
抽离
abstract
将传统立体农场的中心机能部抽离出
Parting the central function of the tra-ditional vertical farm
曲折功能空间，降低其高度，营造空间意义上的谦卑感
Twisting and turning the function spa-ce, reducing its height, creating a se-nse of space humility
重复手法，仿形群山，营造意境
Repeating methods,simulating moun-tains,creating artistic conception
将高科技机能植入山形体块，赋予其功能，迎合种植需求
Adding high-tech function to this mo-untain space,giving its practicability, meeting the needs of a farm
将传统立体农场养殖种植部抽离出
Drawing out the traditional vertical fa-rm' s cultivating and planting area
四散，平铺，降低种植空间，诱发空间的亲切感，活力性
Scattering, tiling, reducing the plantin-g space,inducing a sense of space in-timacy, vitality
错落跌宕，形取流云，将种植区域向空间弥散
Scattering,rolling field,simulating clou-ds, dispersing the planting areas to the all space
进一步贴合实用性角度演绎流云形态让其造型带来特异性功能
Furthering interpretation of cloud for-ms in a way of practical thinking,givi-ng unique using according to its uni-que shape
组合
grouping
诗意的回归
NATURE RECALLING
构造
机能
structure function
最终将形态定格为山，水，流云，不仅仅从形式美，意境美的角度出发，更多的是从与周围环境的融洽性，实用功能方面入手，试图用一种随和的，文脉性质的手段来化解现代文明与人类天性间的冲突
Eventually forming frame from the mountain,w-ater, clouds, not only from the shape forms, a-rtistic conception,but also from the perspective of the harmony of the surroundings, culture, pr-actical functions, we want to solve the conflict between the modern civilization and human na-ture there
阳光
sunlight
雨水
rain
大面积光伏发电
Photovoltaic power generation
水循环体系
Water cycle
农场喷淋系统
Sprinkler system
瀑布跌水
Waterfall
雨水收集
Rainwater collection
anion
空气净化 Air purification
游园景观 Scenery
缓解缺水 Water Replenishment
加湿空气 Humidification air
2.FEATURES 特点
巨型加湿器
Giant humidifier
集雨器表皮
Rain collection implement surface
光伏发电板
Photovoltaic panel
引水设备台
Water diversion device
拉索支架结构
Cable support structure
渗透防止蒸发
Prevent evaporation
楼板构造
Floor structure
瀑布负离子
Waterfall negative ion
NEW UTOPIA
立山盈水 为田云上
农游双兴 古今得济
山水农境
02

2015年第3届 三等奖作品:《山水农境》(3-2)

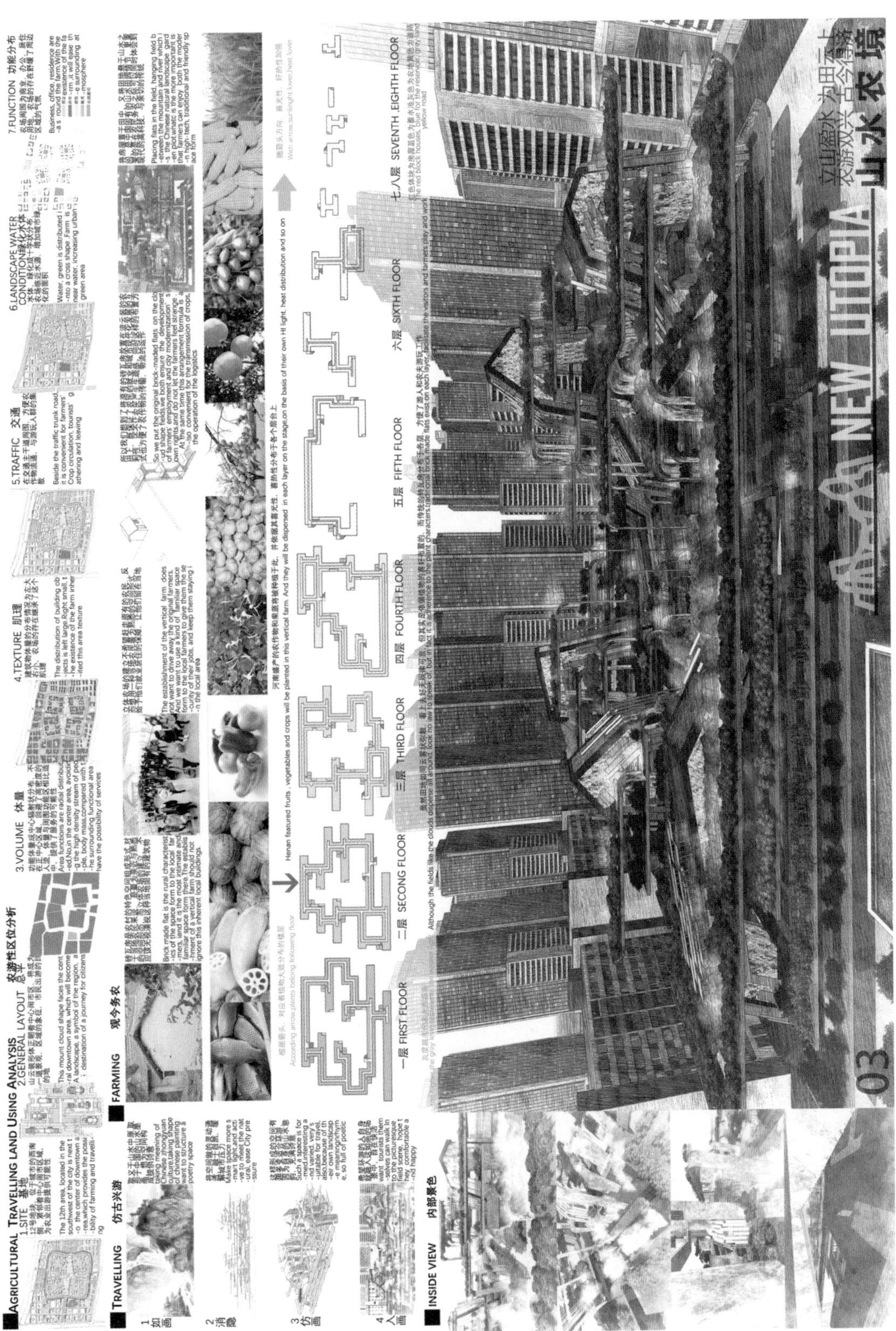

2015年第3届 三等奖作品:《山水农境》(3-3)

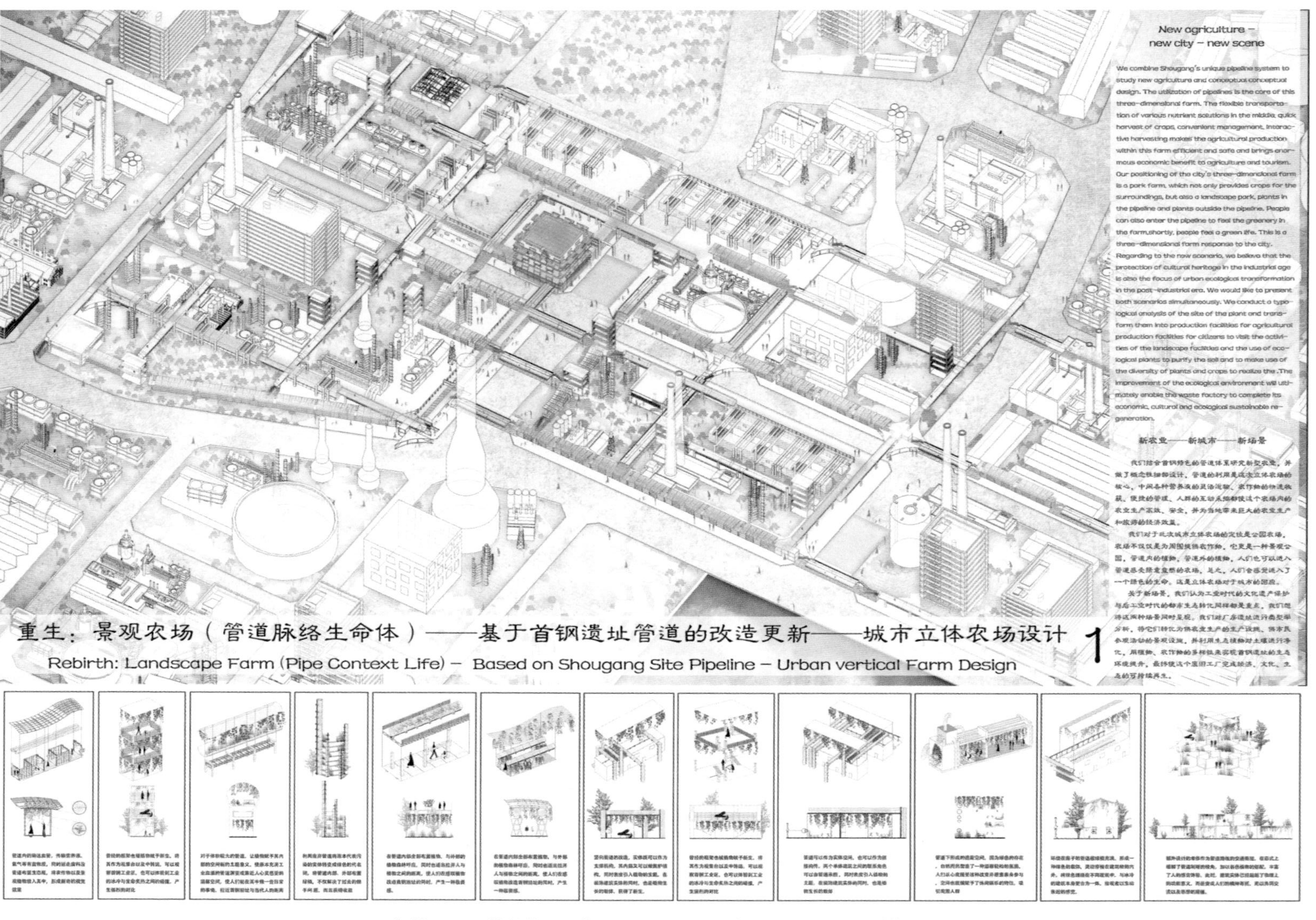

2017年第4届 一等奖作品：《重生：景观农场（管道脉络生命体）》(3-1)

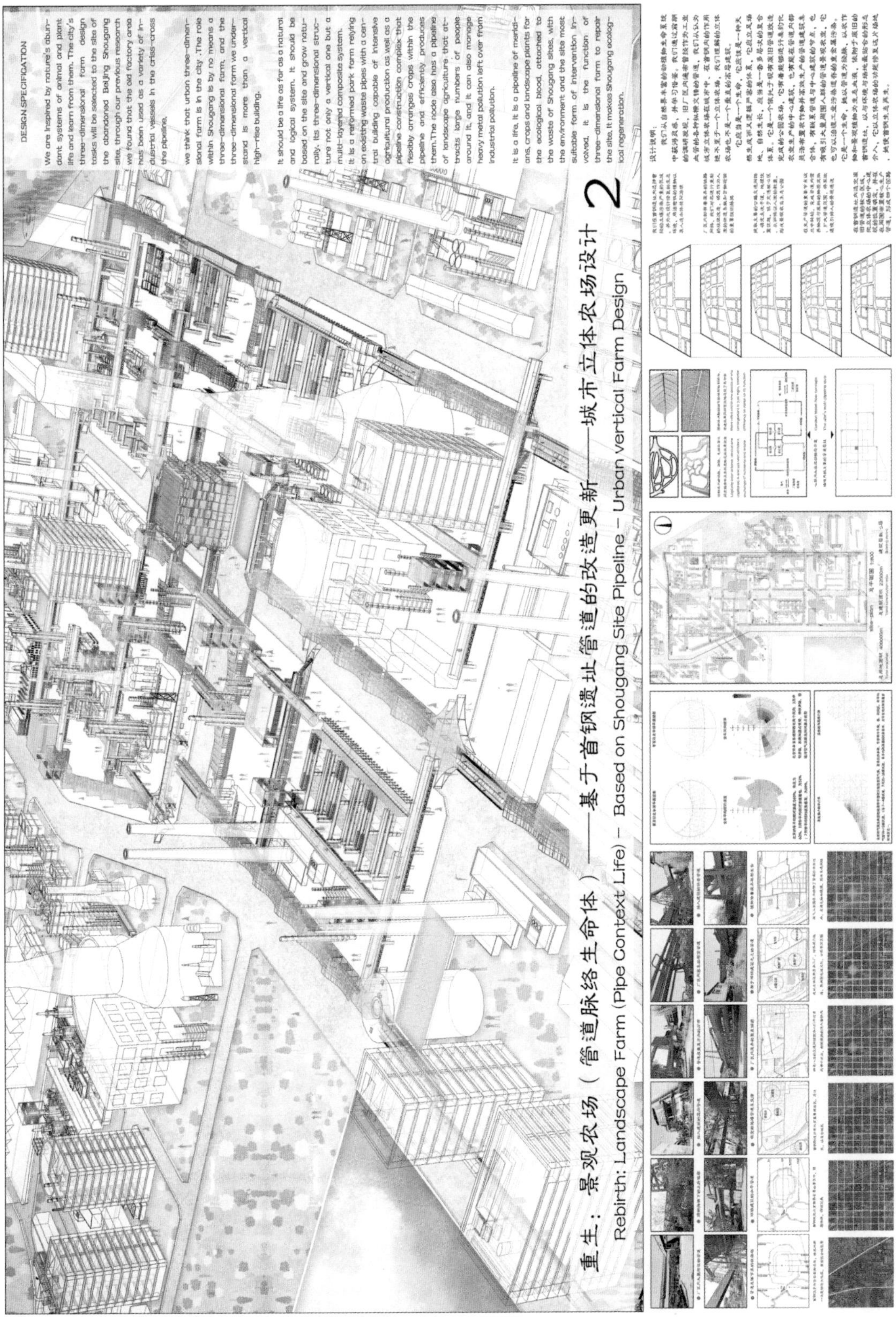

重生：景观农场（管道脉络生命体）——基于首钢遗址管道的改造更新——城市立体农场设计 2

Rebirth: Landscape Farm (Pipe Context Life) – Based on Shougang Site Pipeline – Urban vertical Farm Design

DESIGN SPECIFICATION

We are inspired by nature's abundant systems of animal and plant life and learn from them. The city's three-dimensional form design tasks will be selected to the site of the abandoned Beijing Shougang site, through our previous research we found that the old factory area has been used as a variety of industrial vessels in the criss-cross the pipeline.

we think that urban three-dimensional farm is in the city .The role within Shougang is by no means a three-dimensional farm, and the three-dimensional form we understand is more than a vertical high-rise building.

It should be a life as far as a natural and logical system. It should be based on the site and grow naturally. Its three-dimensional structure not only a vertical one but a multi-layered composite system. It is a reformed park farm relying on existing waste pipes with a central building capable of intensive agricultural production as well as a pipeline construction complex that flexibly arranges crops within the pipeline and efficiently produces them.The node also has a pipeline of landscape agriculture that attracts large numbers of people around it, and it can also manage heavy metal pollution left over from industrial pollution.

It is a life, it is a pipeline of meridians, crops and landscape plants for the ecological blood, attached to the waste of Shougang sites, with the environment and the site most suitable form of intervention involved, it is the function of three-dimensional farm to repair the site, It makes Shougang ecological regeneration.

设计说明：

我们从自然界丰富的动植物生命系统中获得灵感，并学习借鉴。我们通过前期的调研发现，旧厂区内遍布曾经作为工业血管的各种纵横交错的管道。我们从认为城市立体农场在城市中、在首钢内的作用绝不至于一个立体农场，我们理解的立体农场也不是一个垂直的高层建筑。

它应当是一个生命，它应该是一种天然生成而又逻辑严密的体系，它应立足场地、自然生长，应当是一套多层次的复合体系。它是一个依托于现有废旧管道改造完成的公园农场，它有着能够进行集约化农业生产的中心建筑，也有能在管道内部灵活布置农作物并高效生产的管道建筑集合体，有联系管道与中心建筑的节点，也有吸引大量周围人群的管道景观农业，它也可以治理工业污染遗存的重金属污染。它是一个生命，她以管道为经脉，以农作物和景观植物为生态血液，依附于废旧的首钢遗址，以与环境与场地最贴合的形态介入，它以立体农场的功能修复这片场地，她使首钢生态再生。

2017年第4届 一等奖作品：《重生：景观农场（管道脉络生命体）》（3-2）

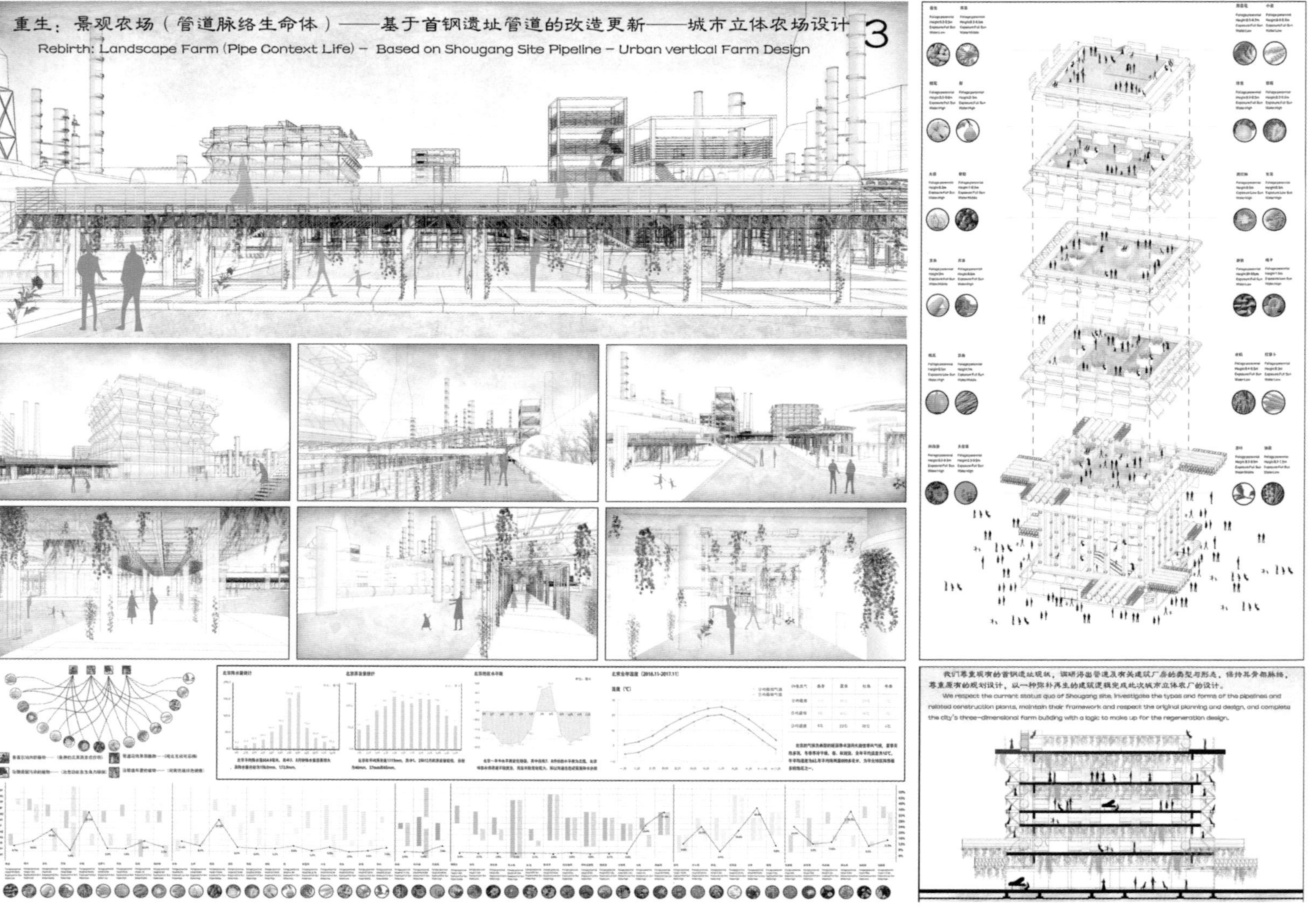

2017年第4届 一等奖作品：《重生：景观农场（管道脉络生命体）》(3-3)

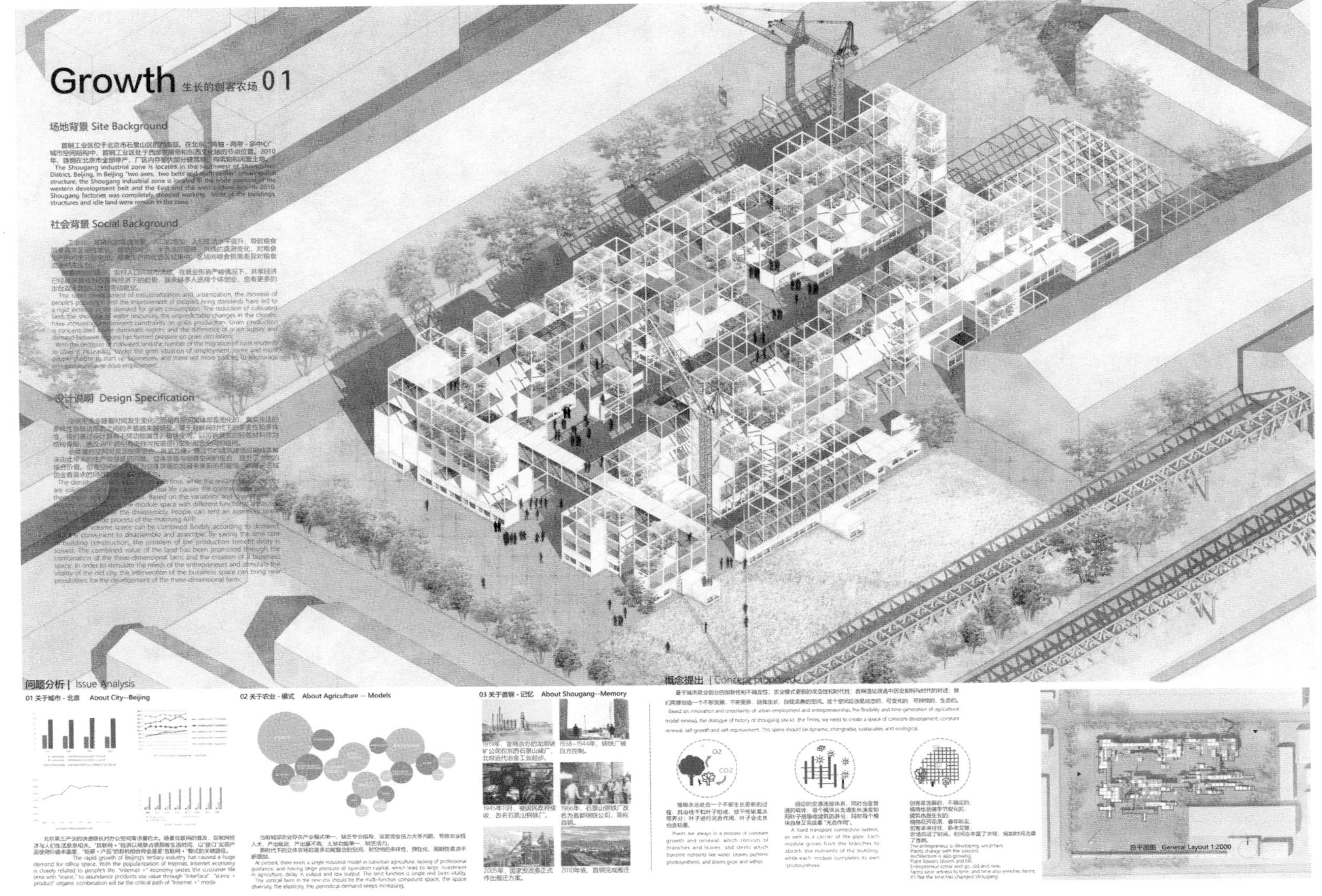

2017年第4届 二等奖作品：《生长的创客农场》(3-1)

2017年第4届 二等奖作品：《生长的创客农场》(3-2)

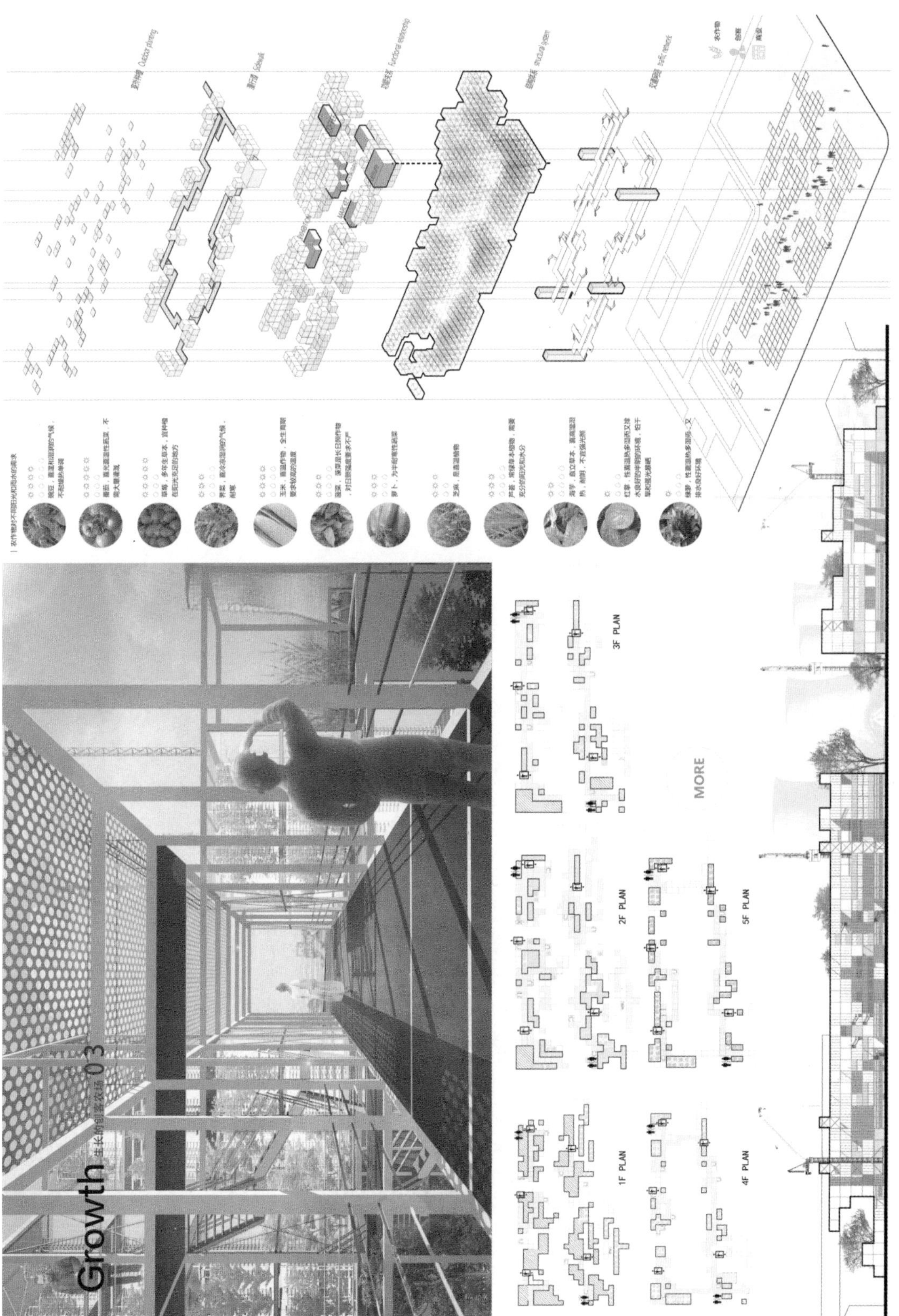

2017年第4届 二等奖作品：《生长的创客农场》(3-3)

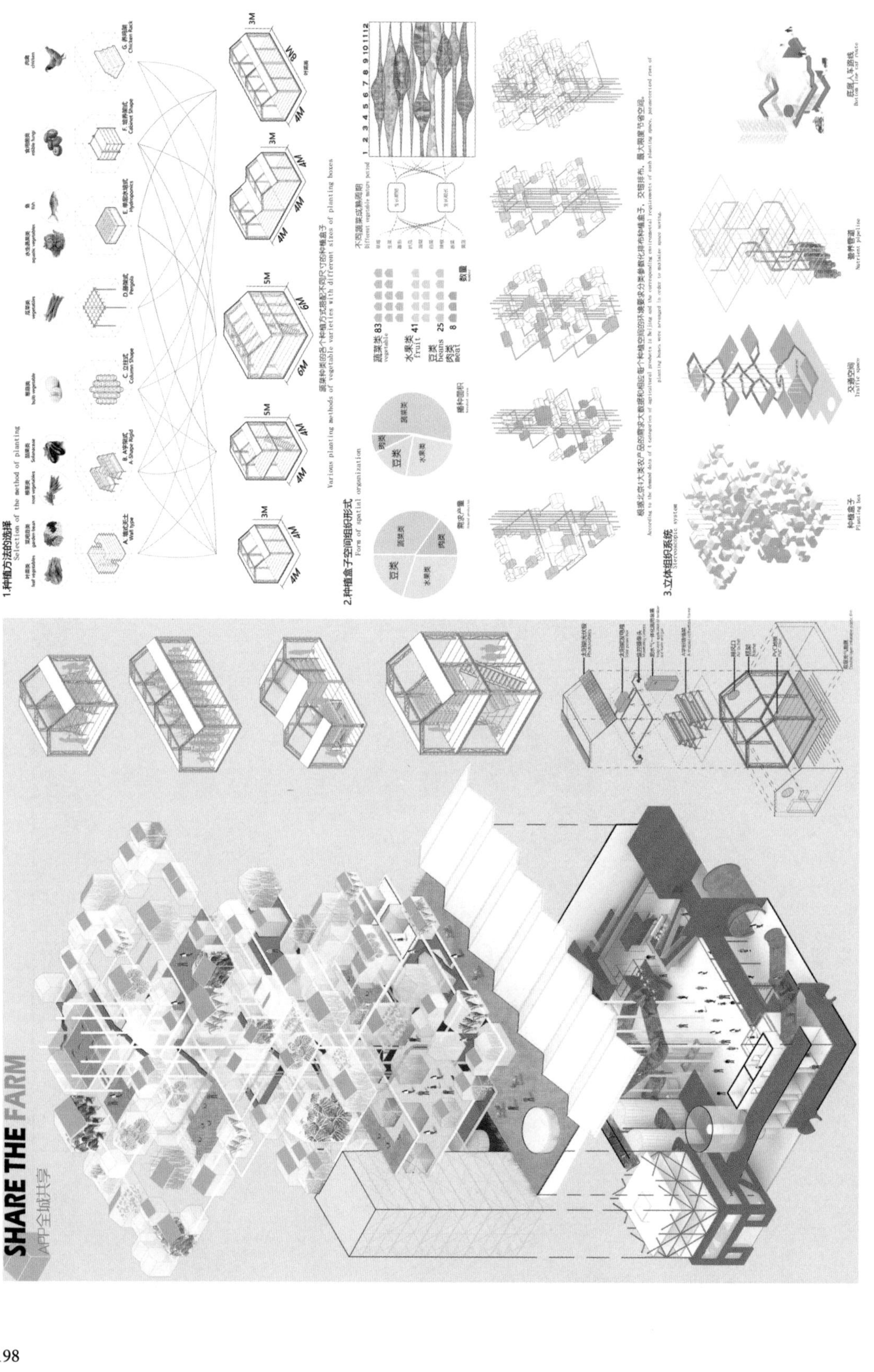

2017年第4届 三等奖作品:《APP全城共享》(3-1)

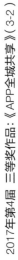

2017年第4届 三等奖作品：《APP全城共享》(3-2)

SHARE THE FARM

APP全城共享

剖透视
PERSPECTIVE SECTION

西立面图
WEST ELEVATION

南立面图
SOUTH ELEVATION

功能分析
FUNCTIONAL ANALYSIS

3F 5F 10F 15F 20F 25F

平面序列
PLANS

入口空间
ENTRANCE

公共活动大厅
PUBLIC HALL

参观流线管道
VISITING PIPES

农产品市场&餐饮
MARKET&RESTANRANT

2017年第4届 三等奖作品:《APP全城共享》(3-3)

图片来源

图号	图名	来源
图1-5	“达拉斯远景”国际设计大赛获奖方案之一《Xero Energy》	美国“达拉斯远景”旧城区改造谁家[EB/OL]. (2009-07-24) [2023-07-21]. http://www.333cn.com/shejizixun/200930/43495_94787.html.
图1-6	芝加哥“海藻绿环”立体农场 （c）减少碳排放装置的能量与物质循环系统	改绘自 艾莉森·古托. 藻类绿环[EB/OL].（2009-07-24）[2023-07-21].http://www.archdaily.com/191229/algae-green-loop-influx-studio.
图1-9	无土栽培技术的分类	周长吉. 现代温室工程[M]. 2版. 北京：化学工业出版社，2010：257.
图1-14	芝加哥都市立体农场循环系统示意图	王敬华，贾敬敦. 芝加哥都市垂直农场模式及其启示[J]. 中国农业科技导报，2013（5）：75-79.
图1-15	芝加哥都市立体农场 （f）内部LED照明系统	伊琳娜·温尼茨卡娅. 工厂：芝加哥老工厂改建为无废弃食品工厂[EB/OL]. (2012-05-07) [2023-07-24]. https://www.archdaily.com/231844/the-plant-an-old-chicago-factory-is-converted-into-a-no-waste-food-factory.
图2-1	小麦、大豆等农作物的季相变化	朱光岱. 北方地区农业生态园农作物造景探究[D]. 青岛：青岛理工大学，2014：61.
图2-3	行列式种植甘蓝	魏强　摄
图2-11	底特律城市中心花园区位分析	2012ASLA专业奖通用设计荣誉奖都市农业[EB/OL]. (2013-07-01) [2023-07-26]. https://www.gooood.cn/lafayette-greens.htm.
图2-12	底特律城市中心花园平面图	
图2-16	盖瑞康莫尔青少年中心的屋顶农园几何图形设计	2010ASLA景观专业奖｛10｝通用设计荣誉奖：屋顶的城市农场[EB/OL]. (2010-09-06) [2023-07-26]. https://www.gooood.cn/roof-of-city-farm-byhoerr-schaudt-landscape-architects.htm.
图2-17	盖瑞康莫尔青少年中心的屋顶农园种植图	
图2-18	布鲁克林农庄	MyTube. 微设计|全世界最大的屋顶农场·布鲁克林农场[EB/OL]. (2014-10-19) [2023-07-26]. http://www.360doc.com/content/14/1019/10/13571124_418089618.shtml.
图2-20	上海“天空菜园”景观营造和蔬菜栽培	朱胜萱，高宁. 屋顶农场的意义及实践——以上海“天空菜园”系列为例[M]. 风景园林，2013（3）：24-27.
图3-1	第二十三届蔬菜科技博览会	新华社记者李紫恒 摄

续表

图号	图名	来源
图3-3	地面种植的植物生长和垂直种植的植物生长	童家林．殷文文．墙上花园[M]．沈阳：辽宁科学技术出版社，2013.
图3-4	气雾培 （a）气雾培示意图	百度百科“气雾栽培”。
图3-14	PVC管材改装模块	BLT Robotics. Vertical Hydroponic Farm [EB/OL]. [2023-07-06]. https://www.instructables.com/Vertical-Hydroponic-Farm/#userconsent#.
图3-16	上海世博会主题馆绿化墙自动灌溉系统 （a）示意图 （b）实景	陈勇苗．垂直绿化生态墙的施工技术[J]．建筑施工，2012（11）：1114-1115. 乔国栋，丁学军，庞炳根．上海世博会主题馆生态墙垂直绿化[J]．建设科技，2010（19）：49-51.
图3-17	美国垂直水培农场灌溉方法	BLT Robotics. Vertical Hydroponic Farm [EB/OL]. [2023-07-28]. https://www.instructables. com/Vertical-Hydroponic-Farm/#userconsent#.
图3-19	意大利“垂直森林”住宅及其植物维护	垂直森林 [EB/OL]. [2023-07-28]. https://www.stefanoboeri-architetti.cn/project/%E5%9E%82%E7%9B%B4%E6%A3%AE%E6%9E%97/.
图3-20	新加坡垂直农场模块转动系统	图灵狗．新加坡垂直农场每天只用60瓦能耗，产量却是常规农业的十倍以上[EB/OL]. (2016-11-11)[2023-07-28]. http://www.360doc.com/content/16/1111/23/34805126_605763577.shtml.
图3-33	美国旧金山爱本卜总部墙面绿化：多肉植物	深圳市艺力文化发展有限公司．墙体花园设计[M]．广州：华南理工大学出版社，2014.
图3-34	新加坡工艺教育学院总部墙面绿化：蕨类植物	

注：未标明的图片均为作者自绘或自摄。

参考文献

专著

[1] 成善汉，周开兵．观光园艺［M］．合肥：中国科技大学出版社，2007.
[2] 都市绿化技术开发机构．屋顶、墙面绿化技术指南［M］．谭琦，姜洪涛，译．北京：中国建筑工业出版社，2004.
[3] 方志权，吴方卫．城市化进程与都市农业发展［M］．上海：上海财经大学出版社，2008.
[4] 郭世荣．无土栽培学［M］．北京：中国农业出版社，2003.
[5] 黄光宇，陈勇．生态城市理论与规划设计方法［M］．北京：科学出版社，2002.
[6] 黄金錡．屋顶花园设计与营造［M］．北京：中国林业出版社，1994.
[7] 凯文・林奇．城市意象［M］．方益萍，何晓军，译．北京：华夏出版社，2001.
[8] 李全林．新能源与可再生能源［M］．南京：东南大学出版社，2008.
[9] 理查德・洛夫．林间最后的小孩［M］．自然之友，译．长沙：湖南科学技术出版社，2010.
[10] 刘滨谊．现代景观生态规划［M］．南京：东南大学出版社，2013.
[11] 刘汉湖，白向玉，夏宁．城市废水人工湿地处理技术［M］．徐州：中国矿业大学出版社，2006.
[12] 刘黎明．乡村景观规划［M］．北京：中国农业大学出版社，2003.
[13] 卢克・穆杰特．养育更美好的城市——都市农业推进可持续发展［M］．蔡建明，郑艳婷，王妍，译．北京：商务印书馆，2008.
[14] 诺曼 K．布思．风景园林设计要素［M］．曹礼昆，曹德鲲，译．北京：中国林业出版社．1989.
[15] 全面小康热点面对面——理论热点面对面・2016［M］．北京：学习出版社，人民出版社，2016.
[16] 深圳市艺力文化发展有限公司．墙体花园设计［M］．广州：华南理工大学出版社，2014.
[17] 童家林．墙上花园［M］．殷文文，译．辽宁：辽宁科学技术出版社，2013.
[18] 王小文，张雁秋．水污染控制工程［M］．北京：煤炭工业出版社，2002.
[19] 西奥多・奥斯曼德森．屋顶花园历史・设计・建造［M］．林韵然，郑筱津，译．北京：中国建筑工业出版社，2006.
[20] 杨其长，张成波．植物工厂概论［M］．北京：中国农业科技出版社，2005.
[21] 詹和平．空间［M］．南京：东南大学出版社，2006.
[22] 张放，王玉坤，等．都市农业与可持续发展［M］．北京：化学工业出版社，2005.
[23] 赵益强．农艺工［M］．北京：电子科技大学出版社，2004.
[24] 周长吉．现代温室工程［M］．2版．北京：化学工业出版社，2009.
[25] VILJOEN A. CPULS: continous productive urban landscapes [M]. Oxford: Taylor & Francis Group, 2005.
[26] OSMUNDSON T. Roof garden: history, design, and construction [M]. W. W. Norton & Company, Inc, 1999.

学位论文

[27] 卜崇兴．储液储气式无土栽培系统的技术创新与开发［D］．上海：上海交通大学，2004.
[28] 陈贞妍．基于AHP的都市农业用地规划研究——以天津市为例［D］．天津：天津大学，2012.
[29] 丁丽．城市绿道断面设计与驿站选址建模［D］．济南：山东大学，2006.
[30] 段玲玲．农园景观在居住区金瓜设计中的应用研究［D］．北京：中国林业科学研究院，2013.
[31] 段振锋．济南市都市农业发展研究［D］．北京：中国农业大学，2005.

[32] 范洪伟. 立体绿化与建筑立面的结合设计[D]. 北京：北方工业大学，2011.
[33] 冯艳. 我国屋顶绿化相关法律问题研究[D]. 重庆：西南政法大学，2012.
[34] 高楠. 从“空中花园”到“空中菜园”的新型城市屋顶绿化设计研究[D]. 上海：上海交通大学，2012.
[35] 管春华. 城市工业化进程中的教市农业发展研究——以上海市喜定区为研究对象[D]. 上海：华东师范大学. 2010.
[36] 郭晓兰. 重庆都市农业可持续发展路径研究[D]. 重庆：重庆工商大学，2013.
[37] 和晓艳. 屋顶绿化的相关技术研究[D]. 南京：南京林业大学，2013.
[38] 季欣. 建筑与农业一体化研究[D]. 天津：天津大学，2012.
[39] 荆薇. 城市带状景观中韵律设计的研究——以西安环城公园为例[D]. 西安：西安建筑科技大学，2014.
[40] 郦轲. 城市植物工厂幕墙设备及系统设计[D]. 杭州：浙江大学，2014.
[41] 刘娟娟. 我国城市建成区都市农业可行性及策略研究[D]. 武汉：华中科技大学，2011.
[42] 刘伟. 蔬菜有机无土栽培技术的优化及推广[D]. 北京：中国农业科学院，2006.
[43] 刘烨. 垂直种植初探[D]. 天津：天津大学，2011.
[44] 罗开喜. 天津常绿园林植物选择与应用研究[D]. 天津：天津大学，2011.
[45] 罗文. 北京市昌平区观光农业发展对策研究——以十三陵镇为案例[D]. 北京：中国农业科学院，2007.
[46] 潘姣姣. 城郊型生态农业观光园规划设计研究[D]. 扬州：扬州大学，2014.
[47] 秦丽娟. 火鹤水培适宜生长条件的研究[D]. 保定：河北农业大学，2009.
[48] 孙爱丽. 上海观光农业的现状和开发措施研究[D]. 上海：上海师范大学，2003.
[49] 孙帅. 都市型绿道规划设计研究[D]. 北京：北京林业大学，2013.
[50] 孙艺冰. 都市农业发展现状与潜力研究[D]. 天津：天津大学，2013.
[51] 孙艺冰. 都市农业与中国生态节地策略[D]. 天津：天津大学，2010.
[52] 孙艺惠. 青岛市农业观光旅游开发研究[D]. 青岛：青岛大学，2003.
[53] 唐海玥. 模块式墙体绿化技术研究[D]. 北京：北方工业大学，2013.
[54] 万凌纬. 农业景观在公园设计中的应用研究[D]. 北京：北京林业大学，2016.
[55] 王菲. 中国传统造园思想在屋顶花园中的应用研究[D]. 杭州：浙江农林大学，2014.
[56] 王丽蓉. 整合于都市空间的农业景观发展策略研究[D]. 南京：南京林业大学，2014.
[57] 王晓娟. 社区农业和农业型社区建设[D]. 天津：天津大学，2013.
[58] 王燕茹. 都市农业融入居住社区的可行性分析与策略研究[D]. 天津：天津大学，2013.
[59] 王有为. 城市公共交通枢纽规划研究[D]. 西安：西安建筑科技大学，2001.
[60] 文燕冬. 观光农业规划选址研究[D]. 重庆：西南大学，2006.
[61] 夏雪婷. 都市农业景观应用于当代城市绿地设计的研究[D]. 南京：南京林业大学，2015.
[62] 肖国增. 重庆城市公园绿地植物景观评价研究[D]. 重庆：西南大学，2007.
[63] 熊熹. 武汉市都市农业发展的问题与对策[D]. 武汉：华中农业大学，2006.
[64] 徐娅琼. 农业与城市空间整合模式研究[D]. 济南：山东建筑大学，2011.
[65] 严小瑜. 社区屋顶的农业景观设计研究[D]. 广州：广东工业大学，2013.
[66] 颜坤. 基于生态园林城市的立体绿化研究与应用[D]. 青岛：青岛理工大学，2012.
[67] 殷慧. 太原市屋顶绿化实践分析与优化[D]. 晋中：山西农业大学，2014.
[68] 尹易杏子. 长沙市城市雕塑美景度评价研究[D]. 长沙：中南大学，2013.
[69] 余小文. 城市污水处理技术及建设模式[D]. 重庆：重庆大学，2004.
[70] 张波. 城市生活垃圾厌氧消化处理技术研究[D]. 咸阳：西北农林科技大学，2004.
[71] 张姝姝. 屋顶花园的环境改善效应研究及改良[D]. 南京：南京林业大学，2008.
[72] 周丁丁. 大城市边缘城乡统筹规划新区绿化植物应用研究[D]. 南京：南京农业大学，2012.
[73] 朱光岱. 北方地区农业生态园农作物造景探究[D]. 青岛：青岛理工大学，2014.

期刊论文

[74] 安平，谢晨，张勃．现代城市屋顶农作物造景探究［J］．华中建筑，2016（10）：141–145.

[75] 薄琳，祁素萍．关于都市农业景观发展的思考［J］．艺术与设计：理论，2014（5）：72–74.

[76] 曾玉荣，翁伯琦，许标文，等．加快都市型现代农业发展的产业选择与策略思考——以厦门市为例［J］．发展研究，2014（4）：88–91.

[77] 陈高明．从花园城市到田园城市——论农业景观介入都市建设的价值及意义［J］．城市发展研究，2013（3）：25–28.

[78] 陈宏喜，文举，许发清．屋顶菜园的设计与施工［J］．中国建筑防水，2012（7）：22–24.

[79] 陈玲，丁南．都市农业景观发展探究［J］．农技服务，2012（3）：328–329.

[80] 陈庆．垂直绿化在城市绿化中的应用探究［J］．安徽农业科学，2015（22）：148–149，156.

[81] 陈祥．墙面绿化技术发展状况及其应用［J］．黑龙江农业科学，2009（1）：91–93.

[82] 陈璇．论农业景观介入都市建设的作用及其建议［J］．衡水学院学报，2014（4）：115–118.

[83] 陈轶翔．建在城市高楼中的垂直农场［J］．世界科学，2014（6）：50–52.

[84] 陈勇苗．垂直绿化生态墙的施工技术［J］．建筑施工，2012（11）：1114–1115.

[85] 邓蓉，王伟，韩宝平．北京都市农业发展的理论研究［J］．北京农学院学报，2001（2）：60–65.

[86] 邓小凤，李雅娜，陈勇，等．芳香植物资源现状及其开发利用［J］．世界林业研究，2014（6）：14–20.

[87] 迪克森·德斯彭米耶文．把农业搬进摩天大楼［J］．中国房地产业，2014（9）：96–99.

[88] 杜怡安，陈琼琳，林海燕．建筑物墙面绿化浅议［J］．江苏林业科技，2009（6）：37–40.

[89] 范丽君．国外农业基础设施建设的实践经验［J］．世界农业，2014，3（419）：64–68.

[90] 范瑞雪．浅谈城市污水处理主要方法［J］．广东建材，2011：166–168.

[91] 葛惟江，宋肖肖，路海．海绵机场建设的实践——以北京新机场为例［J］．中国勘察设计，2015（7）：56–59.

[92] 郭焕成，刘军萍，王云才．观光农业发展研究［J］．经济地理，2000（2）：119–124.

[93] 郭庭鸿，董靓．重建儿童与自然的联系——自然缺失症康复花园研究［J］．中国园林，2015（8）：62–66.

[94] 郭玉华，黄勇，井瑾，等．农业景观的生态规划和设计［J］．湘潭师范学院学报（自然科学版），2007（1）：72–75.

[95] 郝杰，马航．城市交通枢纽地区空间更新的动力机制研究［J］．城市建筑，2011（8）：29–31.

[96] 何秋芳．水培技术在蔬菜生产上的应用效果［J］．广西农学报，1999（2）：33–37.

[97] 何誉杰．浅谈中国式的生态农业旅游［J］．知识经济．2009（11）：77–78.

[98] 洪盈玉．景观基础设施探析［J］．风景园林，2009（3）：44–53.

[99] 侯纯扬．海水冷却技术［J］．海洋技术，2002（4）：33–40.

[100] 胡江，陈云文，杨玉梅．植物景观设计观念与方法的反思——以植物材料的质感研究为例［J］．山东林业科技，2004（4）：52–54.

[101] 胡永红，叶子易，秦俊．模块式绿化在竖向空间的设计与应用——以上海世博会主题馆植物墙为例［J］．中国园林，2012（7）：111–114.

[102] 黄茶英，潘维数，罗金飞．杭州屋顶绿化的植物种类与形式调查研究［J］．浙江教育学院学报，2009（4）：91–96.

[103] 黄东光，刘春常，魏国锋，等．墙面绿化技术及其发展趋势——上海世博会的启发［J］，中国园林，2011（2）：63–67.

[104] 黄静，杨政水，王锋．城市农业公园的功能定位探讨［J］．安徽农业科学，2014（16）：5139–5141.

[105] 黄小柱．屋顶农业发展探析［J］．现代农业科技，2010（9）：316–317.

[106] 贾行飞，戴菲．我国绿色基础设施研究进展综述［J］．风景园林，2015（8）：118–124.

[107] 焦必方．日本东京大都市农业的现状及启示［J］．世界经济情况，2007（1）：1–6.

[108] 角文滨，徐镇标，林普靖，等．基于水资源再利用的自动蓄水循环系统［J］．再生资源与循环经济，2011（7）：40–42.

[109] 井晓鹏，周海洋．都市农业景观功能及实现途径浅析［J］．农村经济与科技，2015（1）：84–86.

[110] 亢春光．浅论城市农业景观的发展［J］．内江科技，2009（11）：3.

[111] 李家寿．生态文化：中国先进文化的重要前进方向［J］．生态经济，2007（9）：154–157.

[112] 李江南．被动式太阳能建筑设计［J］．太阳能，2009（10）：43–46.

[113] 李金娜．花园城市与屋顶绿化［J］．山西建筑，2002（4）：152–153.

[114] 李启凤，王宇欣，韩梦宇．世界垂直农业发展案例分析与展望［J］．北京：农业工程，2013（6）：64–67.

[115] 李树华，殷丽峰．世界屋顶花园的历史与分类［J］．中国园林，2005（5）：57–61.

[116] 李小云，黄晓菊．废水厌氧生物处理技术发展综述与研究进展［J］．环境与发展，2011（12）：62–64.

[117] 李欣，魏春雨．都市绿岛——一种城市有机共生模式畅想［J］．中外建筑，2010（5）：85–89.

[118] 李星，张芳谚，武金玲．垂直绿化的发展及应用［J］．现代园艺，2015（8）：149.

[119] 李艳军，康凯．浅论城市污水处理系统设计与关键技术［J］．才智，2011（4）：48.

[120] 李昭君．新陈代谢城市农场——“蜻蜓”［J］．建筑技艺，2011（5）：166–169.

[121] 梁艺权，邢嘉威，等．净之塔［J］．风景园林，2014（3）：43–49.

[122] 林秀琴．台湾观光农业的发展与启示［J］．台湾农业探索，2002（1）：39–41.

[123] 刘斐，戴学来．都市农业的背景、特征及其发展［J］．天津师范大学学报（自然科学版），2001（2）：67–72.

[124] 刘红梅，张延龙，姬艳．色彩景观在香草植物专类园规划设计中的应用［J］．北方园艺，2012（20）：90–93.

[125] 刘胜杰．垂直农田［J］．城市环境设计，2009（7）：118–121.

[126] 刘长运．国外都市农业发展经验对我国的启示［J］．世界地理究，2006（2）：74–79.

[127] 卢峙宏，刘嘉玮．向空间要土地：城市立体农场的现状与发展前景分析［J］．经营管理者，2016（18）：166–167.

[128] 罗卿平，周超．未来城市生活状态的绿色探索——基于北京798艺术区的城市立体农场设计竞赛过程中的思考［J］．华中建筑，2013（8）：47–51.

[129] 吕晓忱，张微，刘超．浅谈园林植物季相变化对园林空间的影响［J］．现代园艺，2012（20）：74.

[130] 马一鸣，马龙翔．太阳能光伏发电与建筑一体化［J］．沈阳工程学院学报（自然科学版），2011（1）：9–12.

[131] 毛帅，聂锐．浅谈休闲农业游客行为与环境容量的冲突及解决思路［J］．生态经济，2006（10）：197–200.

[132] 牛宝俊，郭洁珍，郭穗燕，等．广州现代都市农业科技发展思路与对策［J］．华中农业大学学报（社会科学版），2001（4）：15–18.

[133] 欧阳小伟．几种新型墙面种植技术探讨［J］．建筑节能，2009（6）：44–45.

[134] 潘百红，田英翠．观赏蔬菜的园林应用［J］．北方园艺，2007（9）：181–183.

[135] 乔国栋，丁学军，庞炳根．上海世博主题馆生态墙垂直绿化［J］．建设科技，2010（19）：49–51.

[136] 桑景拴，陈德成．农作物在城市绿化中的应用［J］．中南林业调查规划，2013（2）：17–19.

[137] 沈涛，杜俊芳，籍仙荣．主动式太阳能在建筑设计中的应用［J］．中国住宅设施，2012（12）：52–54.

[138] 帅传敏，吕婕，陈艳．食物里程和碳标签对世界农产品贸易影响的初探［J］．对外经贸实务，2011（2）：39–41.

[139] 宋金平，李香芹，吴殿廷．我国山区可持续发展模式研究——以北京市山区为例［J］．北京师范大学学报（社会科学版）．2005（6）：131–136.

[140] 宋金平．北京都市农业发展探讨［J］．农业现代化研究，2002（3）：199–203.

[141] 宋金昭，杨建平，杭伟．被动式太阳能建筑节能经济优化研究［J］．太阳能学报，2012（8）：1425–1429.

[142] 孙艺冰，张玉坤．都市农业在国外建筑和规划领域的研究及应用［J］．新建筑，2013（4）：51–56.

[143] 孙艺冰，张玉坤．国外城市与农业关系的演变及发展历程研究［J］．城市规划学刊，2013（3）：15–21.

[144] 孙艺冰，张玉坤．国外的都市农业发展历程研究［J］．天津大学学报（社会科学版），2014（6）：527–532.

［145］ 谭建萍，李映萍，吴祖军，等．垂直绿化种植容器［J］．广东园林，2015（4）：21–24.
［146］ 谭建萍，徐志平．城市屋顶菜园发展现状［J］．绿色科技，2015（2）：125–127.
［147］ 藤崎健一郎，舆水肇，甘梦然．日本的屋顶绿化［J］．中国建筑防水，2010（23）：52–53.
［148］ 万燕妮，杨泗光．城市园林景观节水灌溉技术的应用［J］．科技创新与应用，2012（7Z）：234.
［149］ 王钢，刘伟，王欣，等．我国沼气技术的利用现状与前景展望［J］．应用能源技术，2007（12）：31–33.
［150］ 王敬华，贾敬敦．芝加哥都市垂直农场模式及其启示［J］．中国农业科技导报，2013（5）：75–79.
［151］ 王娟，李百战，阳琴，等．重庆市学前儿童家长病态建筑综合征与住宅环境的关系［J］．科学通报，2013（25）：2592–2602.
［152］ 王俊红，高乃云，范玉柱，等．海水淡化的发展及应用［J］．工业水处理，2008（5）：6–9.
［153］ 王小斌．北京798工业遗产街区立体农场的创意设计［J］．工业建筑，2014（2）：40–44.
［154］ 王媛媛，白伟岚，高源．城市节水型景观的设计、节水与养护探讨［J］．农业科技与信息（现代园林），2014（7）：81–84.
［155］ 韦亮．谈主动式太阳能技术在建筑中的应用［J］．山西建筑，2008（9）：260–261.
［156］ 魏家星，姜卫兵，翁忙玲，等．观光农业园植物的选择与配置探讨［J］．江西农业学报，2012，24（10）：21–23，26.
［157］ 吴俊丽．海外都市农业对京郊都市农业的启示［J］．北京农业职业学院学报，2002（1）：20–23.
［158］ 吴丽．农作物灌溉制度分类与制定［J］．现代农业科技，2011（11）：244–244，247.
［159］ 谢浩．建筑垂直绿化的设计探析［J］．上海建材，2011（5）：34–35.
［160］ 邢栋．城市屋顶绿化生态功能浅析［J］．中国环保产业，2009（4）：46–50.
［161］ 薛群慧，包亚芳．心理疏导型森林休闲旅游产品的创意设计［J］．浙江林学院学报，2010（1）：121–125.
［162］ 严永红，张伟．绿屋面系统对比研究［J］．重庆建筑，2006（1）：6–9.
［163］ 颜兵文．城市建筑墙面绿化因素分析［J］．湖南林业科技，2005（1）：51–53.
［164］ 杨建，Minh-Khoi Nguyen-Thanh，Christine Nickl-Weller．水田共生复合养殖摩天楼［J］．风景园林，2014（3）：50–54.
［165］ 杨金娥，张建林．以山地景观为特征的观光农业园规划设计探析［J］．安徽农业科学，2011（17）：10556–10557.
［166］ 杨其长．植物工厂与垂直农业及其资源替代战略构想［J］．文明，2011（3）：8–9.
［167］ 杨伟，周丹丹，李延云．生态休闲农林业开发探析——以广东省河源市休闲农业园为例［J］．农业工程技术（农产品加工业）．2012（3）：35–38.
［168］ 杨小慧．植物造景中的空间营造［J］．现代农业科技，2010（16）：232–233.
［169］ 杨祖华．城市屋顶花园发展现状及建议［J］．湖南林业科技，2007（3）：40–42.
［170］ 叶彬彬，任栩辉，刘青林．北京都市农业现状与展望［J］．农业科技与信息（现代园林），2015（1）：16–21.
［171］ 俞菊生，张占耕，白尔细等．“都市农业”一词的由来和定义初探——日本都市农业理论考［J］．上海农业学报，1998（2）：79–84.
［172］ 俞菊生．都市农业的理论与创新体系构筑［J］．农业现代化研究，1999（4）：207–210.
［173］ 俞菊生．上海都市农业发展途径的探索［J］．上海农村经济．2008（9）：16–19.
［174］ 张广楠．无土栽培技术研究的现状与发展前景［J］．甘肃农业科技，2004（2）：6–8.
［175］ 张红健，张健美．绿色建筑的雨水收集和中水回用［J］．污染防治技术，2011（1）41：44.
［176］ 张继云．垂直农场——人类未来的新农场［J］．地理教育，2010（4）：63.
［177］ 张强．都市农业发展的社会学意义［J］．中国农村经济，1999（11）：64–66.
［178］ 张玮，张莉．立体农场——未来城市与生态发展新模式［J］．城市环境设计，2012（10）：245.
［179］ 张选厚，于艳梅．都市农业发展的SWOT分析［J］．中国农村小康科技，2006（12）：15–19，34.
［180］ 张迎迎，王爱民．城市屋顶菜园种植技术研究——以“南京紫东创意园E区”为例［J］．安徽农业科学，2015（1）：122–123.
［181］ 张玉坤，孙艺冰．国外的“都市农业”与中国城市生态节地策略［J］．建筑学报，2010（4）：95–98.
［182］ 张玉梅．基于自给的新加坡水资源战略［J］．再生资源与循环经济，2011（2）：40–44.

[183] 赵伟韬，阎菲，侯阳．国外立体绿化景观现状分析［J］．中国园艺文摘，2013（3）：112–113，67.
[184] 赵晓英，金晓玲，胡希军，等．国外屋顶绿化政策对我国的启示［J］．西北林学院学报，2008（3）：204–207.
[185] 郑麒．国外屋顶绿化推广的政策分析与启示［J］．中国环保产业，2009（9）：57–61.
[186] 郑时选，章力建．沼气技术在农业立体污染防治中的作用［J］．中国沼气，2005（1）：52–53.
[187] 中国工程建设标准化协会．科技兴绿，改善环境，美化上海，造福百姓——为上海引入“都市绿肺”绿色环保无土草坪营造“城市屋顶绿化”［C］．上海：第二届中国屋面工程研讨会，2003：45–48.
[188] 周静波．无土栽培技术综述［J］．安徽林业科技，2008（Z1）：35–37.
[189] 周维宏．论日本都市农业的概念变迁和发展状况［J］．日本学刊，2009（4）：42–55.
[190] 朱开元、刘慧春：城市立体绿化的应用与植物选择［J］，北方园艺，2012（2）：107–108.
[191] 庄春夏，张建华．城市中的田园梦——农作物与墙体绿化［J］．《上海商业》，2013（11）：32–34.
[192] BASSETT T. Reaping on the margins: A century of community gardening in america[J]. Landscape 25(2): 1–8.
[193] Dickson D. The rise of vertical farms[J]. Sci. Amer. 2009, 301: 80–87.
[194] FLEGAL K M, CARROLL M D, OGDEN C L, CURTIN L R. Prevalence and trends in obesity among us adults, 1999-2008[J]. Journal of the American Medical Association & Archives, 2010, 303(3): 235–241.
[195] LUCJA M. Urban agriculture: Concept and definition[J]. Urban Agriculture Magazine，2000(1): 5–7.
[196] LIM Y A, KISHNANI N T. 2010. Building integrated agriculture: Utilising rooftops for sustainable food crop cultivation in Singapore[J]. Journal of Green Building, 2010, 5(2): 105–113.
[197] MCCLINTOCK N. Why farm the city? Theorizing urban agriculture through a lens of metabolicrift[J]. Cambridge: Journal of Regions, Economy and Society,2010, 3(2): 191–207.
[198] SMITH V M, GREENE R B, SILBERNAGEL J. The social and spatial dynamics of community food production: a landscape approach to policy and program development[J]. Landscape Ecology, 2013, 28(7): 1415–1426.
[199] MORGAN K, SONNINOR. The urban foodscape: world cities and the new food equation[J]. Cambridge Journal of Regions, Economy and Society, 2010, 3(2): 209–224.
[200] POTHUKUCHI K, KAUFMAN J L. Placing the food system on the urban agenda: The role of municipal institutions in food systems planning[J]. Agriculture and Human Values, 1999, 16(2): 213–224.